北大社·“十四五”普通高等教育本科规划教材
高等院校机械类专业“互联网+”创新规划教材
北方民族大学先进装备制造现代产业学院规划教材

过程装备控制实训

主　编　赵　涛　何燕妮　高　阳
副主编　高　雁　王　双　郑　斐
　　　　汤占岐　张正国　刘　勇
参　编　雷　婷　丁晓军　高大卫
　　　　吕伟珍

内 容 简 介

本书内容共分为6章，详细介绍了西门子S7－1200 PLC及和利时K系列DCS的基础知识，硬件、软件的功能和应用，MACS V6.5软件的组态管理功能，以及典型过程装备控制实训项目。本书通过介绍实时控制温度、压力、流量和液位等过程控制参数，帮助学生掌握西门子S7－1200 PLC及和利时K系列DCS的操作技能。本书旨在加强学生对过程装备控制的深入学习，提升学生的自动控制理论水平和操作水平，以及工程技术基本素质和综合能力。

本书可作为高等院校过程装备与控制工程、机械电子工程、机械设计制造及其自动化、自动化等专业的教材，也可作为过程装备与控制工程领域的科研人员和工程技术人员参考用书。

图书在版编目(CIP)数据

过程装备控制实训／赵涛，何燕妮，高阳主编．北京：北京大学出版社，2024.12.--（高等院校机械类专业“互联网+”创新规划教材）.-- ISBN 978－7－301－35879－5

Ⅰ. TP273

中国国家版本馆CIP数据核字第20254WY646号

书　　名	过程装备控制实训 GUOCHENG ZHUANGBEI KONGZHI SHIXUN
著作责任者	赵　涛　何燕妮　高　阳　主编
策划编辑	童君鑫
责任编辑	童君鑫　郭秋雨
数字编辑	蒙俞材
标准书号	ISBN 978－7－301－35879－5
出版发行	北京大学出版社
地　　址	北京市海淀区成府路205号　100871
网　　址	http://www.pup.cn　新浪微博：@北京大学出版社
电子邮箱	编辑部pup6@pup.cn　总编室zpup@pup.cn
电　　话	邮购部010－62752015　发行部010－62750672　编辑部010－62750667
印 刷 者	三河市北燕印装有限公司
经 销 者	新华书店
	787毫米×1092毫米　16开本　12印张　276千字
	2024年12月第1版　2024年12月第1次印刷
定　　价	45.00元

前　言

党的二十大以来，党中央从推动高质量发展全局出发，提出加快发展新质生产力。高等教育是新质生产力的生产者、创造者和赋能者，高校为新质生产力提供了高质量的教育、先进的科技、高素质的劳动者和优秀人才，助推“教育、科技、人才”三位一体协同发展。教材是以知识为根本的教学材料，是知识体系构建和人才培养的基石，是教育过程中重要的知识传播媒介，直接关系到教学效果和人才培养质量。

随着我国社会经济的快速发展和科技手段的不断进步，过程装备与控制领域对运用智能化与自动化控制的实际需求日益增加。过程装备与控制在促进我国能源、化工、环保、医药、食品和机械等领域的快速发展及社会经济的全面提升中具有不可替代的重要作用，拥有十分广阔的发展空间。过程装备的自动化控制已成为现代工业生产实现安全、高效、低耗的基本条件和重要保障。本书的编写旨在加强学生对过程装备控制的深入学习，提升学生的操作能力。通过学习本书介绍的工业软件、控制理论和实训项目等内容，学生能够提高自身的自动控制技术水平，提升工程技术基本素质与综合能力。

本书作为普通高等学校的教材，涉及的是一门工程实践性很强的课程，学生只有通过动手实践才能真正掌握更多知识。本书描述的过程装备是由储罐、换热器、反应釜和塔器等过程设备，以及泵和空气压缩机等过程机器组成，以过程装备为控制对象，围绕温度、压力、流量和液位等过程控制参数，采用 PLC 和 DCS 双系统分别实时控制的。其中 PLC 采用西门子 S7－1200 PLC，DCS 采用和利时 K 系列 DCS，PLC 上位机监控系统采用组态王软件设计，执行器采用电动调节阀和气动调节阀，变送器采用温度变送器、压力变送器、流量变送器和差压变送器，实现过程装备的简单和复杂控制。本书所涉及的控制系统涵盖了工业现场常见的过程控制系统。

全书共分为 6 章，第 1 章主要介绍了西门子 S7－1200 PLC 系统相关的基础知识和 TIA 博途软件的简单应用；第 2 章主要介绍了和利时 K 系列 DCS 相关的基础知识和 MACS V6.5 软件的简单应用；第 3 章主要介绍了组态王软件相关的基础知识，并介绍了采用组态王软件完成储罐液位温度控制系统的建立及仿真；第 4 章主要介绍了常见的过程控制系统；第 5 章主要介绍了基于西门子 S7－1200 PLC 系统开发典型的过程装备控制实训项目；第 6 章主要介绍了基于和利时 K 系列 DCS 开发典型的过程装备控制实训项目。本书为单台套过程设备和整套实训设备的 PLC 和 DCS 控制提供了参考依据，有利于培养学生自动化控制的工程意识和工程实践能力。

党的二十大报告指出，紧跟时代步伐，顺应实践发展，以满腔热忱对待一切新生事物。本书积极顺应人工智能发展趋势，在附录部分提供了 AI 伴学内容及提示词，引导学生利用生成式人工智能（AI）工具，如 DeepSeek、Kimi、豆包、通义千问、文心一言、ChatGPT 等来进行拓展学习。

本书由赵涛、何燕妮、高阳任主编，高雁、王双、郑斐、汤占岐、张正国、刘勇任副主编。具体编写分工如下：前言和第 1 章由何燕妮、高雁、汤占岐、张正国、雷婷和高大卫编写，第 2 章、第 4 章、第 5 章和第 6 章由赵涛编写，第 3 章和附录由高阳、王双、郑斐、刘勇、丁晓军和吕伟珍编写，全书的统稿工作由赵涛负责，全书的视频录制工作由何燕妮负责，全书的定稿工作由高阳负责，全书的修改和校对工作由全体编者共同负责。

编者在编写本书的过程中得到了北方民族大学机电工程学院和先进装备制造现代产业学院，以及天津市睿智天成科技发展有限公司等合作单位的帮助和支持；同时参考和引用了国内外一些学者的著作及相关软件的产品手册，在此一并致谢。

由于编者水平有限，加之时间仓促，书中难免存在不妥之处，恳请广大读者批评指正。

编　者

2024 年 12 月

【教材简介】

【资源索引】

目　　录

第1章 西门子S7－1200 PLC基础

☞本章教学要求

<table>
<tr><td rowspan="2">教学目标</td><td>知识目标</td><td>1. 掌握S7－1200 PLC的硬件模块组成。
2. 掌握S7－1200 PLC的CPU分类。
3. 掌握S7－1200 PLC的硬件选型。
4. 熟练运用TIA博途软件。
5. 能够利用TIA博途软件进行项目创建与组态。
6. 掌握电气控制电路的基本原理与应用</td></tr>
<tr><td>能力目标</td><td>1. 在掌握电气控制电路的基本原理与应用的基础上，能根据控制要求对S7－1200 PLC的硬件模块进行选型。
2. 能熟练运用TIA博途软件对所创建的项目进行组态、编程和在线仿真</td></tr>
<tr><td colspan="2">教学内容</td><td>1. S7－1200 PLC的硬件模块。
2. S7－1200 PLC的CPU比较。
3. S7－1200 PLC的存储区。
4. IEC 61131－3标准。
5. 项目视图的结构。
6. 项目创建与组态</td></tr>
<tr><td colspan="2">重点、难点及解决方法</td><td>1. 电气控制电路的基本原理。通过讲解典型的控制电路，并通过操作某机床自动往复循环系统和液体混合控制系统进行练习。
2. TIA博途软件的熟练应用。设计典型的控制系统，边讲解边操作，并通过操作某机床自动往复循环系统和液体混合控制系统进行练习</td></tr>
<tr><td colspan="2">建议学时</td><td>4学时</td></tr>
</table>

1.1 S7－1200 PLC硬件

西门子S7系列PLC体积小、速度高、标准化，具有网络通信功能，功能强，可靠性高。S7系列PLC包括S7－200 PLC、S7－200smart PLC、S7－300 PLC、S7－400 PLC、S7－1200 PLC、S7－1500 PLC；其中S7－200 PLC、S7－200smart PLC属于微型机，

S7－300 PLC 和 S7－1200 PLC 属于中、小型机，S7－400 PLC 和 S7－1500 PLC 属于大型机。西门子 S7 系列 PLC 广泛应用于各领域（如机器制造、工业自动化、水利水电工程及交通运输等）的工业控制。

1.1.1 S7－1200 PLC 的硬件模块

S7－1200 PLC 是一款紧凑型、模块化的 PLC，可完成简单逻辑控制、高级逻辑控制、人机交互（human－machine interaction，HMI）和网络通信等任务。S7－1200 PLC 可扩展性强、灵活度高，可实现高标准工业通信的通信连接及一整套强大的集成技术功能，是完整、全面的自动化解决方案的重要组成部分。S7－1200 PLC 有 5 种模块，分别为 CPU 1211C、CPU 1212C、CPU 1214C、CPU 1215C 和 CPU 1217C，每种模块都可以扩展，可满足不同系统的需要。在任何 CPU 的前方加入一个信号板，可轻松扩展数字量或模拟量 I/O，且不影响控制器的实际大小。将信号模块连接至 CPU 的右侧，可进一步扩展数字量或模拟量 I/O。CPU 1212C 可连接两个信号模块；CPU 1214C、CPU 1215C 和 CPU 1217C 可连接 8 个信号模块。所有 S7－1200 CPU 控制器的左侧均可连接 3 个通信模块，从而实现端到端的串行通信。S7－1200 PLC 硬件示意图如图 1.1 所示。

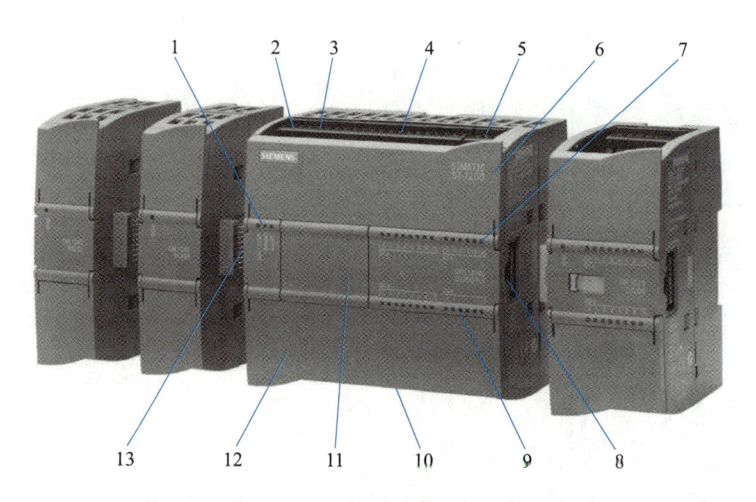

1—状态指示灯；2—PLC 供电电源端子；3—24V 电源输出；4—数字量输入端子；5—模拟量输入端子；6—MC 卡插槽；7—输入指示灯；8—信号模块扩展插槽；9—输出指示灯；10—数字量输出端子；11—信号板扩展插槽；12—PROFINET 连接器；13—通信模块扩展口。

图 1.1 S7－1200 PLC 硬件示意图

（1）状态指示灯。

PLC 上的状态指示灯有 STOP/RUN 指示灯、ERROR 指示灯、MAINT 指示灯。STOP/RUN 指示灯为绿色时表示 PLC 处于 RUN（运行）模式，为橙色时表示 PLC 处于 STOP（停止）模式，绿色和橙色交替闪烁时表示 CPU 正在启动。ERROR 指示灯为红色闪烁时表示有错误（如 CPU 内部错误、组态错误等），为红色常亮时表示硬件故障。MAINT 指示灯会在每次插入存储卡时闪烁。当 CPU 处于 RUN 模式时，无法下载任何项目；只有当 CPU 处于 STOP 模式时，才能下载项目。

（2）PLC 供电电源端子。

PLC 可以采用直流 24V 供电，也可以采用交流 220V 供电。不同型号的 PLC 的供电方式不同。型号是 DC/DC/DC、DC/DC/RLY 的 PLC 采用直流 24V 供电，型号是 AC/DC/RLY 的 PLC 采用交流 220V 供电。

（3）24V 电源输出。

PLC 提供的 24V 电源输出能为传感器或者模块供电。CPU 1211C 和 CPU 1212C 可提供 300mA 电流，CPU 1214C、CPU 1215C、CPU 1217C 可提供 400mA 电流。由于电流容量是有限制的，当使用的传感器或者模块的电流容量超过规定值时不能使用内置电源，而是采用外部接 24V 开关电源，因此不建议使用。

（4）数字量输入端子。

开关、按钮、传感器、编码器等数字量信号或脉冲量信号可以通过数字量输入端子接入 PLC。S7-1200 PLC 的输入接法可以采用源型接法和漏型接法。

（5）模拟量输入端子。

CPU 1214C 支持两路 0～10V 电压信号的模拟量输入，当需要使用模拟量输入功能时，可将一些传感器接入该输入端子。

（6）MC 卡插槽。

S7-1200 PLC 提供专用的 MC 卡作为程序卡、传送卡，或者用于更新硬件固件，以及清除密码、恢复出厂值。这个 MC 卡的容量可以是 4MB、12MB、24MB、2GB 的。

（7）输入指示灯。

当有信号输入时，对应的输入指示灯亮起且为绿色。

（8）信号模块扩展插槽。

信号模块包括数字量输入、数字量输出、数字量输入/输出、模拟量输入、模拟量输出、模拟量输入/输出等模块。这些信号模块是扩展到模块扩展插槽上的，S7-1200 PLC 在 CPU 右侧最多可以扩展 8 个信号模块。

（9）输出指示灯。

当有信号输出时，对应的输出指示灯亮起且为绿色。

（10）数字量输出端子。

数字量输出端子用于接入外部负载，如指示灯、继电器、电磁阀等。PLC 的输出类型不同，接线方式也有所不同。PLC 输出类型包括晶体管输出和继电器输出。晶体管输出接直流负载；继电器输出可以接直流负载，也可以接交流负载。

（11）信号板扩展插槽。

S7-1200 PLC 可以扩展信号板，包括数字量输入信号板、数字量输出信号板、数字量输入输出混合信号板、模拟量输入信号板、模拟量输出信号板、通信信号板和电池信号板。这些信号板扩展接口在 PLC 正上方，使用这些信号板的好处是可以在不占用空间的前提下增加 I/O 点。

（12）PROFINET 连接器。

PROFINET 连接器的接口支持连接 PROFINET 通信和以太网通信，可以用于 PLC 与编程软件的通信连接、PLC 与触摸屏的通信连接、上位机的通信连接、PLC 与 PLC 的以太网通信连接等。这个端口除支持 S7 协议外，还支持 TCP/IP 协议、UDP 协议、ISO_ on_TCP 协议及 Modbus TCP 等多种通信协议。

（13）通信模块扩展口。

S7－1200 PLC 最多可以扩展 3 个通信模块，一般扩展在 CPU 左侧的通信模块扩展口上。

1.1.2 S7－1200 PLC 的 CPU 比较

S7－1200 PLC 的 CPU 将微处理器、集成电源、输入和输出电路、内置 PROFINET、高速运动控制 I/O 与更多元素结合在一个紧凑的外壳中，创造出一款功能强大的控制器。

下载用户程序后，CPU 包含监控应用中设备所需的逻辑。CPU 可根据用户程序逻辑监视输入并更改输出。用户程序可以包含布尔逻辑、计数、定时、复杂数学运算、运动控制及与其他智能设备的通信。

CPU 提供一个 PROFINET 端口，用于通过 PROFINET 网络通信；还可利用附加模块基于以下网络和协议进行通信：PROFIBUS，GPRS，LTE，具有安全集成功能（防火墙、VPN）的 WAN，RS－485，RS－232，RS－422，IEC，DNP3，USS，Modbus。

CPU 型号比较见表 1－1。

表 1－1　CPU 型号比较

特征		CPU 1211C	CPU 1212C	CPU 1214C	CPU 1215C	CPU 1217C
物理尺寸/（mm×mm×mm）		90×100×75		110×100×75	130×100×75	150×100×75
用户存储器	工作	50KB	75KB	100KB	125KB	150KB
	负载	1MB	2MB	4MB		
	保持性	10KB				
本地板载 I/O	数字量 I/O	6 个输入/4 个输出	8 个输入/6 个输出	14 个输入/10 个输出		
	模拟量 I/O	2 个输入			2 个输入/2 个输出	
过程映像大小	输入 I	1024 个字节				
	输出 Q	1024 个字节				
位存储器 M		4096 个字节		8192 个字节		
信号模块 SM 扩展		无	2 个	8 个		
信号板 SB、电池板 BB 或通信板 CB		1 个				
通信模块 CM（左侧扩展）		3 个				
PROFINET 以太网通信端口		1 个			2 个	
存储卡		SIMATIC 存储卡（选装）				

1.1.3 S7 – 1200 PLC 的存储区

CPU 提供各种专用存储区，其中包括过程映像输入（I 存储器）、过程映像输出（Q 存储器）、位存储器（M 存储器）、数据库（DB 存储器）及临时或本地存储器（L 存储器）。用户程序可以访问（读和写）这些存储区中存储的数据，每个存储单元都有唯一的地址，用户程序通过这些地址访问存储单元中的信息。S7 – 1200 PLC 存储单元见表 1 – 2。

表 1 – 2 S7 – 1200 PLC 存储单元

存储区	说明
过程映像输入（I 存储器）	CPU 在扫描周期开始时将物理输入的状态复制到 I 存储器。若要立即访问或强制物理输入，则可在地址或变量后面添加“：P”（如“Start：P”或 I0.3：P）
过程映像输出（Q 存储器）	CPU 在扫描周期开始时将 Q 存储器的状态复制到物理输出。若要立即访问或强制物理输出，则可在地址或变量后面添加“：P”（如“Stop：P”或 Q0.3：P）
位存储器（M 存储器）	用户程序读取和写入 M 存储器中存储的数据。任何代码块均可访问 M 存储器。可以组态 M 存储器中的地址，以在上电循环后保留数据值
数据库（DB 存储器）	使用 DB 存储器存储各种数据，包括操作的中间状态或 FB 的其他控制信息参数，以及许多指令（如定时器和计数器）所需的数据结构；可以指定数据块为读/写访问或只读访问，可以按位、字节、字或双字访问数据块存储器。读/写数据块可以进行读访问和写访问。只读数据块只能进行读访问
临时或本地存储器（L 存储器）	只要调用代码块，CPU 就会分配要在执行块期间使用的 L 存储器。代码块执行完毕后，CPU 将重新分配本地存储器，用于执行其他代码块

无论是使用变量（如“Start”或“Stop”），还是绝对地址（如“I0.3”或“Q1.7”），对输入存储器（I 存储器）或输出存储器（Q 存储器）的引用都会访问过程映像而非物理输出。要立即访问或强制用户程序中的物理（外围设备）输入或输出，可在引用后面添加“：P”（如“Stop：P”或“Q0.3：P”）。

1.1.4 IEC 61131 – 3 标准

S7 –1200 PLC 采用 IEC 61131 – 3 标准。该标准得到了西门子股份公司、艾伦-布拉德利公司（Allen – Bradley）等的推动和支持，它极大地提高了工业控制系统的编程软件质量和软件开发效率。IEC 61131 – 3 标准的图形化编程语言和文本编程语言如图 1.2 所示，不仅给系统集成商和系统工程师的编程提供了很大的便利，而且给最终用户提供了很大的便利。S7 – 1200 PLC 在技术上的实现是高水平的，有足够的发展空间和变动余地，能很好地适应发展。

IEC 61131 – 3 标准为 PLC 制定了五种标准的编程语言，包括图形化编程语言和文本编程语言。图形化编程语言包括梯形图（ladder diagram，LD）、功能块图（function block diagram，FBD）和顺序功能图（sequential function chart，SFC）；文本化编程语言包括指令表（instruction list，IL）和结构化文本（strutured text，ST）。

IEC 61131 – 3 标准的编程语言是 IEC 工作组在对世界范围的 PLC 厂家的编程语言合理地吸收、借鉴的基础上，形成的一套针对工业控制系统的国际编程语言标准。IEC

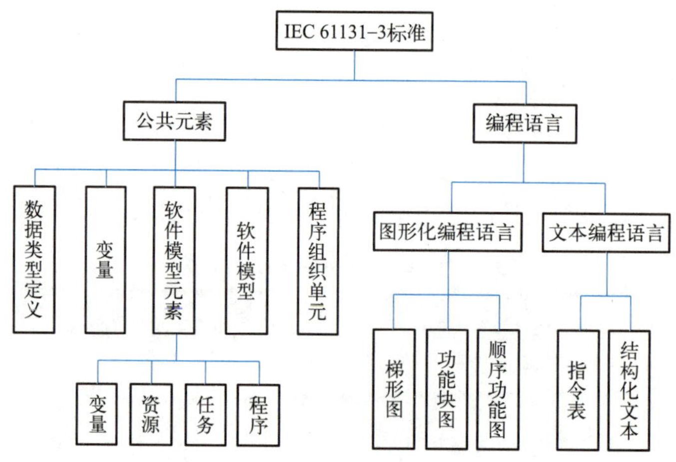

图 1.2 IEC 61131－3 标准的图形化编程语言和文本编程语言

61131－3 标准不仅适用于 PLC，而且可应用于更广泛的工业控制领域。该标准为 PLC 编程语言的全球规范化作出了重要贡献。

1. 梯形图

梯形图是 PLC 首先采用的编程语言，也是 PLC 普遍采用的编程语言。梯形图是在继电器控制系统原理图的基础上演变而来的，与继电器控制系统梯形图的基本思想一致，只是在使用符号和表达方式上有一定区别。PLC 是为工厂车间电气技术人员设计的。为了符合继电器控制电路的思维习惯，作为首先在 PLC 中使用的编程语言，梯形图保留了继电器控制电路的风格和习惯，成为被广大电气技术人员接受和使用的语言。梯形图有如下特点。

（1）与电气操作原理图对应，具有对应性和直观性。

（2）与原有继电器逻辑控制技术一致，易于电气技术人员掌握和学习。

（3）与原有继电器逻辑控制技术不同的是梯形图中的能流（power flow）不是实际意义的电流，内部继电器也不是实际存在的继电器，应用时需与原有继电器逻辑控制技术的有关概念区别对待。

（4）与指令表有一一对应关系，便于相互转换和程序检查。

2. 功能块图

功能块图采用类似于数字逻辑门电路的图形符号，逻辑直观，使用方便。功能块图有与梯形图中的触点和线圈等价的指令，可以解决逻辑问题。功能块图有如下特点。

（1）以功能块为单位，从控制功能入手，分析和理解控制方案。

（2）功能块采用图形化的方法描述功能，方便设计人员编程和组态，易操作。

（3）对于控制规模较大、控制关系较复杂的系统，由于功能块图可以较清楚地表达控制功能的关系，因此可以缩短编程和组态时间及调试时间。

3. 顺序功能图

顺序功能图又称流程图或状态转移图，是一种图形化的功能性说明语言，专用于描述工作顺序控制程序。使用顺序功能图可以对具有并发、选择等复杂结构的系统进行编程。

顺序功能图有如下特点。

(1) 以功能为主线，条理清楚，便于程序操作。

(2) 对于大型程序，可分工设计，采用较灵活的程序结构，可节省程序设计时间和调试时间。

(3) 常用于系统规模较大、程序关系较复杂的场合。

(4) 只有在执行活动步的命令和操作后，才扫描活动步后的转换，因此整个程序的扫描时间比采用其他程序编制程序的扫描时间短得多。

4. 指令表

指令表类似于计算机中的助记符汇编语言，它是 PLC 最基础的编程语言。指令表编程是指用一个或多个容易记忆的字符代表 PLC 的某种操作功能。指令表有如下特点。

(1) 采用助记符表示操作功能，具有容易记忆、便于掌握的特点。

(2) 在编程器的键盘上采用助记符表示，具有便于操作的特点，可在无计算机的情况下进行编程设计。

(3) 与梯形图有一一对应关系，其特点与梯形图基本相同。

5. 结构化文本

结构化文本是一种高级的文本语言，可以用来描述功能、功能块和程序的行为，还可以在顺序功能图中描述步、动作和转变的行为。结构化文本表面上与 Pascal 语言相似，但它是一个专门为工业控制应用开发的编程语言，具有很强的编程能力，用于对变量赋值、回调功能和功能块、创建表达式、编写条件语句和迭代程序等。结构化文本有如下特点。

(1) 采用高级语言编程，可以完成较为复杂的控制运算。

(2) 对编程人员的技能要求较高，需要有一定的计算机高级程序设计语言的知识和编程技巧，普通电气技术人员无法完成。

(3) 直观性和易操作性较差。

(4) 常用于采用功能块等其他语言较难实现的一些控制功能的场合。

PLC 不一定支持所有的编程语言（如很多中、小型 PLC 不支持功能块图、顺序功能图），而大型 PLC 一般都支持五种标准编程语言或类似的编程语言。还有一些标准以外的编程语言，它们虽然没有被选择为标准语言，但它们是为了适应某种特殊场合的需求而开发的，在某些情况下，它们也许是较好的编程语言。

1.2 TIA 博途软件

西门子股份公司提出全集成自动化（totally integrated automation，TIA）概念，将 PLC 技术融入全部自动化领域。TIA 博途软件是西门子股份公司开发的工程设计平台，它是世界上第一款将几乎所有自动化任务整合在一个工程设计环境下的软件，可在同一个开发环境内组态西门子 PLC、HMI 和驱动装置，并在它们之间建立通信时的共享任务，降低了连接和组态成本。TIA 博途软件包含 STEP 7、WinCC、Startdrive 和 SCOUT，用户可根据实际需求选用一种软件或多种软件产品的组合。

S7－1200 PLC 使用 TIA 博途软件中的 STEP 7 Basic（基本版）或 STEP 7 Professional（专业版）编程。STEP 7 Basic 用于组态 S7－1200 PLC，STEP 7 Professional 用于组态和编程 S7－1200 PLC、S7－1500 PLC、S7－300 PLC、S7－400 PLC。STEP 7 不仅操作直观、容易上手，而且具有通用项目视图、智能拖拽功能、共享的数据处理功能，用户可以对项目进行快速、简单的组态。STEP 7 Safety 适用于标准和故障安全自动化的工程组态系统，支持 S7－1200 PLC、S7－1500 PLC 的 CPU。WinCC 是可用于触摸屏、上位机的组态软件，WinCC 基本版的面板更精简。Startdrive 是一款适用于西门子所有驱动装置和控制器的组态软件，具有硬件组态、实时参数设置、调试和诊断功能，使得运动控制无缝集成到自动化解决方案。SCOUT 可实现对 SIMOTION 运动控制器的组态和用户程序编制。

1.2.1　项目视图的结构

STEP 7 提供了一个友好的环境，供用户开发控制器逻辑、组态、实现 HMI 可视化和设置网络通信。STEP 7 还提供了两种项目视图，一种是如图 1.3 所示的根据工具功能组织的面向任务的 Portal 视图，另一种是如图 1.4 所示的由项目中各元素组成的面向项目的项目视图。

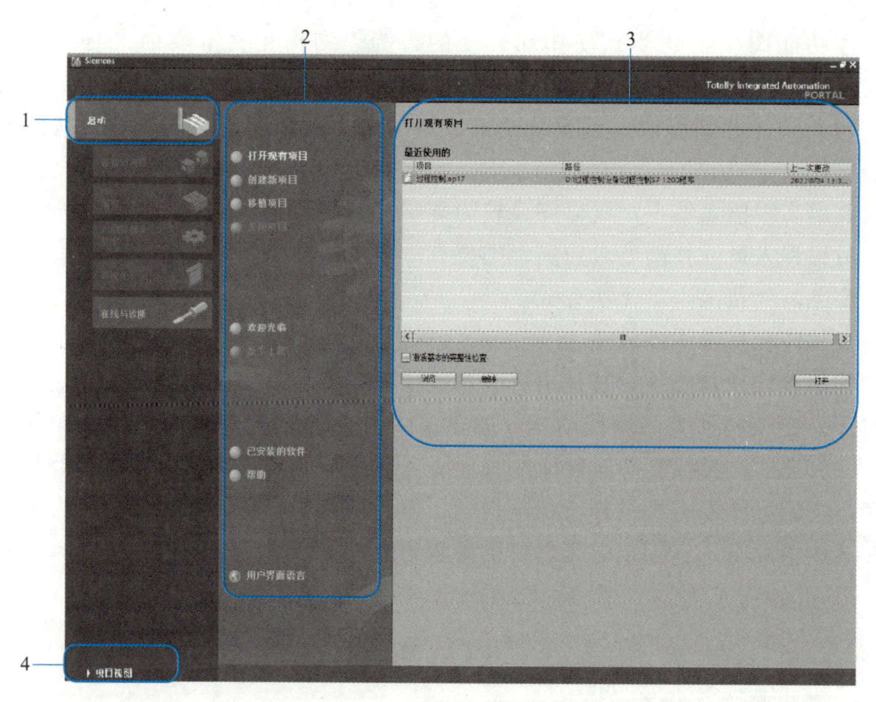

1—不同任务的门户；2—所选门户的任务；3—所选操作的选择面板；4—项目视图切换选项。

图 1.3　Portal 视图

1. Portal 视图

在 Portal 视图中，用户可快速了解自动化项目的所有任务，包括设备与网络、PLC

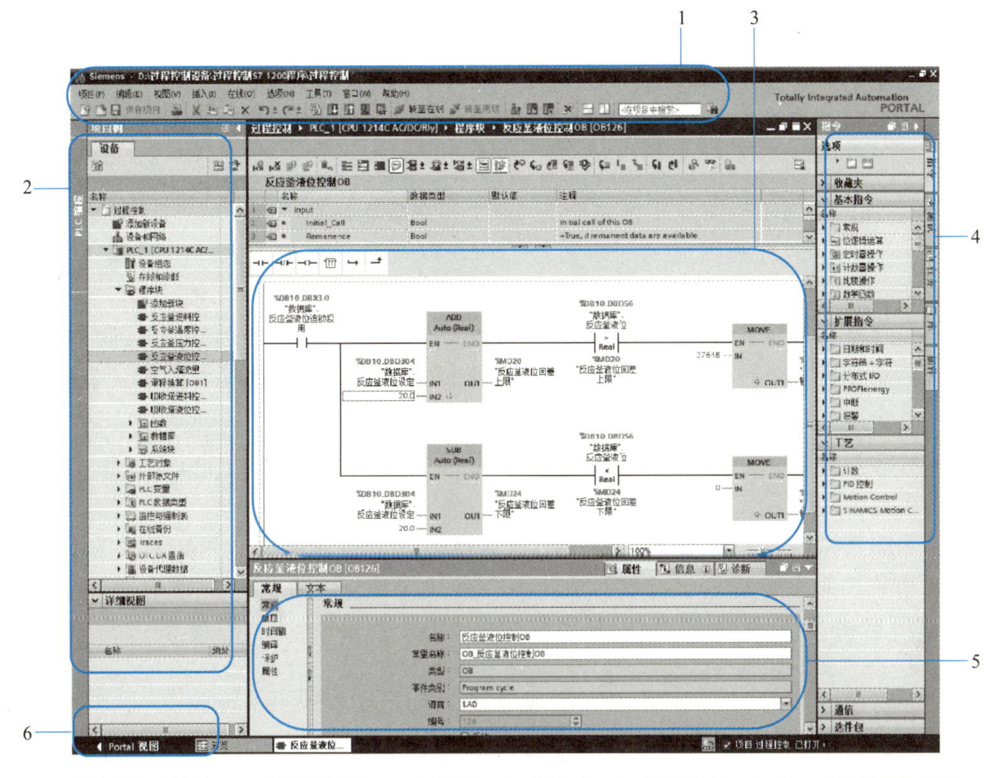

1—菜单栏和工具栏；2—项目浏览器；3—工作区；4—任务卡；5—巡视窗口；6—Portal视图切换选项。

图 1.4 项目视图

编程、运动控制技术、可视化、在线与诊断等。这些任务的具体内容会根据任务选项动态变化。单击 Portal 视图左下角的“项目视图”选项，即可切换到项目视图。

2. 项目视图

（1）菜单栏和工具栏。

菜单栏包含工作所需的全部命令；工具栏提供了上传、下载等常用的命令选项，可以通过工具栏图标更快地使用这些命令。

（2）项目浏览器。

可以通过项目浏览器访问组件和项目文件夹中的项目数据，找到与项目相关的对象和操作，如设备、公共数据、文档信息、语言和资源、在线访问、读卡器/USB 存储器等。

① 设备。在项目中，每个设备均设有一个单独的文件夹，文件夹包含设备组态、在线和诊断、程序块、工艺对象、外部源文件、PLC 变量、PLC 数据类型、监控与强制表、在线备份、Traces、OPC UA 通信、设备代理数据等内容。

② 公共数据。公共数据文件夹包含可以跨多个设备使用的数据，如报警类别、文本列表、日志和指令配置文件等内容。

③ 文档信息。文档信息文件夹可指定项目文档信息、框架和封面。

④ 语言和资源。语言和资源文件夹可查看或者修改项目语言和文本。

⑤ 在线访问。在线访问文件夹包含 PG/PC 所有接口，也包括未用于与模块通信的

接口。

⑥ 读卡器/USB 存储器。在读卡器/USB 存储器文件夹中，用户可自定义读卡器。

（3）工作区。

工作区由三个以选项卡形式呈现的视图组成，每个视图均可用于执行组态任务。

① 设备视图。设备视图显示已添加或已选择的设备及相关模块。

② 网络视图。网络视图显示网络中的 CPU 和网络连接。

③ 拓扑视图。拓扑视图显示网络拓扑结构，以及设备、无源组件、端口、互连情况及端口诊断状况等。

工作区内显示需要编辑而打开的对象，可在工作区打开若干个对象，但通常每次在工作区中都只能看到一个对象。在编辑器栏中，所有其他对象均以选项卡的形式显示，从而帮助用户更快速、更高效地工作。单击不同的编辑器即可进行切换，还可以将两个编辑器垂直或水平排列显示。

（4）任务卡。

任务卡的功能与编辑器有关，使用任务卡可执行从库或硬件目录中选择对象、在项目中搜索和替换对象、将预定义的对象拖入工作区等操作。在项目视图右侧的条形栏中列出了可用任务卡；复杂的任务卡会被划分为多个窗格，这些窗格可折叠和重新打开。

（5）巡视窗口。

巡视窗口可显示用户在工作区中所选对象的属性和信息。当用户选择不同的对象时，巡视窗口显示用户可组态的属性。巡视窗口具有属性、信息和诊断三个选项卡。

① 属性选项卡。属性选项卡用于显示所选对象的属性，用户可通过它查看或更改对象属性。

② 信息选项卡。信息选项卡用于显示所选对象的交叉引用、语法等附加信息，同时还支持执行报警等操作。

③ 诊断选项卡。诊断选项卡可提供有关系统诊断事件、已组态消息事件、CPU 状态及连接诊断的信息。

（6）Portal 视图切换选项。

单击“Portal 视图”选项，可切换到门户视图。

1.2.2 项目创建与组态

【例 1.1】 请设计某机床自动往复循环系统的继电器逻辑控制电路和 PLC 控制系统。要求设计出继电器控制原理图、PLC 硬件接线图及 PLC 梯形图。机床工作台运动方向及行程开关布置如图 1.5 所示。具体的控制要求如下。

（1）按下 SB2 正转启动按钮，电动机正向旋转，工作台右行。

（2）当工作台右行至右侧极限位置时，撞块压下行程开关 SQ1，电动机反转，工作台切换运动方向，开始左行。

（3）当工作台左行至左侧极限位置时，撞块压下行程开关 SQ2，电动机正转，工作台切换运动方向，开始右行。重复上述往返运动。

（4）上述循环过程也可从工作台左行开始，即按下 SB3 反转启动按钮，开始循环。

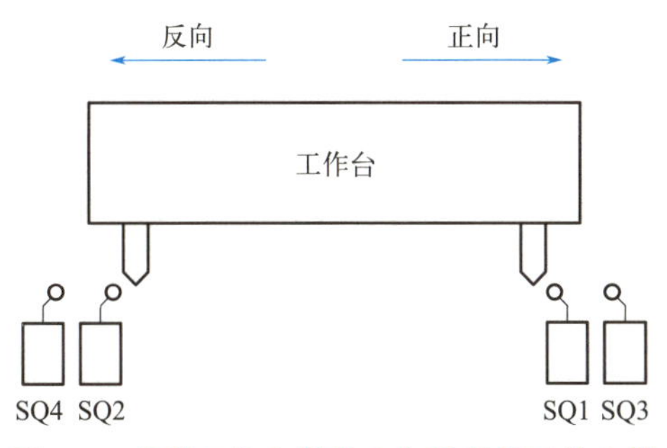

图 1.5 机床工作台运动方向及行程开关布置

（5）当按下 SB1 停止按钮时，电动机停止。

（6）考虑到 SQ1 与 SQ2 反复撞击，易损坏，若不采取相应安全措施，有可能导致丝杠扭断，应将 SQ3 与 SQ4 分别作为右侧和左侧的极限保护。

注：① 选用 S7-1200 PLC，CPU 型号为 CPU 1214C DC/DC/RLY。

② 继电器控制原理图命名规则：KM1 为 M1 电动机正转控制接触器；KM2 为 M1 电动机反转控制接触器；SB1 为 M1 电动机停止按钮；SB2 为 M1 电动机正转启动按钮；SB3 为 M1 电动机反转启动按钮；FR 为 M1 电动机保护用热继电器；FU 为熔断器；SQ1 为右行换向行程开关；SQ2 为左行换向行程开关；SQ3 为右侧限位行程开关；SQ4 为左侧限位行程开关。

绘制 PLC 硬件接线图及编制 PLC 梯形图程序时，需按照 I/O 端口分配表设计。

（1）I/O 端口分配表见表 1-3。

表 1-3 I/O 端口分配表

输入端口			输出端口		
输入点	输入器件	作用	输出点	输出器件	控制对象
I0.0	FR 常闭触点	过载保护	Q0.1	KM1	电动机正转，工作台右行
I0.1	SB1 常闭触点	停止按钮			
I0.2	SB2 常开触点	正转启动按钮（右行）			
I0.3	SB3 常开触点	反转启动按钮（左行）			
I0.4	SQ1 常开触点	右行换向	Q0.2	KM2	电动机反转，工作台左行
I0.5	SQ2 常开触点	左行换向			
I0.6	SQ3 常闭触点	右侧限位			
I0.7	SQ4 常闭触点	左侧限位			

（2）继电器控制原理图如图 1.6 所示。

（3）PLC 硬件接线图如图 1.7 所示。

（4）PLC 梯形图如图 1.8 所示。

【拓展视频】

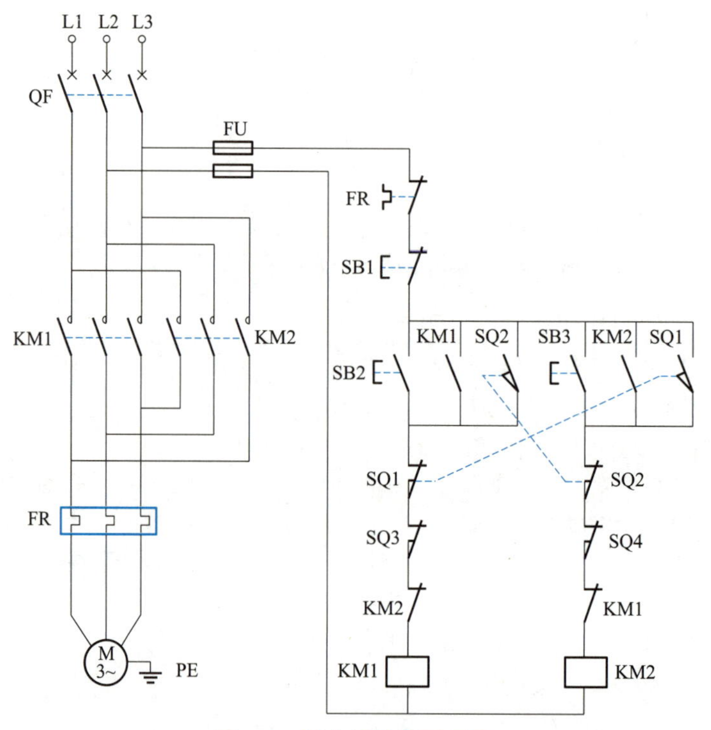

图 1.6 继电器控制原理图

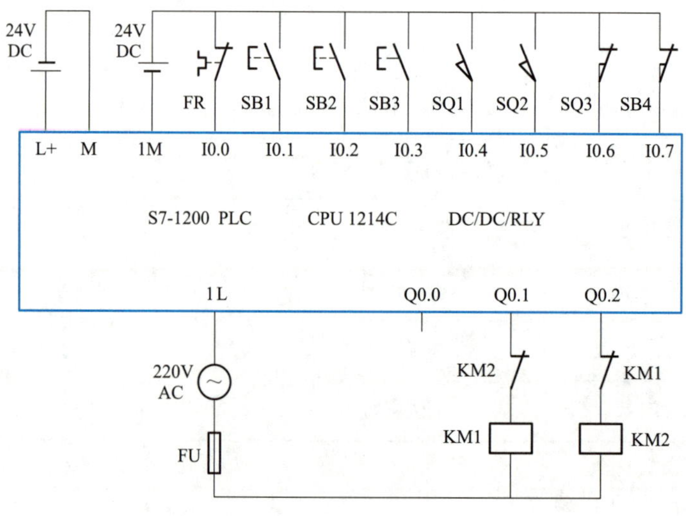

图 1.7 PLC 硬件接线图

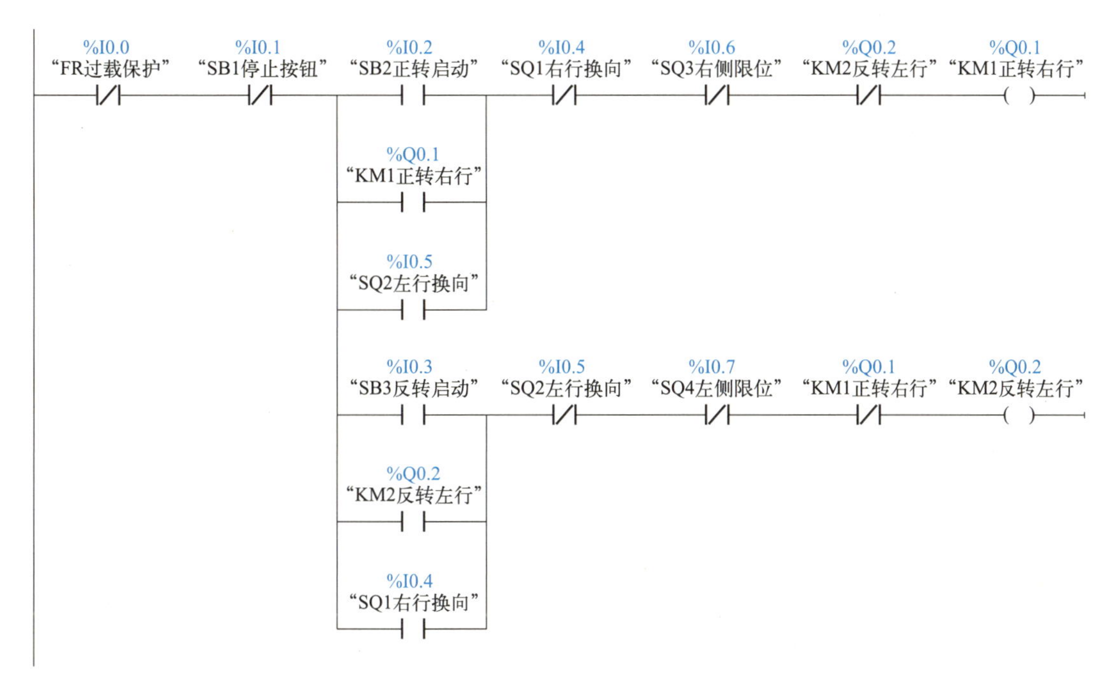

图 1.8 PLC梯形图

【例 1.2】 液体混合控制系统装置如图 1.9 所示，其中 SQ1、SQ2、SQ3 和 SQ4 为液面传感器，当液面达到相应位置时，相应的液面传感器接通。液体 A、液体 B、液体 C 与混合液体 D 的阀门分别由电磁阀 YV1、YV2、YV3 与 YV4 控制，M 为搅拌电动机。液体混合控制系统的控制要求如下。

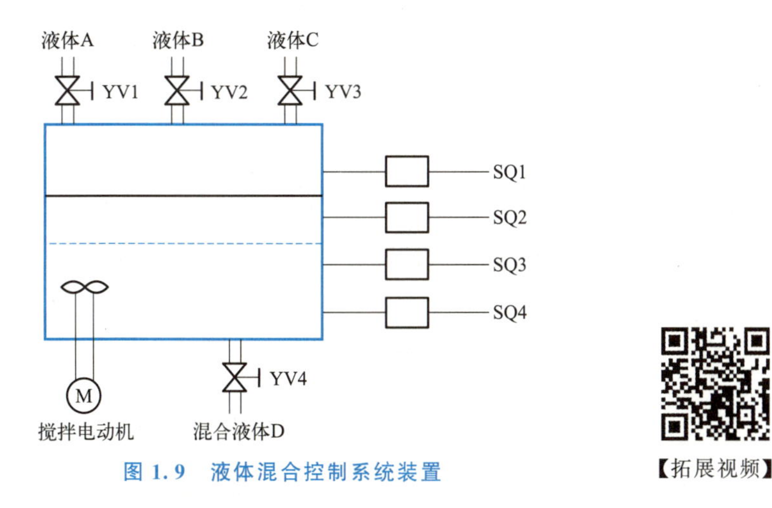

图 1.9 液体混合控制系统装置

【拓展视频】

(1) 初始状态。装置开始运行时，液体 A、液体 B、液体 C 的阀门关闭；混合液体 D 的阀门打开 20s，容器内液体被放空后，关闭混合液体 D 的阀门。

(2) 启动操作。按下启动按钮 SB1，装置开始按照如下规律运转：①液体 A 的阀门打开，液体 A 流入储罐。当液面达到 SQ3 时，SQ3 接通，关闭液体 A 的阀门，打开液体 B 的阀门；②当液面达到 SQ2 时，关闭液体 B 的阀门，打开液体 C 的阀门；③当液面达到 SQ1 时，关闭液体 C 的阀门，搅拌电动机 M 运转；④搅拌电动机 M 运转 60s 后停止，混合液体 D 的阀门打开，开始放出混合液体；⑤当液面下降到 SQ4 时，SQ4 由接通变为断开，再经过 20s 后，容器内液体被放空，混合液体 D 的阀门关闭。再次按下启动按钮 SB1，开始下一个周期。

注：① 选用 S7－1200 PLC，型号为 CPU 1214C AC/DC/RLY。

② 列出 I/O 端口分配表。

绘制 PLC 硬件接线图及编制 PLC 梯形图程序时，需按照 I/O 端口分配表设计。

（1）I/O 端口分配表见表 1－4。

表 1－4　I/O 端口分配表

输入端口		输出端口	
输入点	输入器件	输出点	输出器件
I0.0	启动按钮 SB1	Q0.0	液体 A 的阀门
I0.1	液面传感器 SQ4	Q0.1	液体 B 的阀门
I0.2	液面传感器 SQ3	Q0.2	液体 C 的阀门
I0.3	液面传感器 SQ2	Q0.3	混合液体 D 的阀门
I0.4	液面传感器 SQ1	Q0.4	搅拌电动机 M

（2）PLC 硬件接线图如图 1.10 所示。

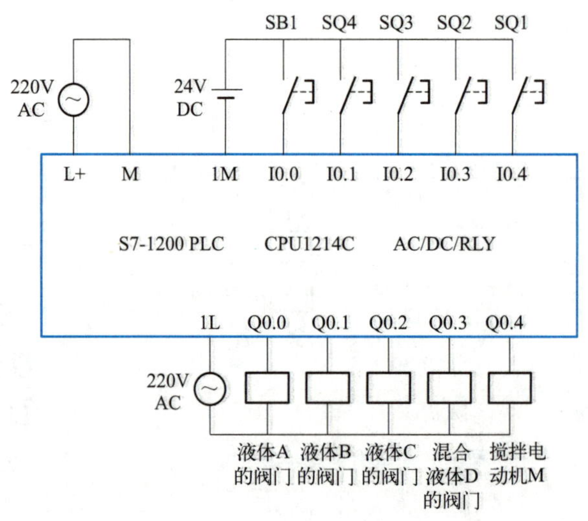

图 1.10　PLC 硬件接线图

（3）PLC 梯形图如图 1.11 所示。

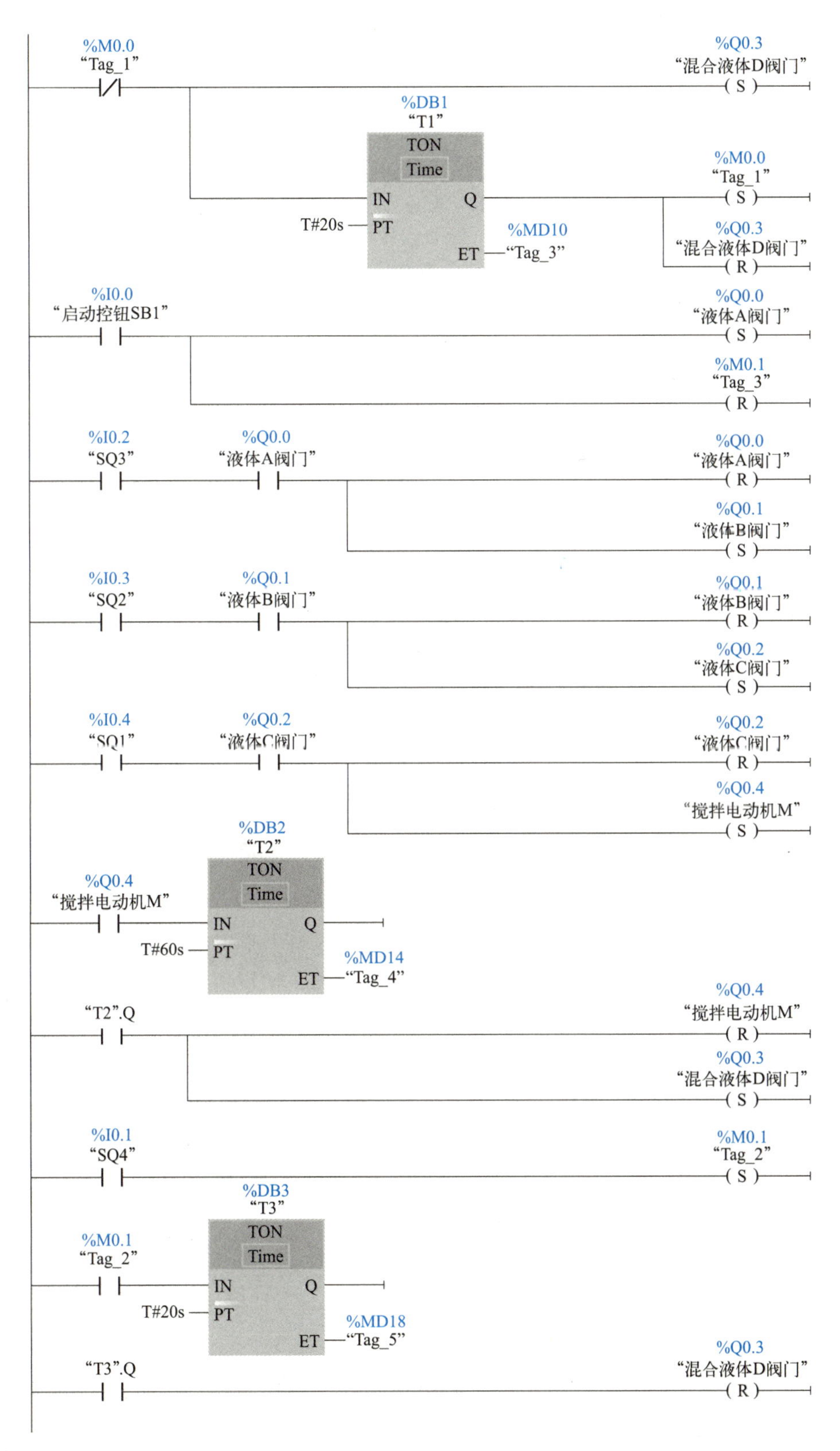
%M0.0
"Tag_1"
%Q0.3
"混合液体D阀门"
S
%DB1
"T1"
TON
Time
IN
Q
T#20s
PT
ET
%MD10
"Tag_3"
%M0.0
"Tag_1"
S
%Q0.3
"混合液体D阀门"
R
%I0.0
"启动控钮SB1"
%Q0.0
"液体A阀门"
S
%M0.1
"Tag_3"
R
%I0.2
"SQ3"
%Q0.0
"液体A阀门"
%Q0.0
"液体A阀门"
R
%Q0.1
"液体B阀门"
S
%I0.3
"SQ2"
%Q0.1
"液体B阀门"
%Q0.1
"液体B阀门"
R
%Q0.2
"液体C阀门"
S
%I0.4
"SQ1"
%Q0.2
"液体C阀门"
%Q0.2
"液体C阀门"
R
%Q0.4
"搅拌电动机M"
S
%DB2
"T2"
TON
Time
%Q0.4
"搅拌电动机M"
IN
Q
T#60s
PT
ET
%MD14
"Tag_4"
"T2".Q
%Q0.4
"搅拌电动机M"
R
%Q0.3
"混合液体D阀门"
S
%I0.1
"SQ4"
%M0.1
"Tag_2"
S
%DB3
"T3"
TON
Time
%M0.1
"Tag_2"
IN
Q
T#20s
PT
ET
%MD18
"Tag_5"
"T3".Q
%Q0.3
"混合液体D阀门"
R

图 1.11 PLC 梯形图

习题

1. S7 - 1200 PLC 的硬件主要有哪些?

2. S7 - 1200 PLC 的 CPU 集成了哪些工艺功能?

3. S7 - 1200 PLC 有几种编程语言?各有什么特点?

4. TIA 博途软件有哪两种视图?各有什么特点?

5. 试设计某机床的主电路和控制电路，并采用 TIA 博途软件进行编程和仿真，控制要求如下。

(1) 只有在润滑电动机启动后，机床主轴电动机才能启动。

(2) 若机床润滑电动机停转，则主轴电动机应同时停转。

(3) 机床主轴电动机可以单独停转。

(4) 机床主轴电动机和润滑电动机都需要过载保护及短路保护。

【在线答题】

第2章

和利时 K 系列 DCS 基础

☞本章教学要求

教学目标	知识目标	1. 掌握和利时 K 系列 DCS 硬件的组成。 2. 掌握和利时 K 系列 DCS 硬件的选型。 3. 熟练运用 MACS V6.5 软件。 4. 掌握 MACS V6.5 软件的项目创建与组态方法
	能力目标	1. 在掌握电气控制电路的基础上，能够依据控制要求，对和利时 K 系列 DCS 的硬件模块进行选型。 2. 熟练运用 MACS V6.5 软件对所创建的项目进行组态、编程和在线仿真
教学内容		1. 主控制器单元。 2. IO - BUS 设备。 3. 辅助电源分配板。 4. K - PW01 交流电源分配板。 5. K - PW11 直流电源分配板。 6. I/O 设备。 7. HOLLiAS 平台。 8. MACS V6.5 系统简介。 9. MACS V6.5 系统架构。 10. 域的相关介绍。 11. MACS V6.5 系统网络。 12. MACS V6.5 系统组成。 13. MACS V6.5 软件。 14. MACS V6.5 软件的使用步骤。 15. 项目创建与组态
重点、难点及解决方法		1. 掌握电气控制电路的基本原理。通过讲解典型的电气控制电路，并以储罐液位控制系统和电动机正反转控制系统为例进行练习。 2. 熟练应用 MACS V6.5 软件。设计典型的电气控制系统，边讲解边操作，并以储罐液位控制系统和电动机正反转控制系统为例进行练习
建议学时		4 学时

和利时 MACS－K 系统是基于国际标准和行业规范设计的，该系统由 K 系列硬件和 MACS V6.5 软件组成，集成了各行业的先进控制算法平台，可根据不同行业的自动化控制需求提供专业、全面的一体化解决方案。

2.1　和利时 K 系列 DCS 硬件

杭州和利时自动化有限公司于 2013 年正式推出的第 5 代高可靠性 DCS 硬件——K 系列硬件，采用了全冗余、多重隔离、热分析、容错等可靠性设计技术，确保系统在复杂、恶劣的工业现场环境中能长期、安全、稳定地运行。

K 系列 DCS 硬件包括电源设备、主控制器单元、I/O 设备、通信设备、预制电缆、主机柜等。主机柜如图 2.1 所示。

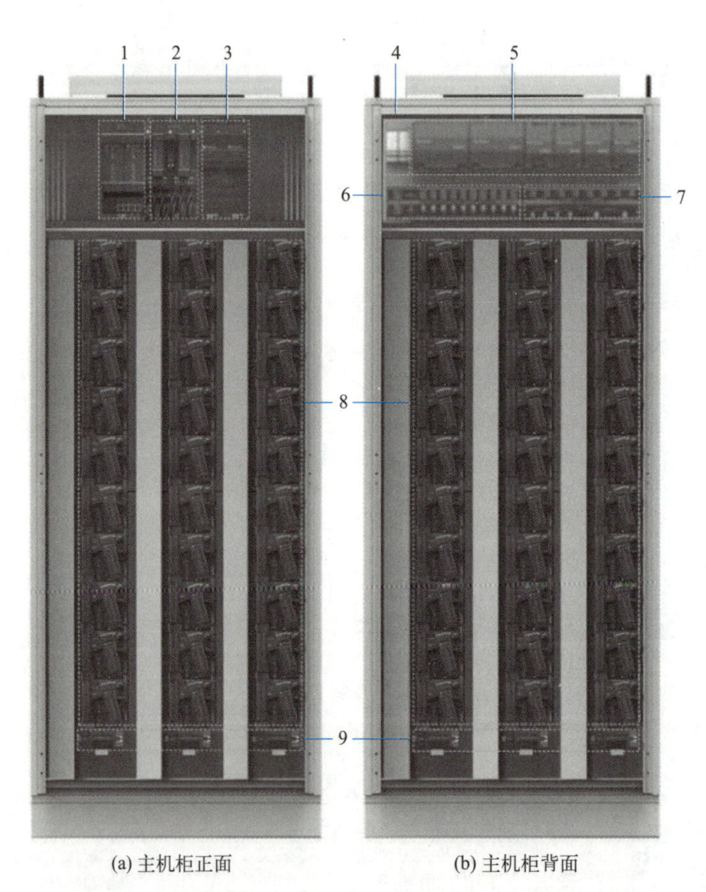

1—主控制器单元；2—IO－BUS 设备；3—辅助电源分配板；4—空气开关；5—AC/DC 转换模块；6—交流电源分配板；7—直流电源分配板；8—I/O 设备；9—IO－BUS 连接器或终端匹配器。

图 2.1　主机柜

主机柜的主要配置见表 2－1。

表 2-1 主机柜的主要配置

名称	说明
主控制器单元	—
IO-BUS 设备	—
辅助电源分配板	K-PW21
空气开关	提供两路 220V AC 输入，一路为市电，另一路为 UPS（不间断电源）
AC/DC 转换模块	—
交流电源分配板	K-PW01
直流电源分配板	K-PW11
I/O 设备	—
IO-BUS 连接器或终端匹配器	—
主机柜	包括风扇、照明灯等

2.1.1 主控制器单元

主控制器主要用于接收现场数据，并根据控制方案输出相应的控制信号，实现对现场设备的控制，同时将数据提供给上位机。主控制器单元见表 2-2。

表 2-2 主控制器单元

名称	型号	说明
主控制器	K-CU01	主控制器模块
	K-CU11	主控制器模块
	K-CU02	主控制器模块（建议在 DEH 系统中使用）
背板	K-CUT01	4 槽主控制器背板

（1）主控制器通过 IO-BUS 连接器与 I/O 设备进行通信，以此实现现场数据的采集与控制数据的发送。

（2）主控制器通过以太网与上位机进行通信，以此实现过程数据与诊断数据的上传。

K-CU01 是 K 系列的主控制器模块，采用了在主流 DCS 和安全平台中广泛使用的 PowerPC 构架 CPU。它支持冗余配置，拥有系统网（SNET）冗余、控制网（CNET）冗余功能，能够无忧切换，具备 ECC 校验功能，并且最多可扩展 100 个 I/O 模块。K-CU01 主控制器的外观如图 2.2 所示，K-CU01 主控制器单元的状态指示说明见表 2-3。

图 2.2　K－CU01 主控制器的外观

表 2－3　K－CU01 主控制器单元的状态指示说明

名称	颜色	状态	含义
RUN	绿	亮	主控制器单元正常运行
		灭	主控制器单元停止运行
STANDBY	黄	亮	主控制器单元为从
		灭	主控制器单元为主
ERROR	红	亮	主控制器单元故障或未完成初始化
		灭	主控制器单元正常运行
PROJECT	黄	亮	主控制器单元有工程
		闪	主控制器单元正在被下装工程，从机正在被冗余工程
		灭	主控制器单元没有工程
SYNC	绿	亮	同步通路正常
		闪	同步数据正常
		灭	同步通路故障（单主机）
SNET1	黄	亮	系统网 1 连接正常
		闪	系统网 1 连接正常且有数据交换
		灭	系统网 1 故障
SNET2	黄	亮	系统网 2 连接正常
		闪	系统网 2 连接正常且有数据交换
		灭	系统网 2 故障
CNETA	黄	亮	控制器 A 网节点正常
		闪	控制器 A 网节点正常且有数据交换
		灭	控制器 A 网节点故障

续表

名称	颜色	状态	含义
CNETB	黄	亮	控制器B网节点正常
		闪	控制器B网节点正常且有数据交换
		灭	控制器B网节点故障

K-CU01主控制器的基本参数和带负载能力分别见表2-4和表2-5。

表2-4 K-CU01主控制器的基本参数

项目	参数
功耗	系统电源：4W
	现场电源：无
CPU	工业级PowerPC架构，32位，主频为333MHz
掉电保护	后备电池保护
电池使用寿命	不少于3年，可在线更换
运算调度周期/ms	100、200、500、1000
系统网（SNET）	2路，冗余，10Mb/s、100Mb/s，自适应
控制网（CNET）	2路，冗余，通信速率187.5Kb/s、500Kb/s、1.5Mb/s可组态配置，默认通信速率为1.5Mb/s
诊断	电源、时钟、内存及其他控制器内部硬件诊断
	CPU周围温度状态诊断
	掉电保护电池容量不足诊断
	系统网、控制网故障诊断
控制器冗余	主从热备冗余，100Mb/s
复位	外部按钮复位
质量	约450g

表2-5 K-CU01主控制器的带负载能力

项目	参数
I/O模块数量/个	100
控制回路数量/个	300，其中模拟量控制回路数量≤128
I/O点数量/个	1280

2.1.2 IO-BUS设备

K-CUT01为K系列4槽主控制器背板，其外观与接口如图2.3所示，K-CUT01配置见表2-6。

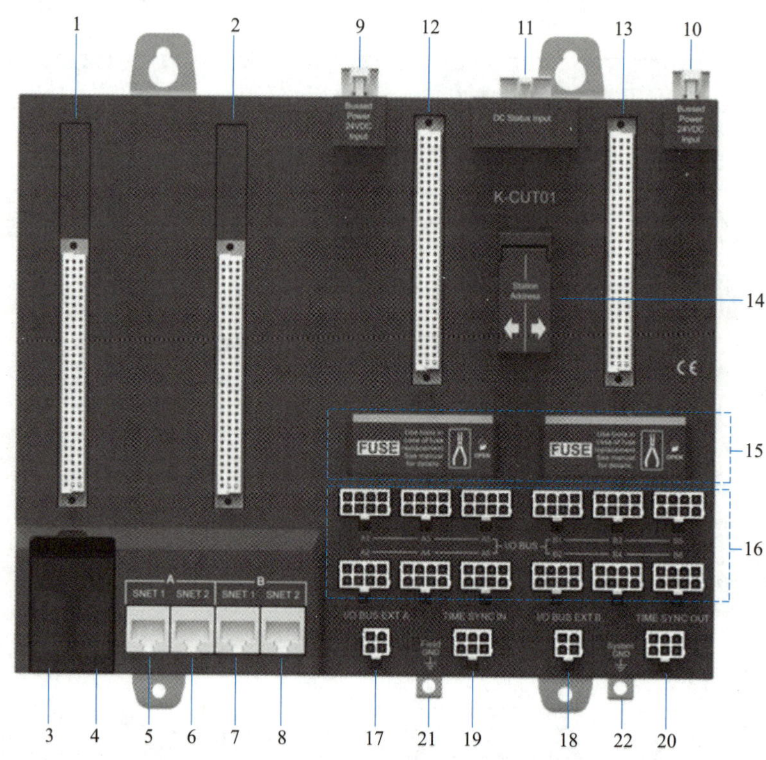

1—主控制器 A 插槽；2—主控制器 B 插槽；3—控制站地址设置仓；4—域地址设置仓；5—控制器 A 系统网口 1；6—控制器 A 系统网口 2；7—控制器 B 系统网口 1；8—控制器 B 系统网口 2；9—直流电源输入接口 A；10—直流电源输入接口 B；11—直流电源状态输入接口；12—IO - BUS A 模块插槽；13—IO - BUS B 模块插槽；14—IO - BUS 模块地址仓；15—保险丝仓；16—IO - BUS 接口（8 芯）；17—IO - BUS A 扩展接口；18—IO - BUS B 扩展接口；19—校时总线输入接口；20—校时总线输出接口；21—现场接地点；22—系统接地点。

图 2.3　K - CUT01 的外观与接口

表 2 - 6　K - CUT01 配置

序号	名称	说明
1	主控制器 A 插槽	安装主控制器模块
2	主控制器 B 插槽	
3	控制站地址设置仓	用于设置控制站的地址，确保系统正常运行
4	域地址设置仓	用于设置网络中各个节点（如控制站、操作站、历史站等）的地址
5	控制器 A 系统网口 1	连接上位机
6	控制器 A 系统网口 2	
7	控制器 B 系统网口 1	
8	控制器 B 系统网口 2	
9	直流电源输入接口 A	由各种电源模块构成，为系统中其他部件提供稳定的电源
10	直流电源输入接口 B	

续表

序号	名称	说明
11	直流电源状态输入接口	用于监测和控制系统的电源状态
12	IO－BUS A 模块插槽	安装 IO－BUS 模块
13	IO－BUS B 模块插槽	
14	IO－BUS 模块地址仓	用于设置 IO－BUS 模块地址
15	保险丝仓	用于安装和保护保险丝
16	IO－BUS 接口	用于连接各输入、输出设备，实现数据的采集和控制
17	IO－BUS A 扩展接口	用于扩展系统 I/O 能力
18	IO－BUS B 扩展接口	
19	校时总线输入接口	用于设置和连接校时器
20	校时总线输出接口	
21	现场接地点	用于现场设备的接地，包括传感器、执行器等
22	系统接地点	通常是指 DCS 内部的接地，包括操作员站、控制站等设备的接地

（1）直流电源输入接口。

直流电源输入接口用于接入系统的工作电源，包括系统电源、现场电源。接入电源后，它除了为主控制器和 K－BUS 模块供电外，还通过底座上的 A1～A6、B1～B6 接口为 I/O 模块供电。

（2）直流电源状态输入接口。

直流电源状态输入接口通过预制电缆 KX－PW02 连接 K－PW11 的直流电源状态输出接口，可以将系统电源、现场电源、辅助电源的状态上传至 IO－BUS 模块，并通过软件组态进行检测设置。

（3）IO－BUS 接口（8 芯）。

12 个 IO－BUS 接口分为 A、B 两组，两组互为冗余，每组各包含 6 路，分别为 A1～A6 和 B1～B6。12 个接口的功能相同，通过预制电缆 KX－BUSA（B），可将系统电源和现场电源输出到各 I/O 设备，同时实现与各 I/O 设备的通信。

（4）IO－BUS 扩展接口。

两个 IO－BUS 扩展接口的功能相同，互为冗余。将预制电缆 KX－BUSEX02/04 连接到 K－BUST01 的 IO－BUS 扩展接口，可实现 IO－BUS 总线的柜间级联。IO－BUS 扩展接口与其他 6 路接口具备电气隔离功能。

（5）校时总线接口。

校时总线接口通过预制电缆 KX－SYN 与其他控制站的校时总线接口相连。其中，两端的主控制器需要分别连接预制电缆 KX－SYNT，以提供终端匹配电阻。

（6）接地。

用导线将现场的接地铜柱连接到机柜的工作地汇流排，建议接地线缆的截面面积大于 $2.5mm^2$；用导线将系统的接地铜柱连接到机柜的工作地汇流排，建议接地线缆的截面面积大于 2.5mm^2；背板的保护地通过钢制底座连接与机柜相连，进而经由机柜实现接地，具体连接方法参见《HOLLiAS MACS K 系列安装维护手册》。另外，地上接地电阻均应小于 4Ω。

（7）IO－BUS 模块地址设置。

设置 IO－BUS 模块地址，可以实现 I/O 模块与控制器通信。每个 IO－BUS 模块都对应一个地址，范围为 2～7、112～117。

2.1.3 辅助电源分配板

K－PW21 为 K 系列辅助电源分配板，可以为数字量 I/O 模块、继电器供电。该辅助电源分配板具有 16 路输出，支持 24V DC 和 48V DC 两种电压，具有短路保护（自恢复保险）和故障指示等功能。

K－PW21 辅助电源分配板的外观与接口如图 2.4 所示，技术指标见表 2－7。

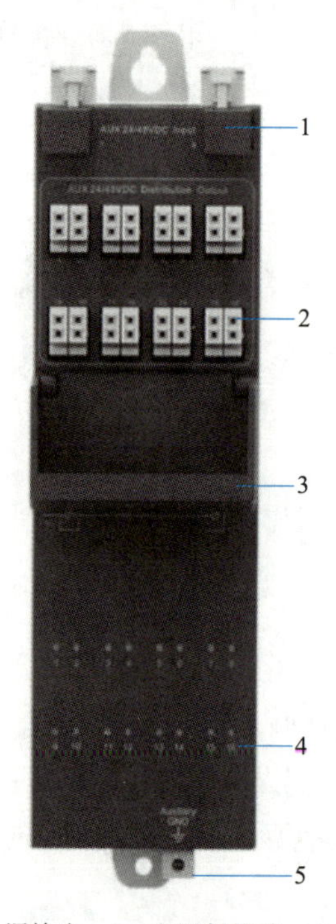

1—电源输入；2—电源输出；3—电源保护盖；4—指示灯；5—接地。

图 2.4 K－PW21 辅助电源分配板的外观与接口

表 2－7 K－PW21 辅助电源分配板的技术指标

项目	技术指标
负载能力	每路≤750mA
输入电压	24V DC
输出电压	48V DC
输入通道	2 路

续表

项目	技术指标
输出通道	16 路
输出电源短路指示	当单路输出电源短路时，LED 指示灯亮起；当短路故障消除时，单路输出电源自动恢复供电，LED 指示灯熄灭
输出与输入的压降	≤1V
质量	约 500g

（1）电源输入（AUX24/48V DC Input）。

将预制电缆 KX－PW03 连接到 K－PW11 的辅助电源输出接口，可实现辅助电源的冗余输入。K－PW11 上的这两个接口规格相同。

（2）电源输出（AUX24/48V DC Distribution Output）。

辅助电源分配板可接收冗余的 24V DC 或 48V DC 电源输入，随后将其分配成 16 路 24V DC 或 48V DC 电源，每路输出都可为一个数字输入模块供电，并且该分配板具有单路故障指示功能。

（3）电源保护盖。

电源保护盖对电源接口起防尘、防潮、防异物、防机械损坏等作用，请勿拆卸。

（4）指示灯。

每路输出均配备一个自恢复保险（750mA）和一个 LED 指示灯。当因负载短路导致通道电流过大时，LED 指示灯亮起，显示通道故障；当负载短路故障被排除后，将自动恢复供电，此时 LED 指示灯熄灭。

（5）接地。

用导线将接地柱连接到机柜的工作地汇流排，接地电阻应小于 4Ω。

2.1.4　K－PW01 交流电源分配板

MACS－K 系统采用系统电源、现场电源和辅助电源分别供电。MACS－K 系统的供电原理如图 2.5 所示。

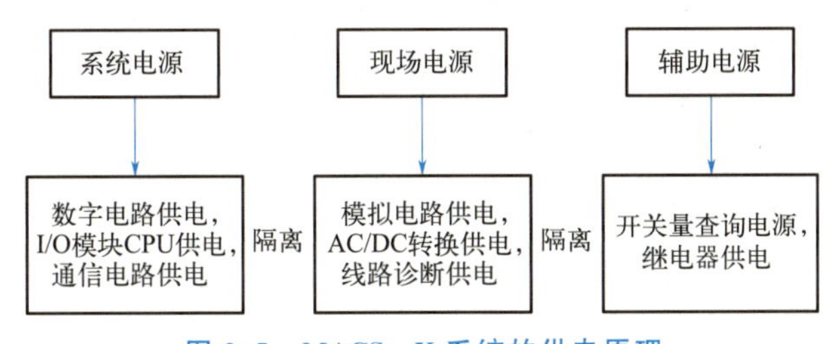

图 2.5　MACS－K 系统的供电原理

K－PW01 为 K 系列交流电源分配板，可以为 AC/DC 电源转换模块提供输入配电。它可与配套 K－PW11 直流电源分配板协同使用，支持 110V AC、220V AC 输入。每路输出均配备独立的开关与指示灯。此外，该分配板内置冗余高性能滤波器，可有效抵御电网干扰和变频器干扰等。图 2.6 所示为 K－PW01 交流电源分配板的外观与接口。

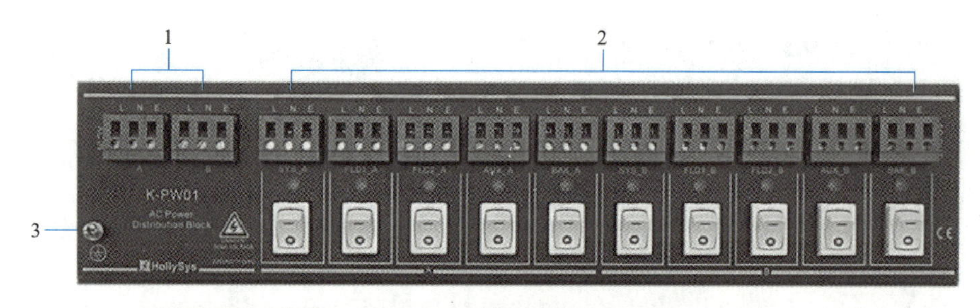

1—交流电源输入接口（AC IN）；2—交流电源输出接口（AC OUT）；3—接地。

图 2.6　K－PW01 交流电源分配板的外观与接口

（1）交流电源输入接口（AC IN）。

两路交流电源输入互为冗余，其中 A 路为市电供电，B 路为 UPS 供电。

（2）交流电源输出接口（AC OUT）。

10 路交流电源接口分为两组，每组包含 5 路。

（3）接地。

用导线就近连接机柜与接地柱，接地电阻应小于 4Ω。

K－PW01 和 K－PW11 在 K 系列配电系统的典型供电示意图如图 2.7 所示；K－PW01 和 K－PW11 在 K 系列配电系统的电源设备见表 2－8；K－PW01 交流电源分配板的技术指标见表 2－9。

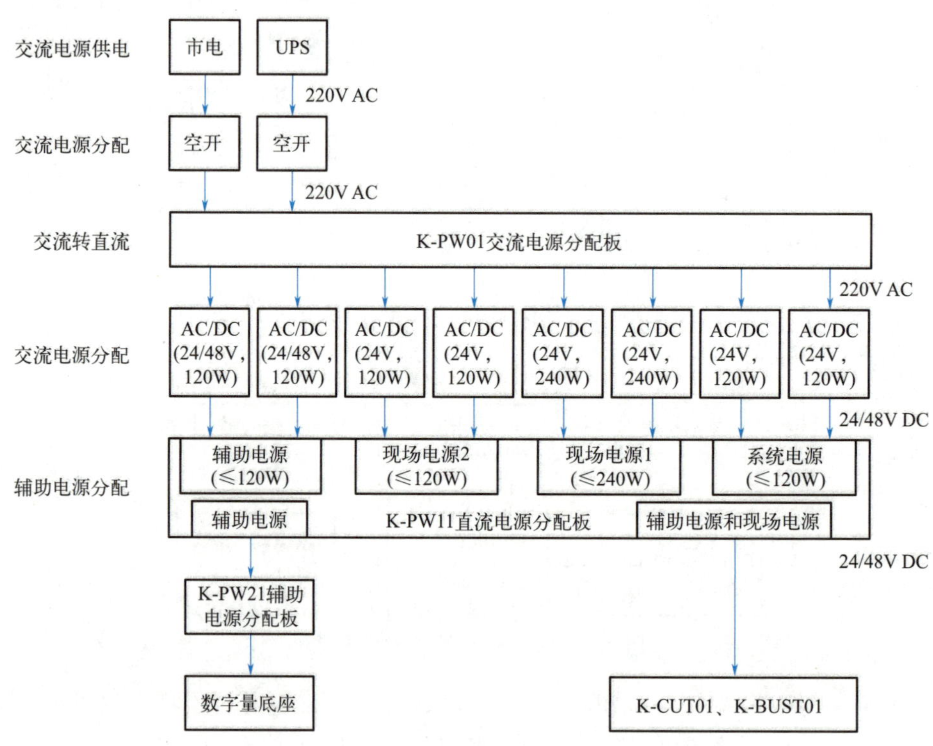

图 2.7　K－PW01 和 K－PW11 在 K 系列配电系统的典型供电示意图

表 2-8 K-PW01 和 K-PW11 在 K 系列配电系统的电源设备

名称	型号	说明
交流电源分配	K-PW01	交流电源分配板
交流转直流	AC/DC（24V，120W）	用于转换系统电源、现场电源 2、24V DC 辅助电源，可选择 SM910 或 HPW2405G
	AC/DC（24V，240W）	用于转换现场电源 1，可选择 SM913 或 HPW2410G
	AC/DC（48V，120W）	用于转换 48V DC 辅助电源，可选择 SM920 或 HPW4803G
直流电源分配	K-PW11	直流电源分配板
辅助电源分配	K-PW21	辅助电源分配板
直流电源冗余分配	HPWR01G	—

表 2-9 K-PW01 交流电源分配板的技术指标

项目	技术指标
输入电压	110/220V AC（两路）
输出电压	110/220V AC（两组，每组都输出 5 路）
每个接线端子的额定最大连续电流	3A（每组系统电源＋现场电源 1＋现场电源 2≤3A）
安装方式	DIN35 导轨安装
质量	约 1000g

2.1.5 K-PW11 直流电源分配板

K-PW11 为 K 系列直流电源分配板，可对 AC/DC 电源转换模块输出的直流电源进行冗余分配，通常与 K-PW01 交流电源分配板配套使用。系统电源和现场电源输出到 K-CUT01 和 K-BUST01；直流电源状态检测输出到 K-CUT01 和 K-BUST01；辅助电源输出到 K-PW21。K-PW01 直流电源分配板的外观和接口如图 2.8 所示。K-PW11 直流电源分配板的技术指标见表 2-10。

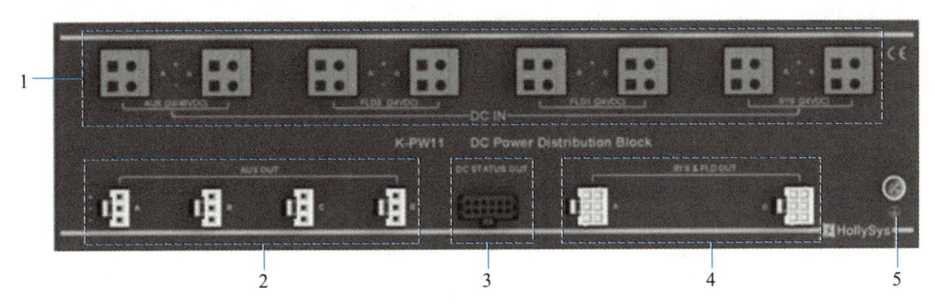

1—直流电源输入接口（DC IN）；2—辅助电源输出接口（AUX OUT）；3—直流电源状态检测输出接口（DC STATUS OUT）；4—系统电源与现场电源输出接口（SYS & FLD OUT）；5—接地。

图 2.8 K-PW01 直流电源分配板的外观和接口

表 2-10 K-PW11 直流电源分配板的技术指标

项目	技术指标
负载能力	10A@24V DC，5A@48V DC
冗余压降	在 25℃环境下，满载输入与输出的压降小于 1V
输入电压状态检测	对于 24V DC：>21.6V，输出闭合；0～5V，输出断开。 对于 48V DC：>43.2V，输出闭合；0～10V，输出断开
安装方式	DIN35 导轨安装
质量	约 1000g

（1）直流电源输入接口（DC IN）。

八路直流电源输入接口分为四组，每组有 A、B 两路互为冗余。

（2）辅助电源输出接口（AUX OUT）。

辅助电源通过预制电缆 KX-PW03，连接至 K-PW21 辅助电源分配板的电源输入接口，该分配板的四个接口规格相同。

（3）直流电源状态检测输出接口（DC STATUS OUT）。

直流电源状态检测输出接口可以将系统电源、现场电源、辅助电源的状态上传给 IO-BUS 设备，IO-BUS 设备将故障信息上报给主控制器。接线时，该接口通过预制电缆 KX-PW02 连接到 K-CUT01 或 K-BUST01 的直流电源状态输入接口。

（4）系统电源与现场电源输出接口（SYS & FLD OUT）。

两个接口规格相同，互为冗余，系统电源与现场电源输出接口通过预制电缆 KX-PW01 连接到 K-CUT01 或 K-BUST01 的直流电源输入接口。

（5）接地。

用导线就近连接机柜与接地柱，接地电阻应小于 4Ω。

2.1.6 I/O 设备

I/O 设备负责采集现场的模拟量信号或数字量信号，并将这些信号转换成便于主控制器处理的信号；同时，I/O 设备也可将主控制器处理过的信号输出到现场。I/O 设备通过 IO-BUS 总线与主控制器通信。I/O 设备主要由 I/O 模块、I/O 底座和端子板组成。I/O 模块主要具备信号转换功能，可细分为数字量 I/O 模块和模拟量 I/O 模块两类。I/O 模块需配合 I/O 底座或端子板使用。

IO-BUS 设备是 MACS-K 系统的控制网络，用于连接主控制器与 I/O 设备，并实现二者之间的数据交换。IO-BUS 设备见表 2-11。

表 2-11 IO-BUS 设备

名称	型号	说明
IO-BUS 模块	K-BUS02	八通道星形 IO-BUS 模块
	K-BUS03	总线型 IO-BUS 模块
背板	K-CUT01	四槽主控制器背板
	K-BUST01	单槽 IO-BUS 背板模块
终端器	K-BUST02	星形 IO-BUS 终端匹配器
连接器	K-BUST03	总线型 IO-BUS 连接器

2.2 MACS V6.5 软件概述

2.2.1 HOLLiAS 平台

HOLLiAS 平台是杭州和利时自动化有限公司基于先进自动化技术开发的集成工业自动化系统，是一个开放的系统软件平台。该平台将公司开发的各种自动化系统与设备有机整合，能够根据不同行业的自动化控制需求，为用户提供专业的解决方案。该平台覆盖企业经营管理层、企业生产管理层和装置与过程控制层等子系统。

HOLLiAS 平台具有以下特点。

(1) 信息化和集成化。

HOLLiAS 平台在开放式实时关系数据库的基础上实现多个管理子系统，并集成多种满足不同行业用户需求的控制系统和设备。该平台提供的控制器组态符合 IEC 61131 - 3 标准，不仅拥有平台的高性能通用控制算法，而且可以集成各种层次的控制功能。

(2) 分散/集中架构。

HOLLiAS 平台借助多种现场总线，特别是 PROFIBUS - DP 和 PROFIsafe - DP，能够支持多种分布式主控单元和智能仪表；同时监视平台可提供高效的集中管理。

(3) 经济性。

由于 HOLLiAS 平台在系统信息化和集成化、现场总线方面取得了进步，因此用户可灵活配置系统，进而有效降低总体费用。

(4) 开放性和专业性。

HOLLiAS 平台借助开放的数据库和网络接口、协议及总线，可实现在各个层面上与第三方系统或设备连接。HOLLiAS 平台集成了火电、化工等行业的先进控制算法，为工厂自动控制和企业管理提供深入、全面、专业的解决方案。

2.2.2 MACS V6.5 系统简介

党的二十大报告指出，强化企业科技创新主体地位，发挥科技型骨干企业引领支撑作用。MACS V6.5 系统是杭州和利时自动化有限公司推出的第五代高可靠性 DCS。公司在设计该系统时充分采用了安全系统的设计理念，吸取国际工业电子技术和工业控制技术的最新成果，严格遵循先进的国际标准，采用全冗余、多重隔离、热分析、容错等可靠性设计技术，保证该系统在复杂、恶劣的现场环境下高效运行。

MACS V6.5 系统是基于国际标准和行业规范进行设计的，集成了各行业的先进控制算法和平台，可根据不同行业的自动化控制需求，提供更专业、更全面的一体化解决方案，进而实现生产、设备和安全三大目标的最佳协调，并帮助用户实现产品全生命周期维护成本的最小化和设备投资回报的最大化。

MACS V6.5 系统是基于以太网和 PROFIBUS - DP 现场总线架构的，便于接入多种工业以太网和现场总线。MACS V6.5 系统符合 IEC 61131 - 3 标准，集成了基于 HART 标准协议的 AMS 系统，并可集成 SIS、PLC、MES、ERP 等系统；同时提供了众多知名公司开发的控制系统的驱动接口，可实现智能现场仪表设备、控制系统、企业资源管理系统之间的无缝信息流传送，进而实现工厂智能化、管控一体化。

2.2.3 MACS V6.5 系统架构

MACS V6.5 系统架构如图 2.9 所示，从上到下分为企业生产管理层和装置与过程控制层。

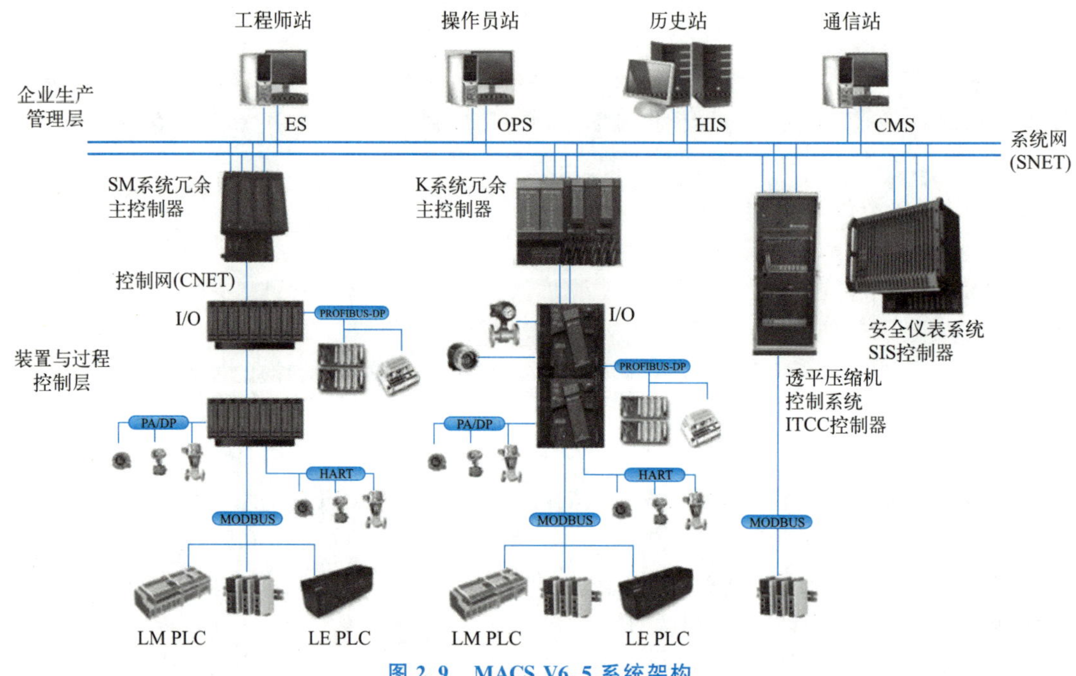

图 2.9　MACS V6.5 系统架构

(1) 企业生产管理层。

企业生产管理层主要包括工程师站、操作员站、历史站和通信站等。企业生产管理层通过一个 TCP/IP 协议的冗余以太网与下层通信，将经过处理的现场采集数据显示给用户，并将用户的操作指令传递给下层。各设备（包括 ES、OPS、HIS 和 CMS 等）通过两组交换机连成网络。历史站、通信站等重要设备均冗余配置，以保证系统通信的可靠性。

(2) 装置与过程控制层。

装置与过程控制层主要包括 PLC、I/O 模块等。PLC 通过 I/O 总线与 I/O 设备通信，I/O 设备将采集的数据传输给控制站中的主控制器，由主控制器按照预先下装的算法处理数据，并将需要显示的数据传递给监测控制层，从上层来的指令及 PLC 生成的指令也将被传递给现场执行器。现场控制层通过专用硬件模块支持 HART 和 FF 总线协议。

2.2.4 域的相关介绍

MACS V6.5 系统架构是基于“多域管理（MDM）”概念提出的。

(1) 域的定义。

域是一组站点的集合，一个项目可以包含一个或多个域，每个域都有一个唯一的编号，一个域对应一个独立的工程。一个域内包含 64 个控制站（编号为 10～73），每个控制站都有一个唯一的编号，但不同域内允许有相同编号的控制站。通过域号和控制站编号可以定位一个控制站。一台物理计算机可以加入多个域，它仍然只有一个编号，但有多个域号，这台计算机必须是操作员站。控制器不允许加入多个域。操作员站可以接收其加入的域的数据，也可以向这个域内发送指令；但对于未加入的域，操作员站没有这些权限。控制器之间可以进行数据交互，即一个控制器可以直接向另一个不同域的控制器请求数据，但仅限于请求数据，不能发送指令。

（2）域结构的优势。

域间相对独立，每个域都自成系统，从而实现危险分散。域间相互监视，联网后构成一个整体，能够实现信息共享，具备通信快速、稳定的特点。不同的域可以分批投入使用，后加入的域可以在不停车的情况下以搭积木的方式无缝并入。域内完全由工业系统构成，无外来系统，安全可靠；域外通过网关同外部联系，防止黑客攻击和病毒入侵。

（3）域的划分。

一个项目最多可创建15个域，编号为0～14。在实际生产系统中，域是指整个系统根据位置、功能和受控过程的特点被分为相对独立的子系统，通常每个相对独立的子系统被划分为一个域。

域的一个重要功能是隔离网络流量，网络上最占带宽的实时数据仅限于在每个域内传播，不同域之间不能传送大量实时数据。域的划分还涉及安全、网络、操作权限等因素。

（4）加入多域。

操作员站只有加入多域才可以接收这些域的实时数据，从而发送指令。虽然加入多域的操作员站只有一台物理机器，但是它加入的每个域都是以一个独立完整的操作员站身份存在的。

（5）域的通信。

域内、域间通信都采用点对点的单播方式，物理上就是面向连接的TCP及面向数据报文的UDP连接。域内通信的数据主要包括实时数据和控制指令。历史站及直接通信的操作员站周期性地向控制站节点发送实时数据的获取命令，控制站节点根据命令进行响应控制并反馈。历史站除与装置与过程控制层通信外，还与通信站节点通信，主要体现在通信站对历史站数据获取的过程中。域间通信通常有如下两种实现方法。

① 设置域间引用变量，实现跨域的点对点访问。此方法的优点是对MACS V6.5.X软件版本没有限制，可实现不同版本间的通信；不足之处是对通信点数有要求，通信点数不能超过3000个。

② 通过相关设置和组态实现多个域的相互监视，此方法的局限之处在于要求使用的软件版本一致。

2.2.5 MACS V6.5系统网络

MACS V6.5系统网络由三部分组成，从上到下依次为管理网（MNET）、系统网（SNET）和控制网（CNET）。其中，系统网和控制网都是冗余配置，管理网为可选网络。

（1）管理网。

管理网由100/1000MB以太网络构成，用于控制系统与信息管理系统（ERP或Real-

MIS)、Internet、第三方管理软件等通信，可实现数据的高级管理和共享。

（2）系统网。

系统网由100/1000MB高速冗余工业以太网络构成，用于连接工程师站、操作员站，可快速构建星形、环形或总线型拓扑结构的高速冗余安全网络。系统网符合IEEE 802.3标准，基于TCP/IP协议，通信速率为100/1000Mb/s自适应，传输介质为五类非屏蔽双绞线或光缆。系统网使用128、129网段。

（3）控制网。

控制网通过冗余现场总线与各个I/O模块及智能设备连接，支持星形拓扑网络和总线型拓扑网络，可实时、快速、高效地与现场通信，符合IEC 61158标准，通信速率为1.5Mb/s，传输介质为屏蔽双绞线或光缆。

2.2.6 MACS V6.5系统组成

MACS V6.5系统主要由工程师站、操作员站、历史站、通信站、I/O模块及其他设备组成，控制网的网络节点由控制站和I/O模块构成。

（1）工程师站。

工程师站用于完成系统组态、修改及下装，包括数据库、图形、控制算法、报表的组态，过程参数的配置，操作员站及I/O模块的配置组态，数据下装和增量下装等。

（2）操作员站。

操作员站用于监视和管理生产现场，包括集中管理和监视系统数据、显示工艺流程图、打印报表、控制操作、显示历史趋势、日志和报警的记录和管理等。

（3）历史站。

历史站用于完成系统历史数据的采集、存储与归档，以及与工厂管理网络交换信息等。

（4）通信站。

通信站用于安装和运行OPC通信软件，读写第三方OPC Server的数据。

（5）I/O模块。

I/O模块用来在控制器和现场仪表、执行器间转换和传递数据、命令。

（6）其他设备。

MACS V6.5系统还包括交换机、路由器、以太网卡和网线等设备。

2.2.7 MACS V6.5软件

MACS V6.5系统的工程师站组态软件的主要功能如下。

（1）组态管理。

组态管理是指在工程师站开展的组态工作，组态管理主要由以下软件组成。

① 工程总控。

工程总控软件用来部署和管理整个综合自动化系统。该软件集成了工程创建、工程管理、项目管理、操作站用户组态、区域设置、操作站组态、控制站组态、总貌组态、控制分组组态、参数成组组态、趋势图组态、流程图组态、专用键盘组态、数据库查找、数据库导入/导出、报表组态、编译、下装等功能。工程管理器是面向域的，即一个工程对应一个域。用户不能同时打开多个工程，以免组态时出现混乱。

② 图形编辑。

图形编辑软件用于生成在线操作的流程图和界面模板。该软件可针对不同行业，提供丰富的符号库，以便用户绘制美观、实用的界面。此外，它还可用于自定义符号库。

③ AutoThink。

AutoThink是DCS控制器算法组态软件，集成了控制器算法的编辑、管理、仿真、在线调试及硬件配置功能，支持IEC 61131-3标准中规定的ST、LD、SFC三种语言及和利时CFC语言。

④ CCS-AutoThink。

CCS-AutoThink是CCS控制器算法组态软件，集成了CCS控制器算法的编辑、管理、仿真、在线调试及硬件配置功能，支持IEC 61131-3标准中规定的LD和FBD语言。

⑤ HIC-AutoThink。

HIC-AutoThink是ETM281控制器算法组态软件，集成了ETM281控制器算法的编辑、管理、仿真、在线调试及硬件配置功能，支持IEC 61131-3标准中规定的LD和ST语言及和利时CFC语言。

⑥ Safe-AutoThink。

Safe-AutoThink是SIS（HiaGuard）控制器算法组态软件，集成了SIS控制器算法的编辑、管理、仿真、在线调试及硬件配置功能，支持IEC 61131-3标准中规定的LD和FBD语言。

以上软件都采用树状工程组织结构管理组态信息，界面清晰，简单易用。

（2）操作员在线。

操作员在线是监视和控制软件，用于采集实时数据，显示动态数据，过程自动控制，顺序控制，高级控制，报警和日志的检测、监控、操作，可以对数据进行显示、记录、统计、打印等。

（3）其他组件及工具。

① OPC客户端。

OPC客户端用于与遵循OPC协议的第三方通信。

② 仿真启动管理。

仿真启动管理可仿真模拟运行控制站、历史站和操作员在线。

③ 离线查询。

离线查询可按条件查询系统的趋势、报警、日志等历史数据，以帮助用户分析系统的运行情况或事故原因。

④ 操作员在线配置工具。

操作员在线配置工具可配置操作员在线的默认信息，包括域号、初始页面路由信息等。

⑤ 版本查询工具。

版本查询工具可查询当前系统软件所有文件的版本信息。

⑥ 授权信息查看。

授权信息查看工具可提供分类查看授权信息、完成软件授权的功能。

⑦ HSRTS Tool。

HSRTS Tool可用来升级MACS V6.5系统控制器的RTS程序。

⑧ HSRTS Tool（CCS）。

HSRTS Tool（CCS）可用来升级 CCS 系统控制器和通信单元的 RTS 程序。

⑨ HSRTS Tool（Hia Guard）。

HSRTS Tool（Hia Guard）可用来升级 SIS（Hia Guard）系统控制器和通信单元的 RTS 程序。

⑩ 语言选择。

语言选择工具可用来切换离线组态软件的语言。

2.2.8 MACS V6.5 软件的使用步骤

一个应用系统需要通过工程师站组态软件产生，组态完成后，经编译生成相关下装文件，然后通过工程师站将这些文件分别下装到控制站、历史站、操作员站，从而实现系统的运转。MACS V6.5 软件工程组态流程图如图 2.10 所示。

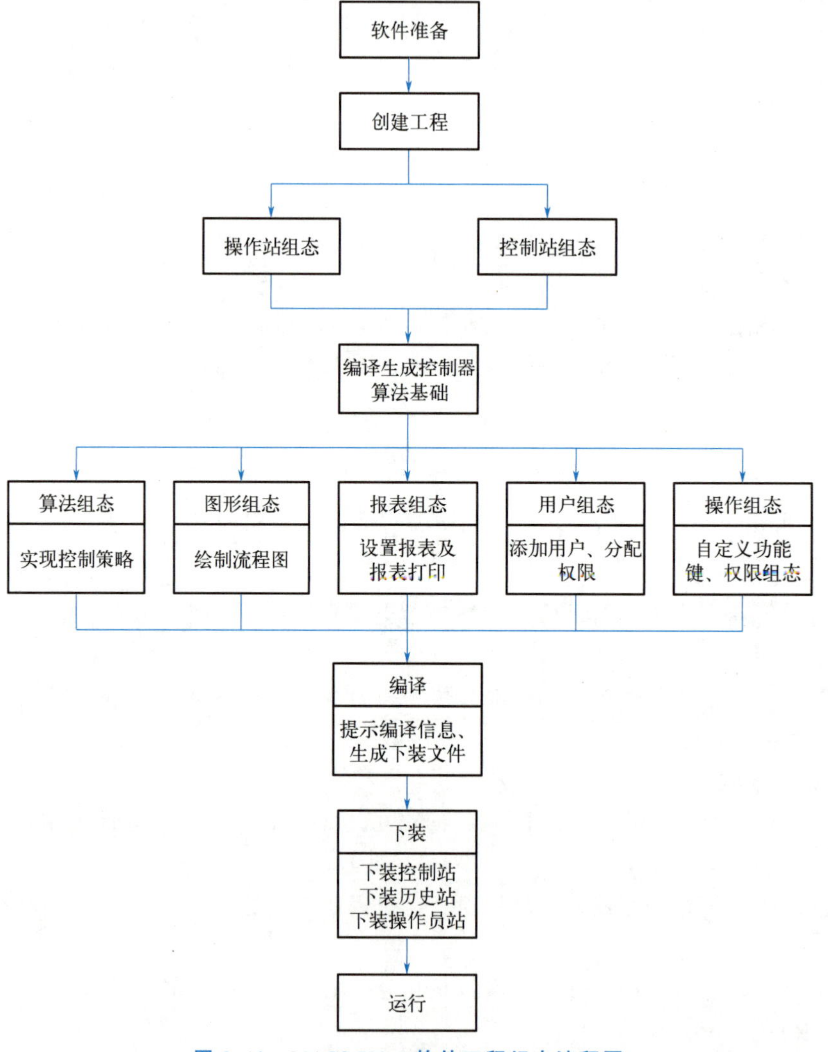

图 2.10 MACS V6.5 软件工程组态流程图

（1）软件准备。

在工程师站上安装 MACS V6.5 软件。

（2）创建工程。

在工程总控中选择“文件”菜单中的“新建工程”选项；在弹出的“新建工程向导”对话框中，按步骤填写相关信息；在随后弹出的“组态向导”对话框中，设置操作站用户并分配历史站。

（3）操作站组态。

添加操作站并编辑该站的详细信息（如修改网络地址、定义操作站角色等）。

（4）控制站组态。

在工程总控中添加控制站，在 AutoThink（CCS－AutoThink、Safe－AutoThink）软件中，添加 I/O 设备和响应的数据库点。

（5）算法组态。

用 AutoThink（CCS－AutoThink、Safe－AutoThink）软件进行算法组态并编译。

（6）图形组态。

使用图形编辑软件创建流程图和参数列表。

（7）报表组态。

设置报表及报表打印。

（8）用户组态。

添加用户，并定义用户级别和对应的权限。

（9）操作组态。

进行与操作相关的组态，如启动图形组态、自定义专用键盘的功能键和设置用户权限。

（10）编译。

把组态后的工程编译成相应的下装文件，并生成控制器算法。若组态出现错误，系统就会提示用户。

（11）下装。

执行下装命令后，系统会自动把生成的算法和下装文件复制到各个操作员站，并将相应的算法程序和工程文件下装到控制器中。

（12）运行。

退出工程总控，启动操作员在线监控。

2.2.9 项目创建与组态

【例 2.1】 运用 MACS V6.5 软件建立储罐液位控制系统（液位值为 LIC01，量程为 0～100mm，液位调节阀为 LV01，出口阀为 VA01）。

（1）创建工程。

① 打开“工程总控”软件，通过以下 3 种方式打开“新建工程向导”对话框（图 2.11）；分别在“项目名称”文本框和“工程名称”文本框中填写项目名称和工程名称，其中工程名称不能以中文命名。

【拓展视频】

a. 在菜单栏中点击“工程”→“新建”选项。

b. 在工具栏中点击“新建工程”图标。

c. 使用“Ctrl+N”快捷键。

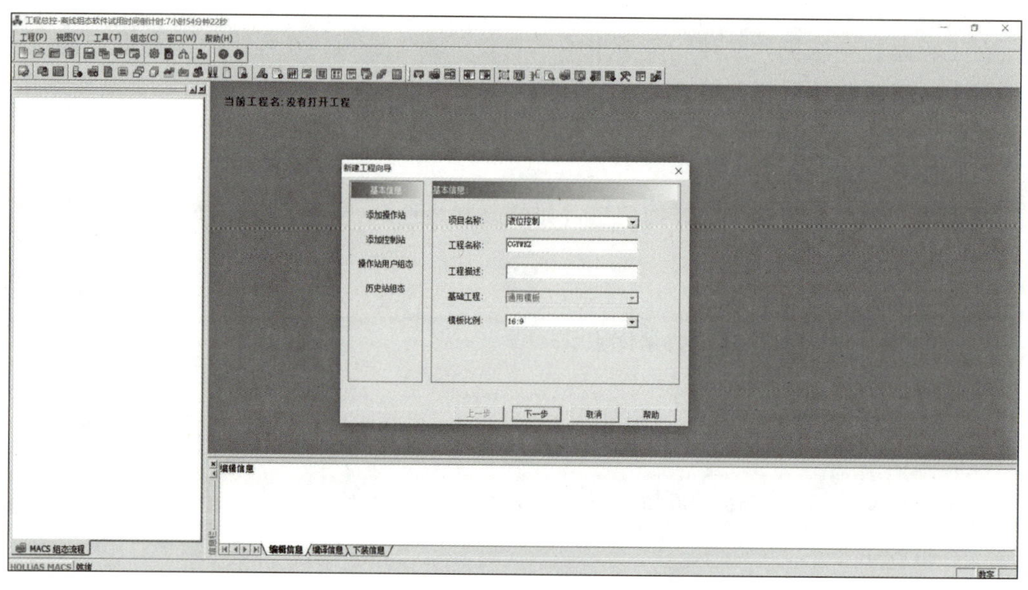

图 2.11 “新建工程向导”对话框

② 单击“下一步”按钮，添加操作站，如图 2.12 所示。新建工程默认已添加操作站 80 和操作站 81。

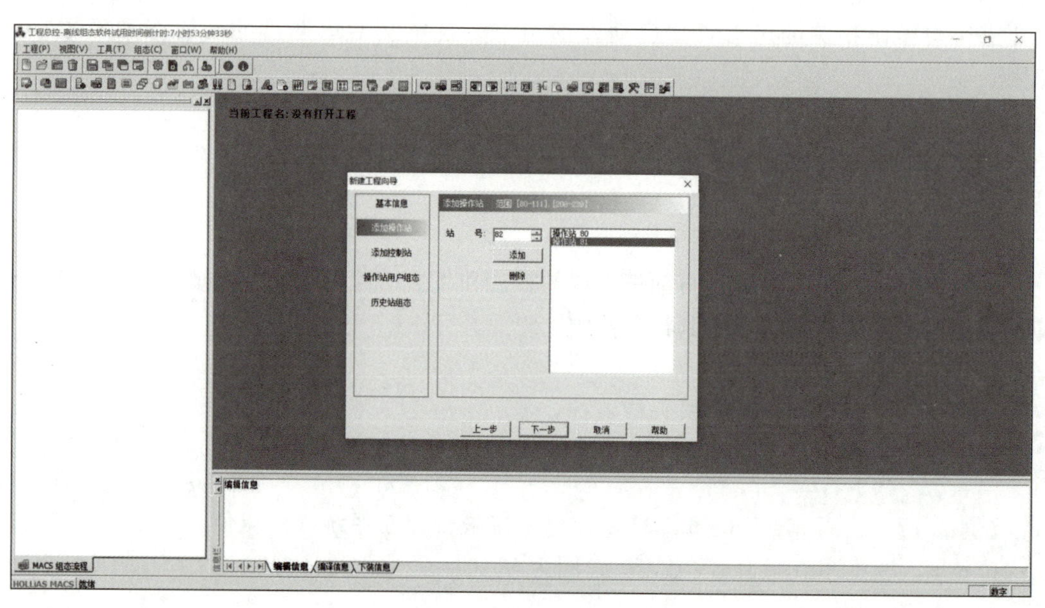

图 2.12 添加操作站

③ 单击“下一步”按钮，添加控制站，如图 2.13 所示。在“控制器型号”选项中下拉列表框，选择“K-CU01”选项，单击“添加”按钮。K-CU11 不能用于仿真下装，否则仿真时会报错。

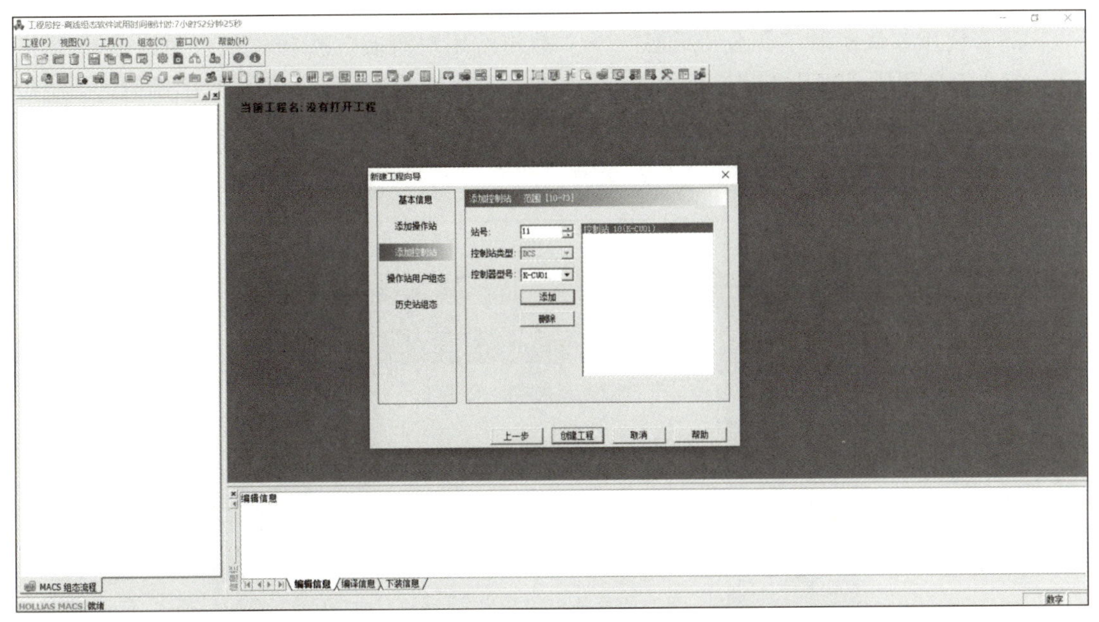

图 2.13　添加控制站

④ 单击“创建工程”按钮，创建操作站用户组态，如图 2.14 所示。输入用户名称和用户密码，在“用户级别”选项中下拉列表框，选择“工程师级别”选项。输入完成后，单击“添加”按钮，并单击“下一步”按钮。需要注意以下内容。

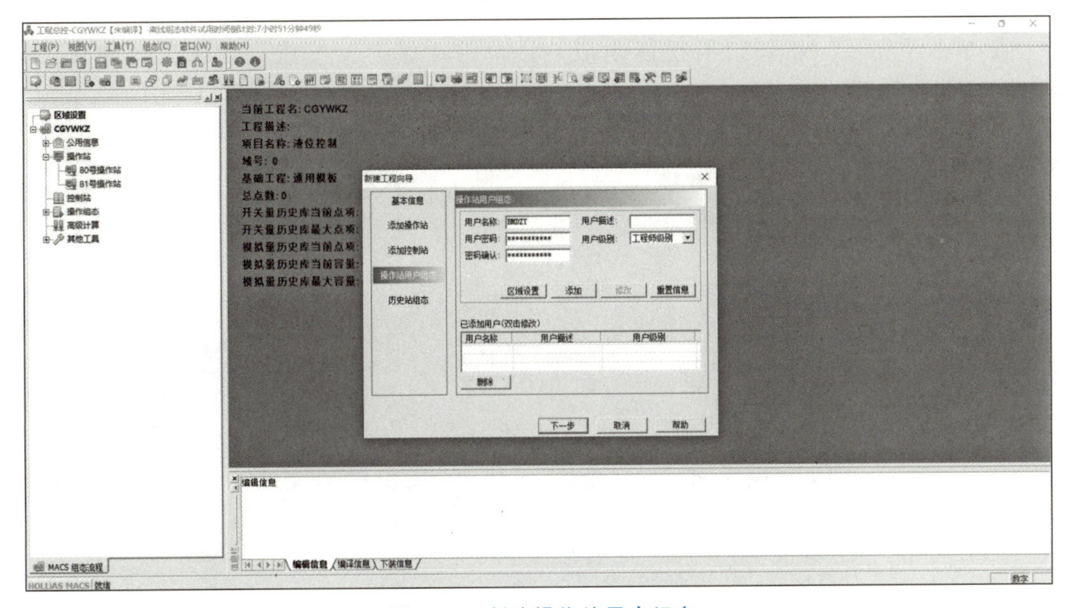

图 2.14　创建操作站用户组态

a. 用户名称可以是字母、数字、“_”的组合，但第一个字符必须是字母或者数字，且用户名不得与已存在的用户名相同。

b. 用户密码中不能包含用户名，且不能包含用户名中超过两个连续字符的部分，不少于 6 个字符，且至少包含英文大小写字母、数字（0～9）、其他字符三种字符。

c. 若使用默认密码，单击“组态”→“操作站用户组态”按钮，在“用户编辑”区域，勾选后使用默认密码 Hollysys653；若不勾选，则密码为用户手动设置的密码。

⑤ 单击“下一步”按钮，创建历史站组态，如图 2.15 所示。历史站组态分为历史站 A 和历史站 B，历史站 A 默认为 Node_80，历史站 B 默认为 Node_81。

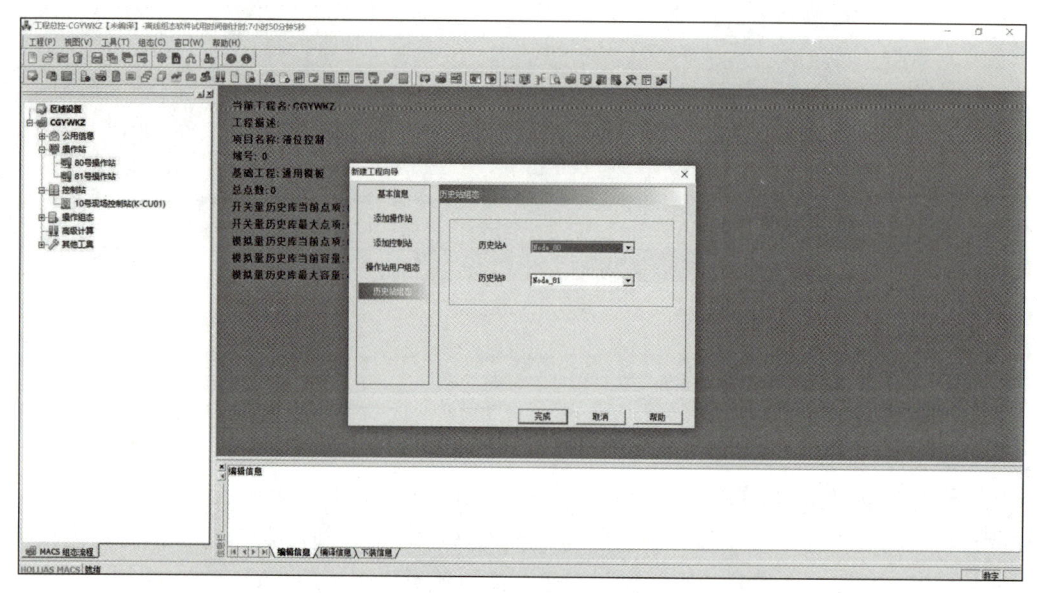

图 2.15 创建历史站组态

⑥ 单击“完成”按钮，工程创建成功；单击“保存”按钮，工程编译完成，如图 2.16 所示。

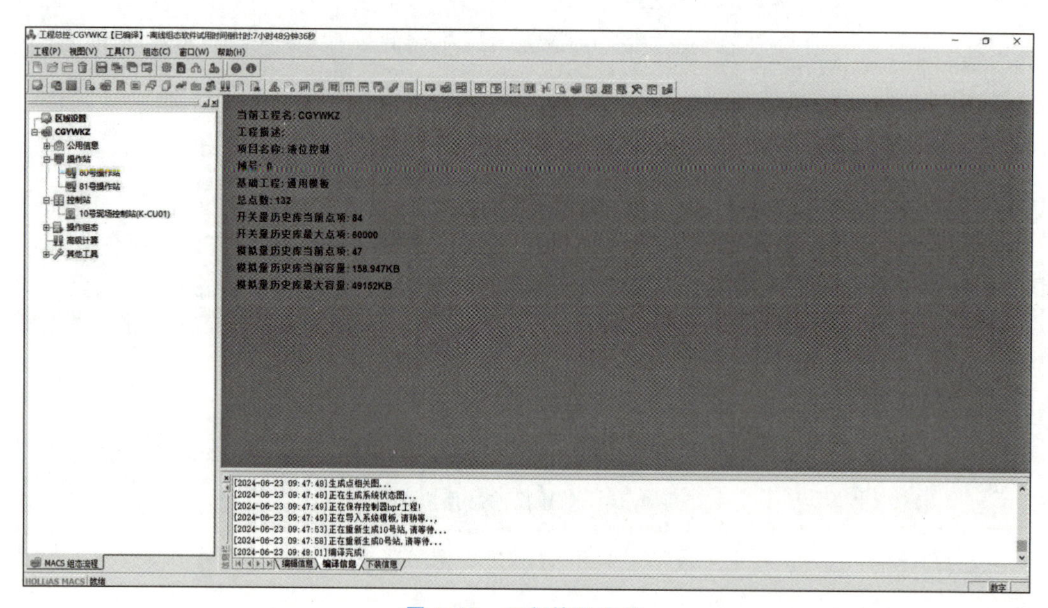

图 2.16 工程编译完成

（2）工控机 IP 地址设置。

将工控机 IP 地址设置成与操作站 80 的历史站 A 网址相同的地址，在本例中为 128.0.0.80，如图 2.17 所示。

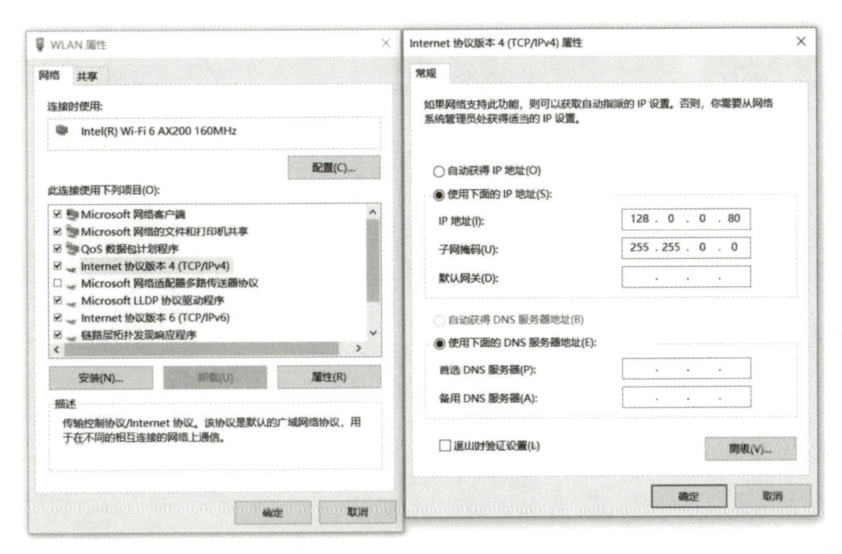

图 2.17　工控机 IP 地址设置

（3）程序组态。

① 在“工程总控”界面双击“10 号现场控制站（K－CU01）”，打开该控制站对应的 AutoThink 界面，如图 2.18 所示。

图 2.18　AutoThink 界面

② 单击“工程管理”按钮，选择“硬件配置”→“机柜”选项，在设备库中选择“机柜”→“K 主机柜”选项并添加，然后在设备库中选择“HUB（集线器模块）”→“K－BUS02（星形 IO－BUS 模块）”选项并添加，选择“AI（模拟量输入模块）”→

“K－AI01（8通道模拟量输入模块）”选项并添加，选择“AO（模拟量输出模块）”→“K－AO01（8通道模拟量输出模块）”选项并添加，选择“DO（数字量输出模块）”→“K－DO01（16通道24V DC数字量输出模块）”选项并添加，如图2.19所示。

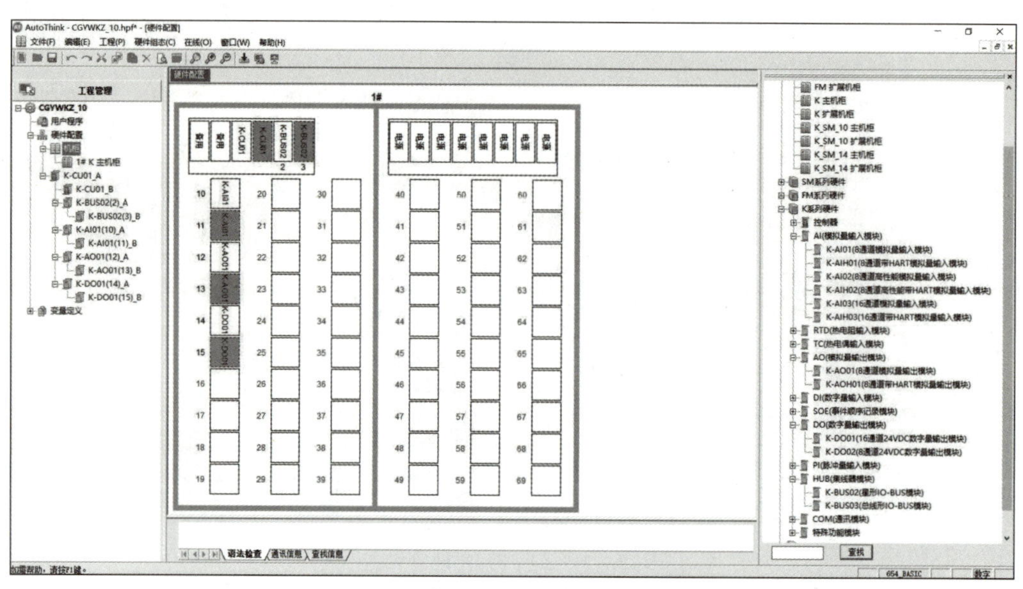

图 2.19　添加机柜和输入/输出模块

③ 双击添加的模块“K－AI01(10)_A（A表示冗余的第一个模块）”，双击“PN（点名）”下的灰色空格，将其改为“LIC01”；将“DS（点描述）”改为“液位实际值”；“MU（量程上限）”和“MD（量程下限）”可根据实际设置；将“UT（单位）”改为mm；其余采用默认值，如图2.20所示。

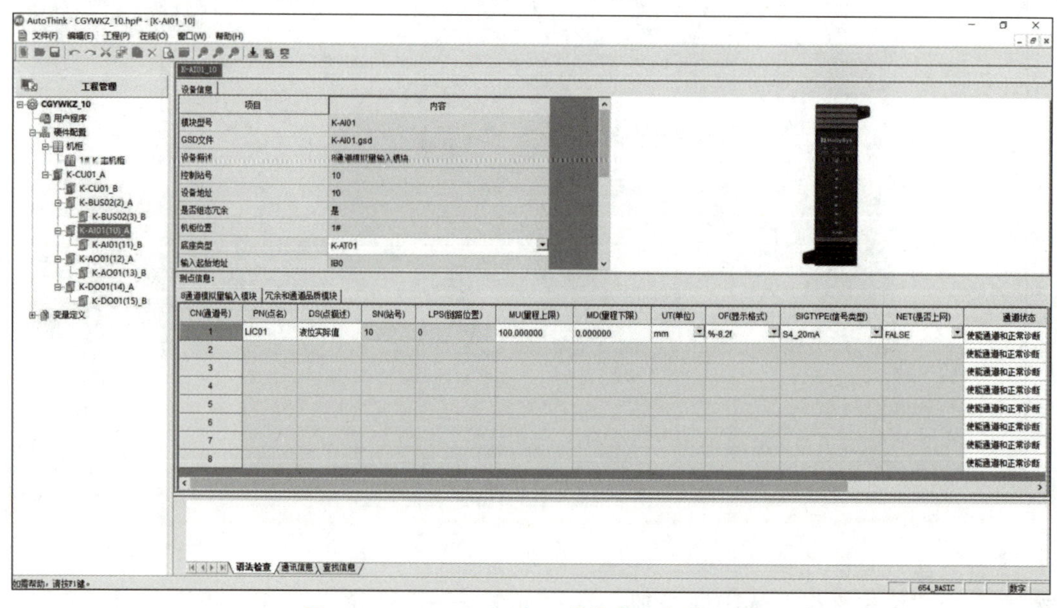

图 2.20　K－AI01(10)_A 模块输入变量定义

④ 双击添加的模块“K－AO01(12)_A（A 表示冗余的第一个模块）”，双击“PN（点名）”下的灰色空格，将其改为“LV01”；将“DS（点描述）”改为“液位调节阀”；“MU（量程上限）”和“MD（量程下限）”可根据实际设置；将“UT（单位）”改为“%”，其余采用默认值，如图 2.21 所示。

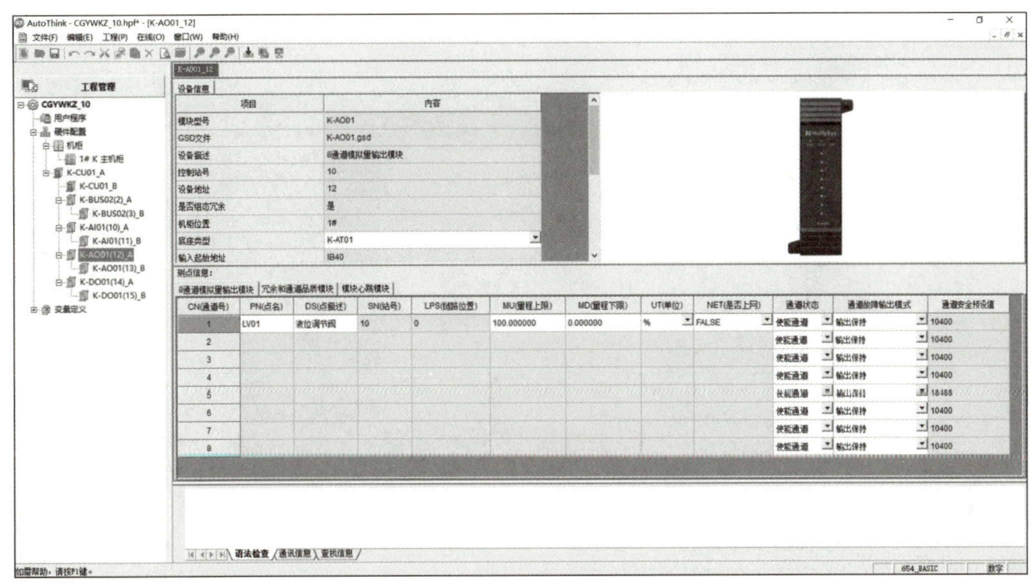

图 2.21 K－AO01(12)_A 模块输出变量定义

⑤ 双击添加的模块“K－DO01(14)_A（A 表示冗余的第一个模块）”，双击“PN（点名）”下的灰色空格，将其改为“VA01”；将“DS（点描述）”改为“出口阀开关”；其余采用默认值，如图 2.22 所示。

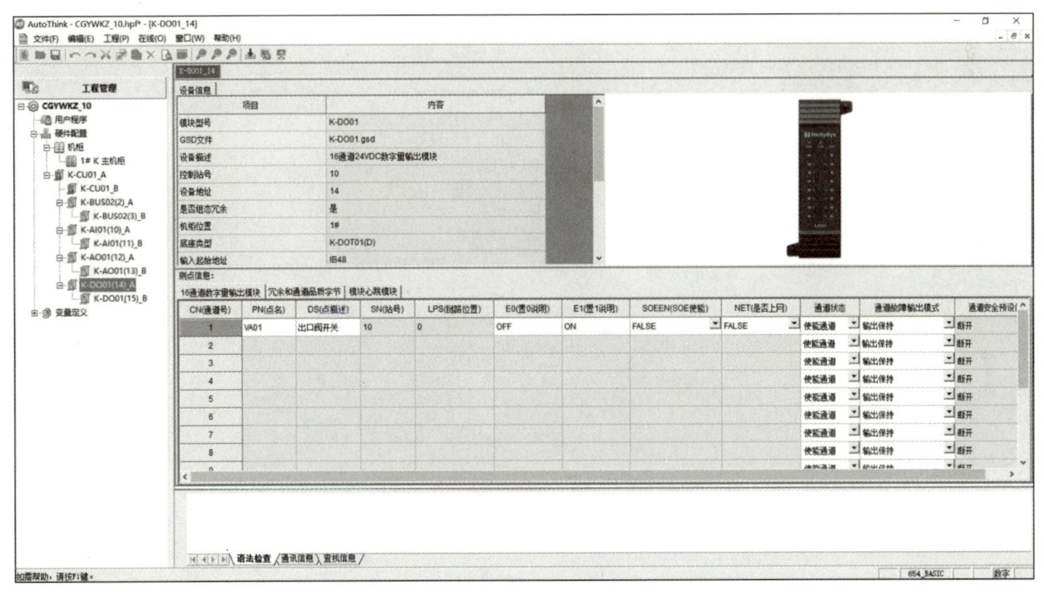

图 2.22 K－DO01(14)_A 模块输出变量定义

⑥ 硬件配置完成后，单击工具栏中的“保存”按钮。单击“用户程序”选项，右击“添加 POU”选项，弹出“添加 POU”对话框，如图 2.23 所示，输入 POU 的名称“YWCX”，在“描述”文本框中输入“液位 PID 调节”，“语言”和“属性”选项组都保持默认值。单击“确定”按钮，完成 POU 添加。

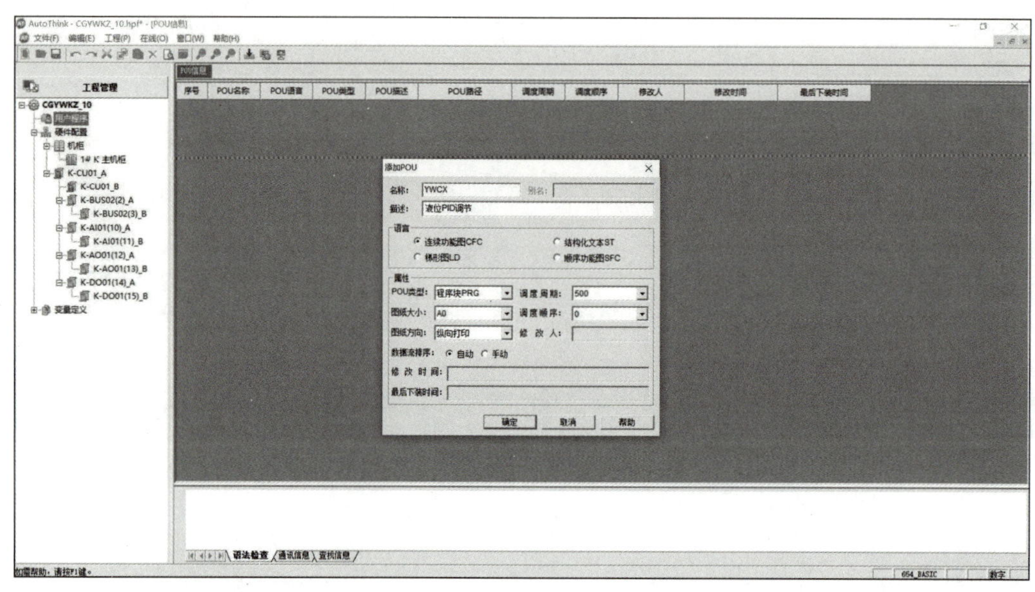

图 2.23 “添加 POU”对话框

⑦ 选择“库管理器”→“控制运算”→“常规控制”→“PIDA 带过程值报警控制”选项，并将其拖拽到中间空白区域，双击功能块上方的三个问号，将该功能块命名为“PIDA_LIC”。右击该功能块，在弹出的快捷菜单中选择“高级”→“设置引脚属性”命令，弹出“设置引脚隐藏显示”对话框（图 2.24），勾选“Q”复选项，单击“确定”按钮。

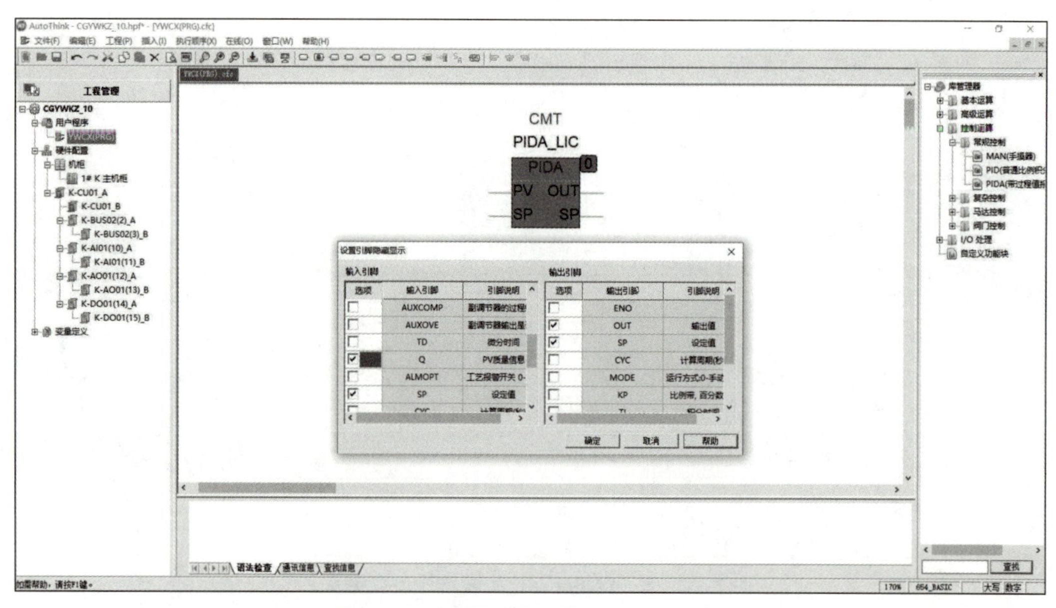

图 2.24 “设置引脚隐藏显示”对话框

⑧ 单击工具栏中的“输入元件”和“输出元件”命令，将上述功能块分别与功能块输入引脚“PV”“Q”和输出引脚“OUT”相连，如图 2.25 所示。

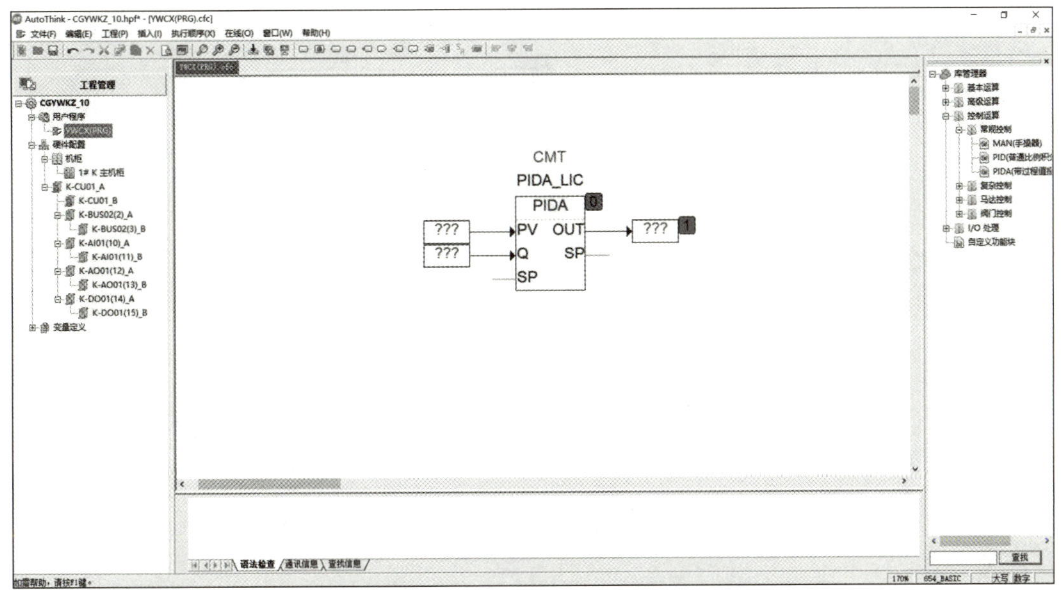

图 2.25 功能块与输入引脚和输出引脚相连

⑨ 分别双击元件中的三个问号，输入模拟量输入/输出模块中添加的点位信息。然后双击 Q 引脚前方输入元件的“AV”字符，弹出“变量成员”对话框（图 2.26），选择“Q（WORD）”选项，单击“确定”按钮。

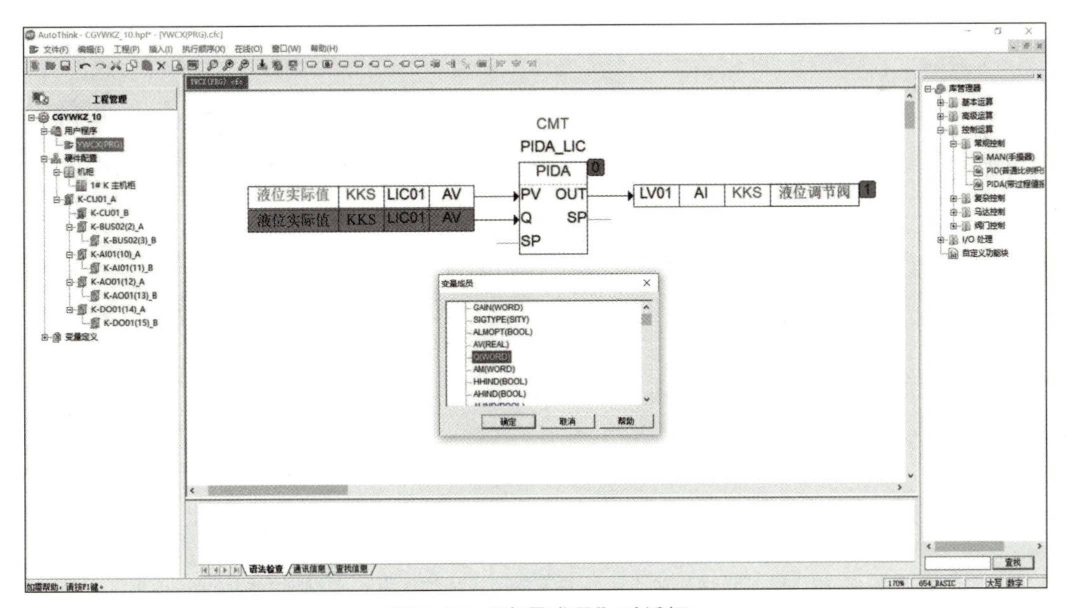

图 2.26 “变量成员”对话框

⑩ 双击功能块，弹出“PIDA_LIC | PIDA | 点详细面板”对话框（图 2.27），选择“基本属性”选项卡，在“测量值单位”选项中下拉列表框，选择“mm”选项，在“输出值单位”

选项中下拉列表框，选择“%”选项，单击“确定”按钮，单击工具栏中的“保存”按钮。

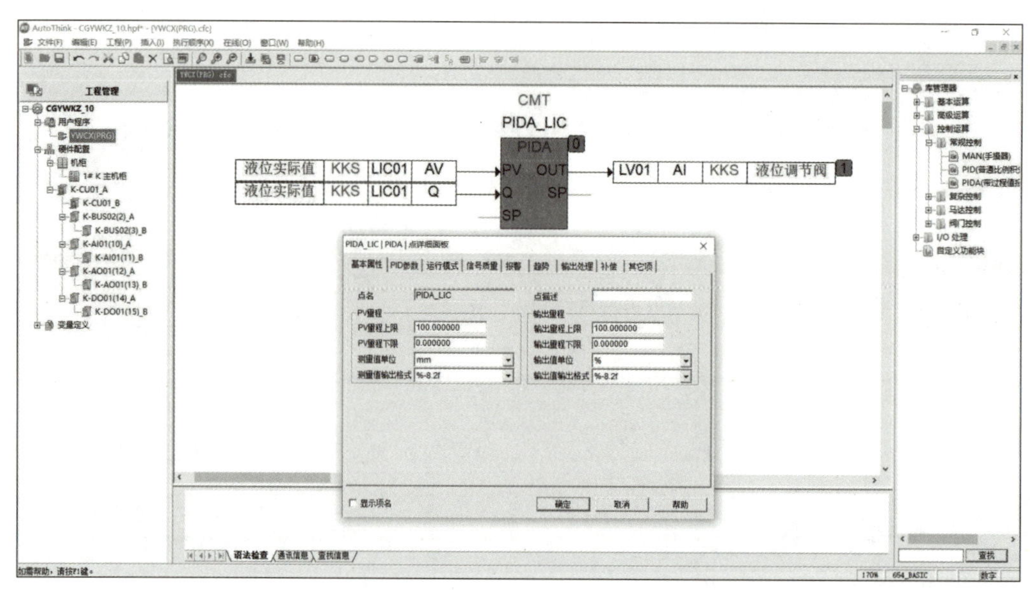

图 2.27 “PIDA_LIC｜PIDA｜点详细面板”对话框

⑪ 选择“库管理器”→“基本运算”→“比较运算”→“GE（大于等于）”选项，并将其拖拽到中间空白区域，单击工具栏中的输入元件和输出元件，将它们分别与 GE 功能块输入引脚和输出引脚相连，如图 2.28 所示。将页面左下角的液位实际值设定为 80，也可以根据需要修改。

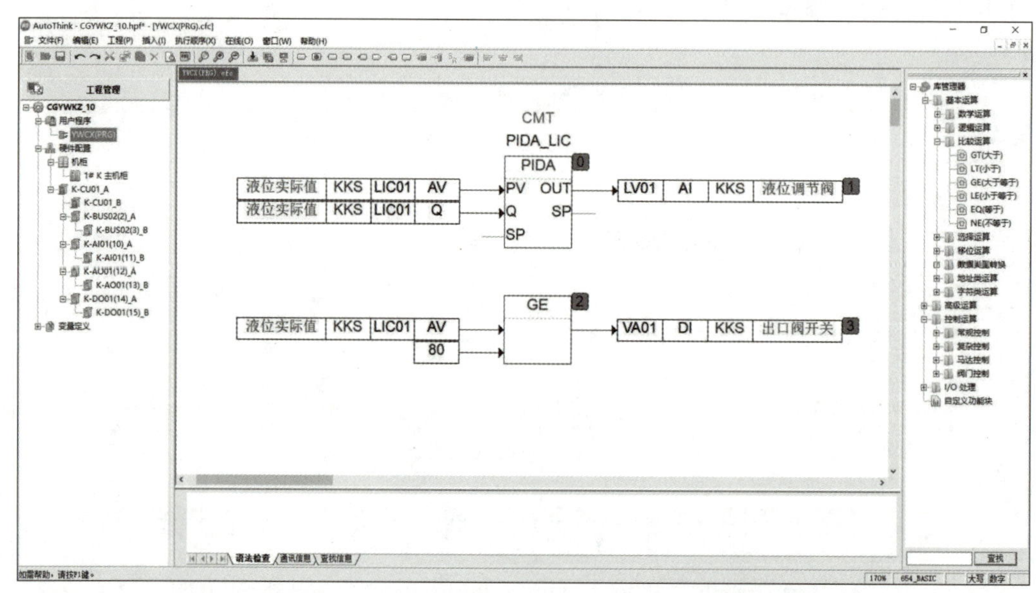

图 2.28 输入元件和输出元件与 GE 功能块输入引脚和输出引脚相连

（4）操作组态。

① 关闭 AutoThink 软件，选择“工程总控”→“操作组态”→“工艺流程图”选项，单击“新建”按钮，设置画面名称为“液位控制”，画面描述为“液位 PID 调节”，单击

“确定”按钮，弹出“图形编辑”窗口（图 2.29），进行画面组态。

图 2.29 “图形编辑”窗口

② 在“图形编辑”窗口的左下角单击“符号库”按钮，选择“系统符号库”→“通用立体图形库”→“容器及储槽（立体）”→“圆筒形容器及储槽（立体）”→“罐 11”选项，单击工具栏中的“棒图”按钮，画出长条形。双击该棒图，弹出“棒图属性”对话框（图 2.30），选择“基本属性”选项卡，在“数据源”选项组下单击“选点”按钮，选择 AI（模拟量输入）中的“LIC01”选项，在“填充颜色”选项中下拉列表框，选择“水绿色”。

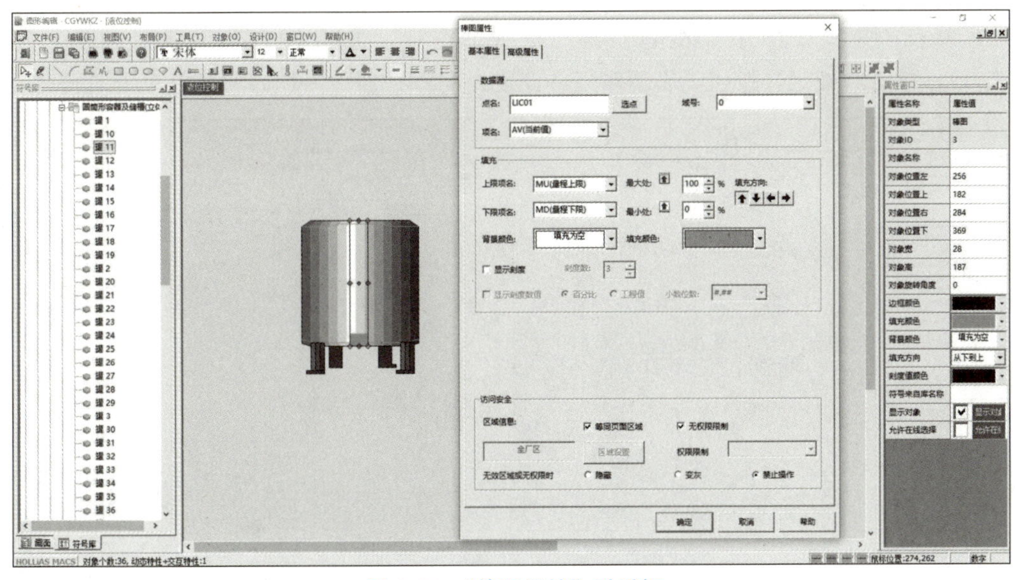

图 2.30 “棒图属性”对话框

③ 在“图形编辑”窗口选择“系统符号库”→“控制调节符号库”→“PID”→“PID-2”选项，并将其拖拽到画面空白区域，单击工具栏中的“管道”按钮，画出储罐

入口处的管道。双击PID-2构件符号，弹出“组合对象属性”对话框（图2.31），选择“属性”选项卡，单击“属性值”文本框旁边的“选点”按钮，选择“PIDA带过程值报警控制”选项中的“PIDA_LIC”。

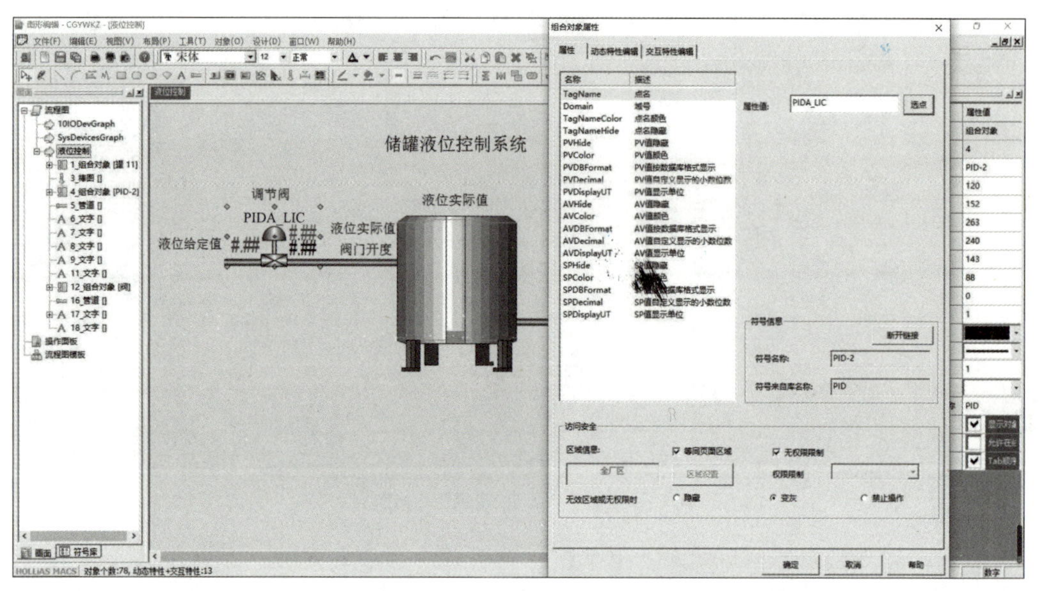

图 2.31 “组合对象属性”对话框

④ 在“图形编辑”窗口选择“系统符号库”→“通用立体图形库”→“阀门（立体）”→“阀”选项，将其拖拽到画面空白区域，单击工具栏中的“管道”按钮，画出储罐出口处的管道。双击阀构件符号，弹出“组合对象属性”对话框，选择“动态特性编辑”选项卡（图2.32），在“变色特性”选项下选点，选择DOV（开关量输出）中的“VA01”，单击“确定”按钮，将逻辑条件设置为VA01 0 DV=1.00AND，单击“确定”按

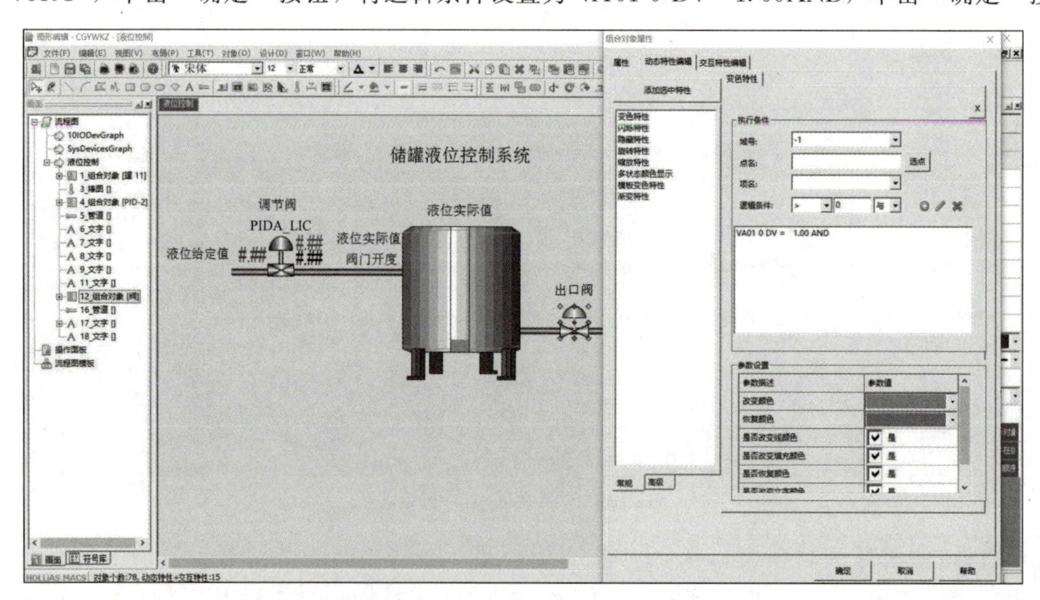

图 2.32 “动态特性编辑”选项卡

钮。选择“交互特性编辑”选项卡（图 2.33），在“交互特性”列表框中选择“弹出操作面板”选项，在“响应事件”列表框中选择“鼠标左键按下”选项，在“参数编辑”栏中单击“选点”按钮，选择“VA01”，其他采用默认值。单击工具栏上的“保存”按钮进行保存。

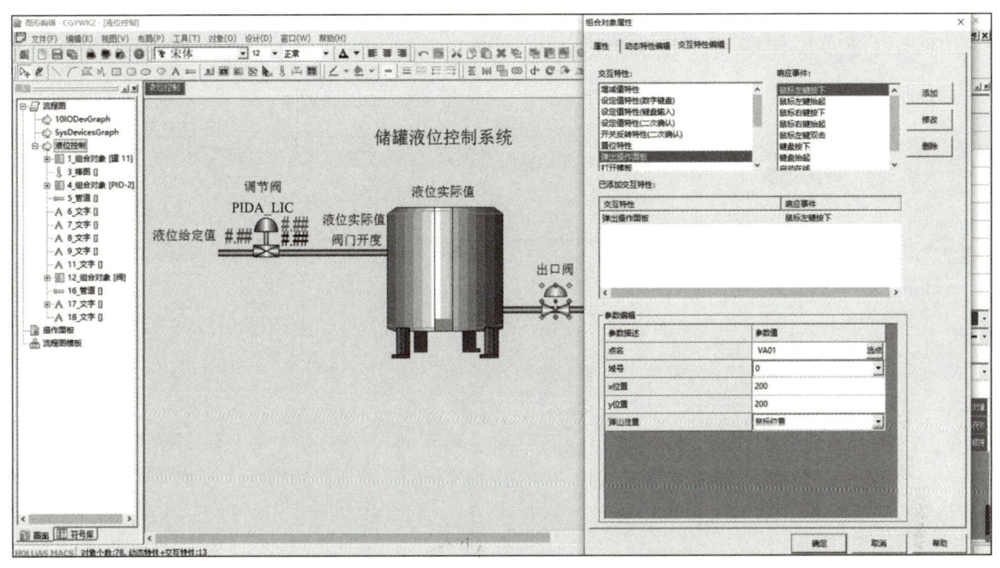

图 2.33 “交互特性编辑”选项卡

（5）下装仿真。

① 关闭“图形编辑”窗口和 AutoThink 界面，在“工程总控”窗口中单击工具栏中的“编译”按钮，再单击工具栏中的“下装”按钮，在“操作站列表”中选择“80 号操作站”的下装内容为操作站、历史站和用户管理。“操作站列表”和“文件列表”的最右侧状态会提示“下装成功”，如图 2.34 所示。

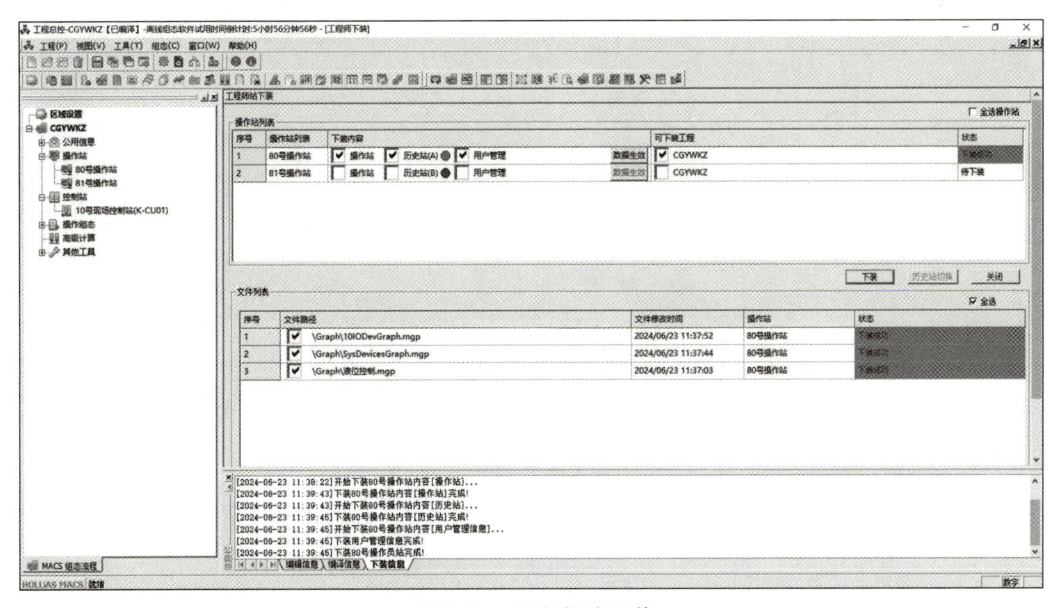

图 2.34 工程师站下装

② 在“工程总控”窗口中选择“CGYWKZ”→“公用信息”→“控制站”→“10号现场控制站（K-CU01）”选项并右击，在弹出的快捷菜单中选择“启动仿真”命令，弹出“仿真启动管理”窗口（图2.35），“控制器域号”默认为0，“控制器站号”默认为10，其左侧正方形图标自动变为绿色，表示控制器启动成功；单击“历史站”下的“启动”按钮，同时“启动”按钮变成“重启”按钮，“启动历史站”左侧的正方形图标会自动变为绿色，表示历史站启动成功。

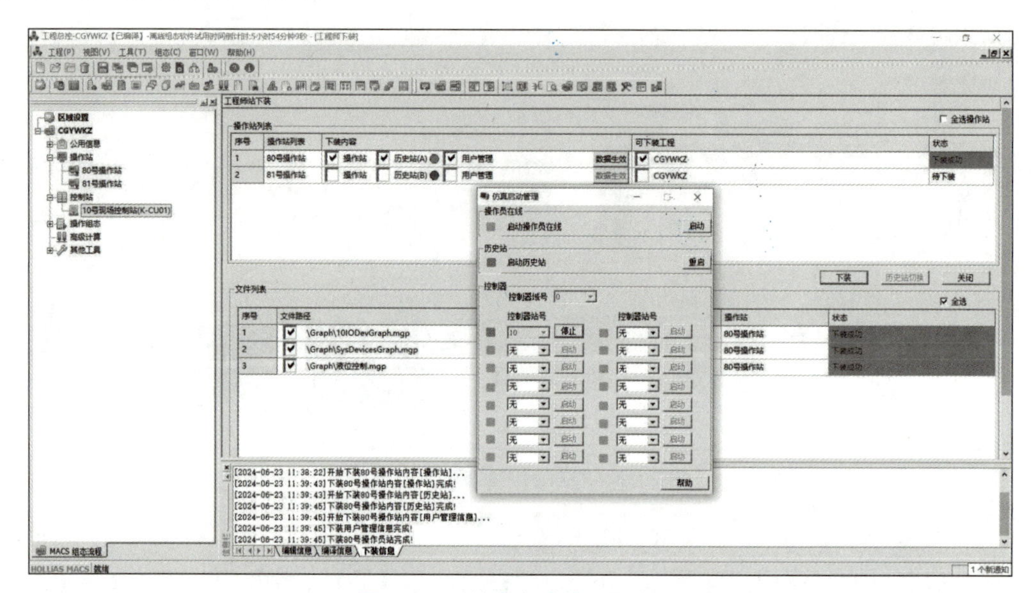

图2.35 “仿真启动管理”窗口

③ 在“工程总控”窗口中双击“10号现场控制站（K-CU01）”，弹出“AutoThink”界面，选择菜单栏中的“在线”→“仿真模式”命令，再选择菜单栏中的“在线”→“下装”命令，在弹出的“人机交互界面”对话框（图2.36）中单击“确定”按钮。

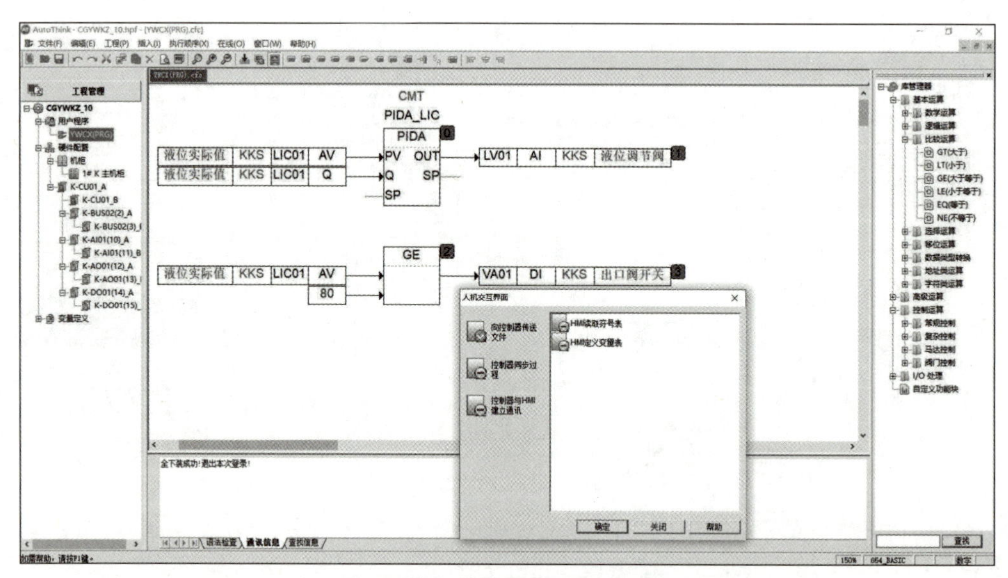

图2.36 “人机交互界面”对话框

④ 在“仿真启动管理”窗口中单击“操作员在线”下的“启动”按钮，启动操作员在线，“启动操作员在线”左侧正方形图标变成绿色，代表操作员在线启动成功。在“用户名和密码”对话框中输入用户名“BMDZT”和密码“Hollysys654”，进入“操作员在线”界面，如图 2.37 所示。

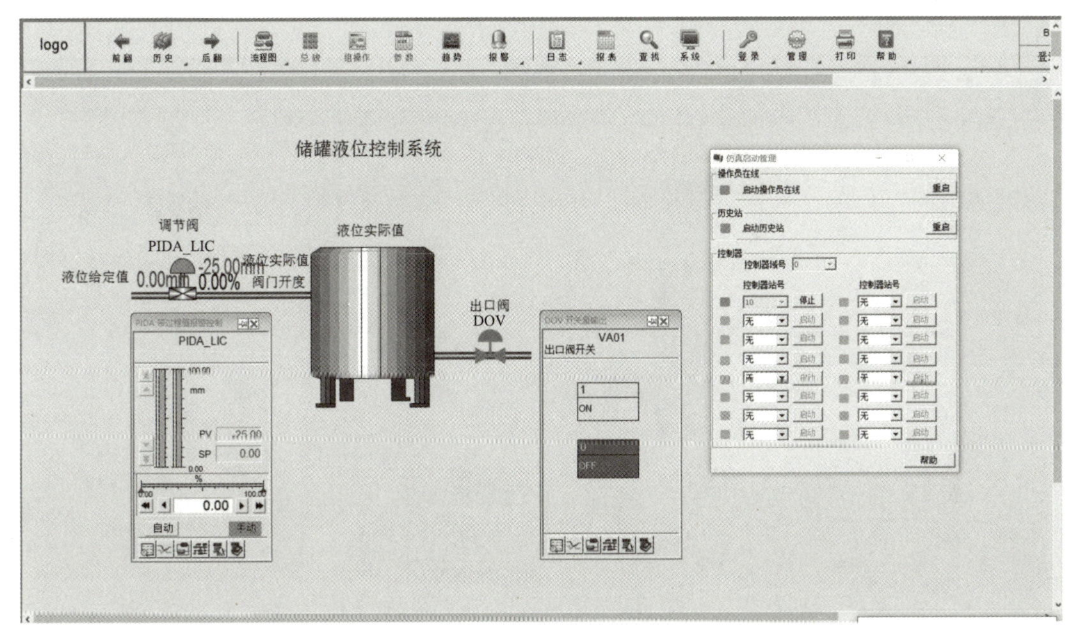

图 2.37 “操作员在线”界面

⑤ 在“AutoThink”界面双击“PIDA_LIC”功能块的“PV 输入值”，弹出“调试变量”对话框（图 2.38），“输入变量值”为 70，单击“强制”按钮。

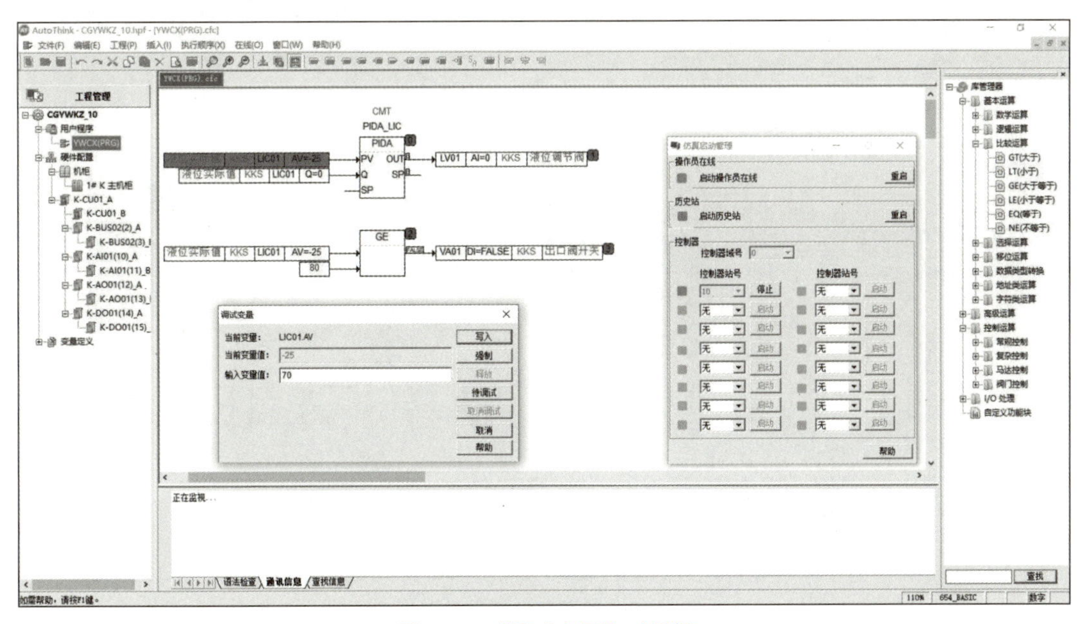

图 2.38 “调试变量”对话框

⑥ 在“操作员在线”界面单击调节阀“PIDA_LIC”图标和出口阀“DOV”图标，弹出“PIDA 带过程值报警控制”和“DOV 开关量输出”对话框。在第一个对话框中单击“手动”按钮，输入调节阀开度为 30%，如图 2.39 所示。再单击“自动”按钮，输入液位设定值 SP，若输入的 SP 值大于 PV 值，则调节阀开度自动增大（图 2.40）；若输入的 SP 值小于 PV 值，则调节阀开度自动减小（图 2.41）。

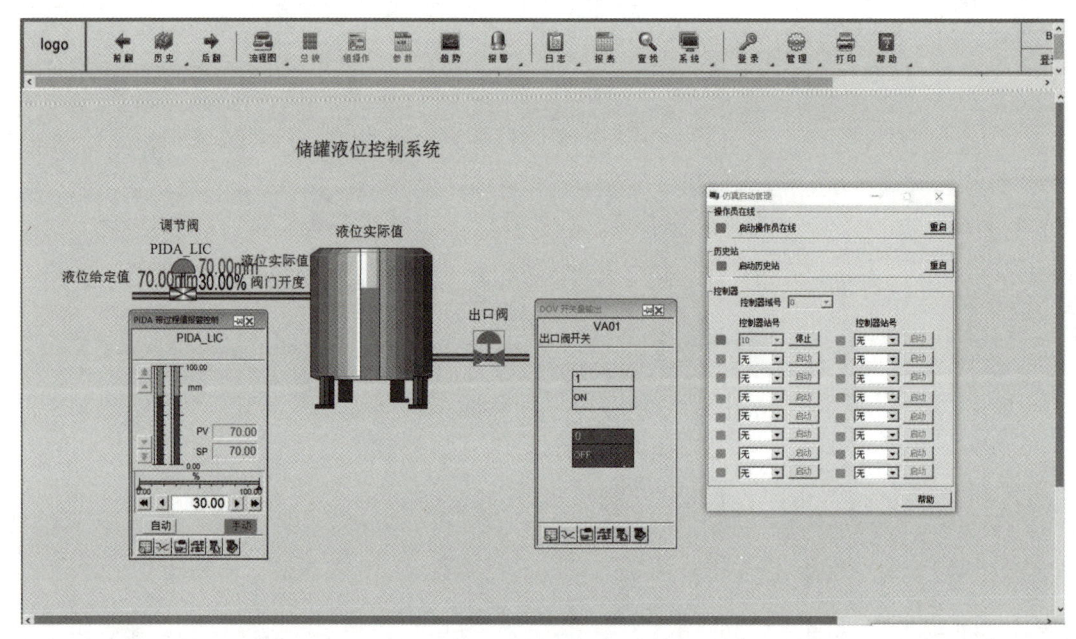

图 2.39 输入调节阀开度

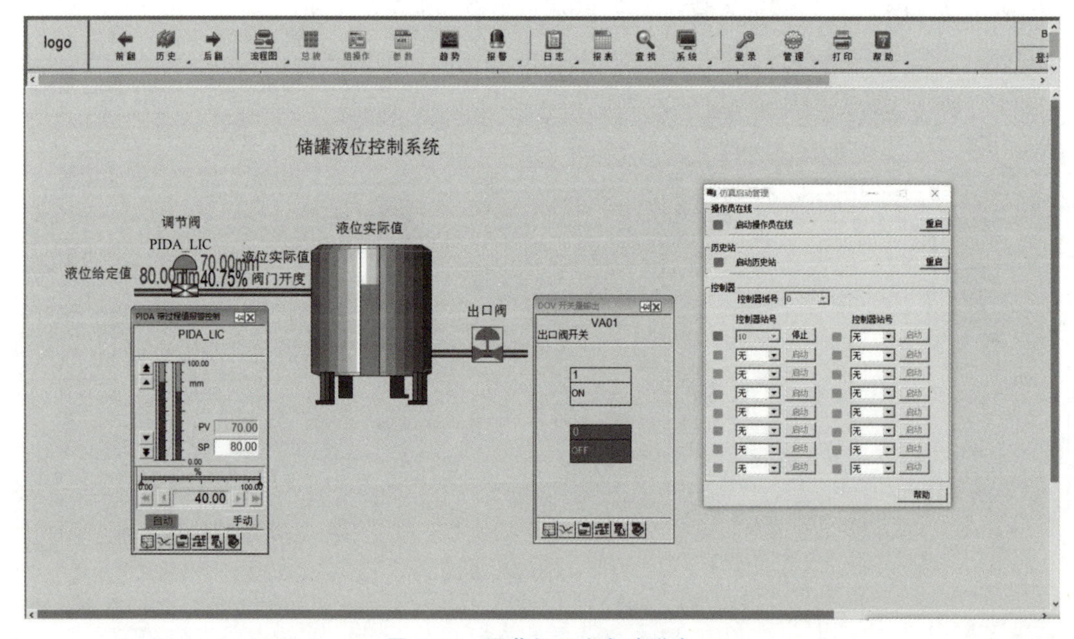

图 2.40 调节阀开度自动增大

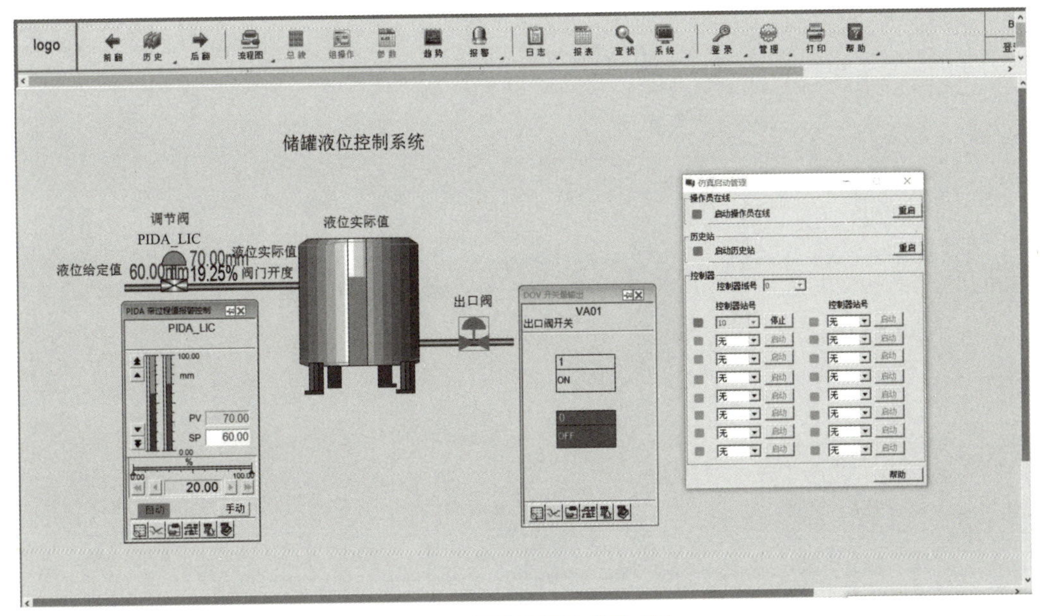

图 2.41 调节阀开度自动减小

⑦ 当储罐液实际值位大于或等于 80 时，出口阀自动打开；当储罐液位实际值小于 80 时，出口阀自动关闭。在“AutoThink”界面双击“PIDA_LIC”功能块的“PV 输入值”，弹出“调试变量”对话框，若输入变量值为 85，单击“强制”按钮，出口阀由橙色变为绿色，代表出口阀自动打开（图 2.42），调节阀开度自动减小；若输入变量值为 75，单击“强制”按钮，出口阀由绿色变为橙色，代表出口阀自动关闭（图 2.43），调节阀开度自动减小。

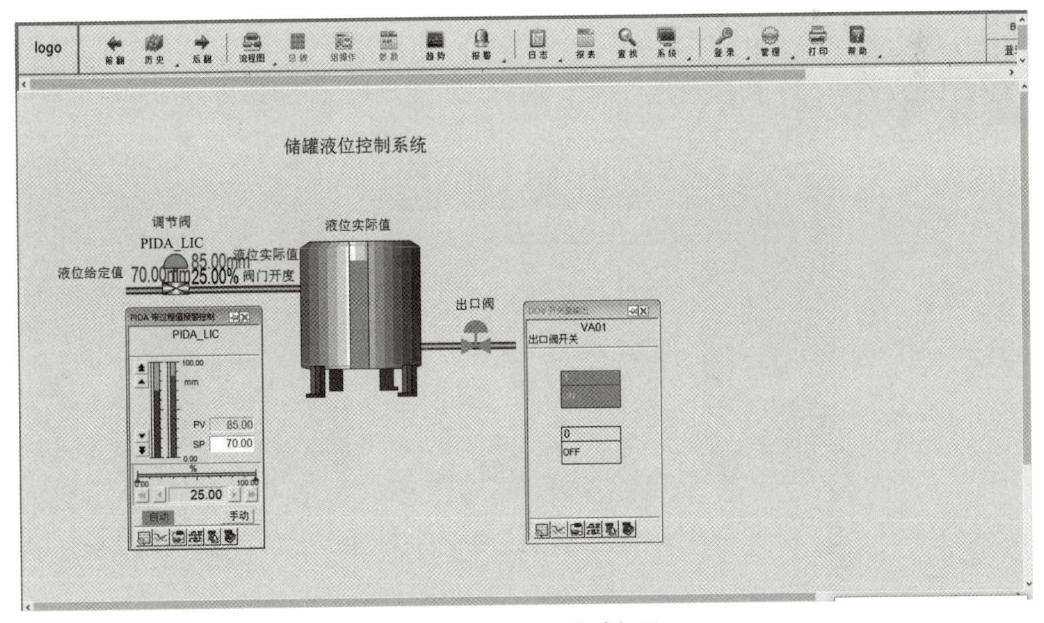

图 2.42 出口阀自动打开

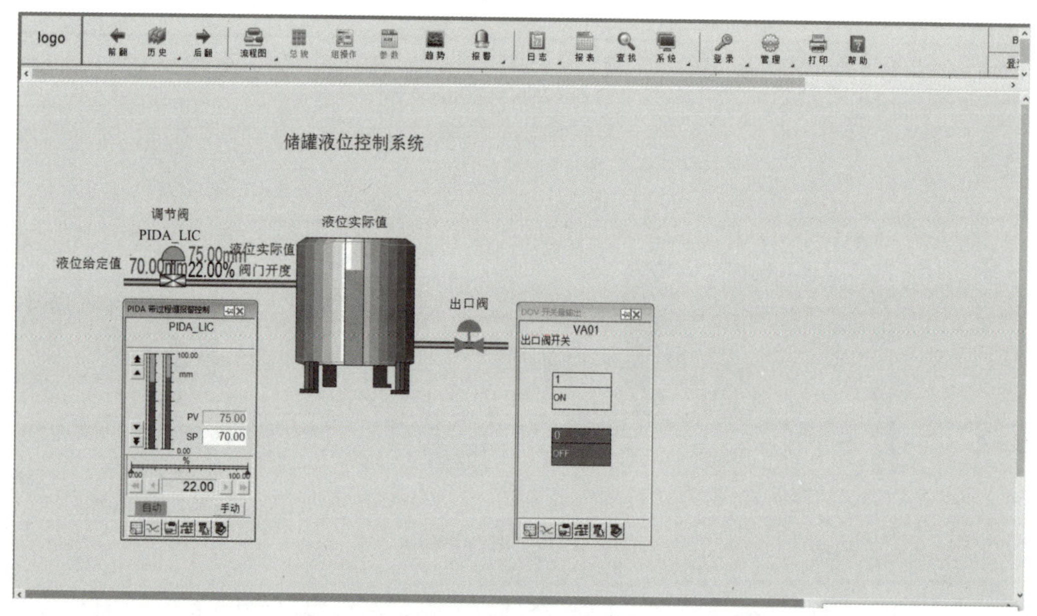

图 2.43 出口阀自动关闭

【例 2.2】 采用 MACS V6.5 软件建立电动机正反转控制系统。

【拓展视频】

（1）创建工程。

① 打开工程总控软件，通过以下 3 种方式打开“新建工程向导”对话框（图 2.44）；分别在“项目名称”文本框和“工程名称”文本框中输入项目名称和工程名称，其中工程名称不能以中文命名。

a. 在菜单栏中单击“工程”→“新建”选项。

b. 在工具栏中单击“新建工程”图标。

c. 使用“Ctrl+N”快捷键。

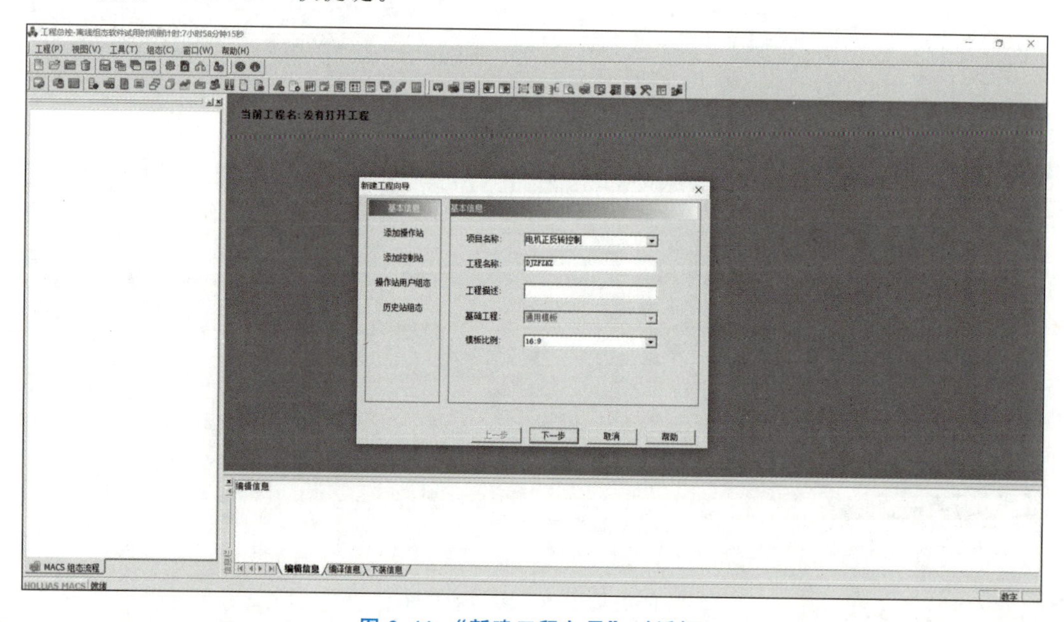

图 2.44 “新建工程向导”对话框

② 单击“下一步”按钮，选择“添加操作站”选项，新建工程默认已添加操作站 80 和操作站 81，如图 2.45 所示。

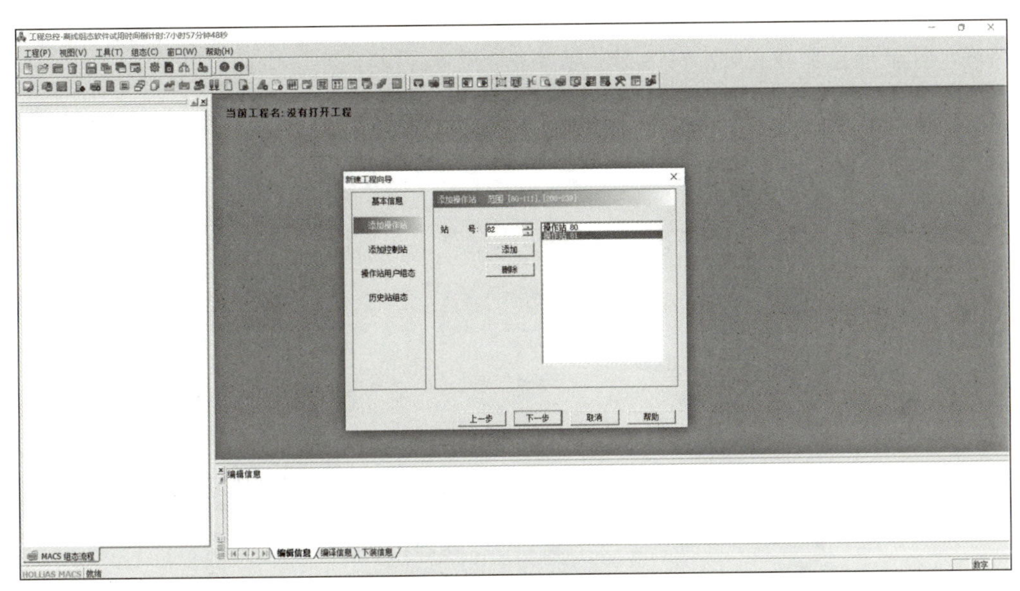

图 2.45　添加操作站

③ 单击“下一步”按钮，选择“添加控制站”选项，在“控制器型号”选项中，下拉列表框，选择“K－CU01”选项，单击“添加”按钮，如图 2.46 所示。K－CU11 不能用于仿真下装，在仿真时会报错。

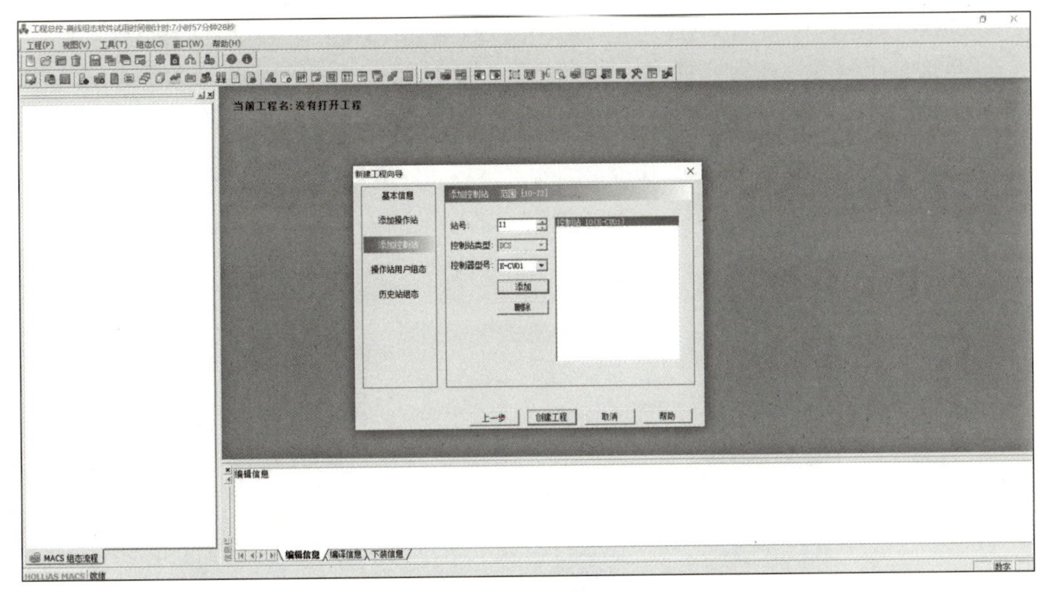

图 2.46　添加控制站

④ 单击“创建工程”按钮，创建操作站用户组态（图 2.47）。输入用户名称和用户密码，在“用户级别”选项中下拉列表框，选择“工程师级别”选项，单击“添加”按钮，并单击“下一步”按钮。需要注意以下内容。

a. 用户名称可以是字母、数字、“_”的组合，但第一个字符必须是字母或者数字，且用户名不得与已存在的用户名相同。

b. 用户密码不能包含用户名，不能包含用户名中超过两个连续字符的部分，不少于6个字符，且至少包含英文大小写字母、数字（0到9）、其他字符中的三种字符。

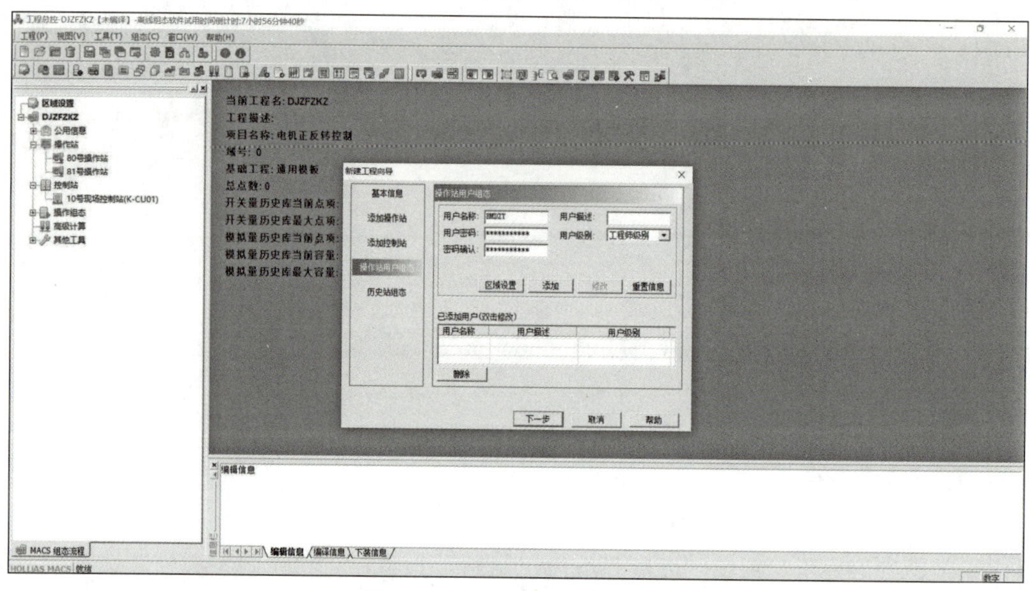

图 2.47 创建操作站用户组态

c. 若使用默认密码，单击“组态”→“操作站用户组态”按钮，在“用户编辑”区域，勾选后使用默认密码 Hollysys653；若不勾选，则使用用户手动设置的密码。

⑤ 单击“下一步”按钮，创建历史站组态（图 2.48）。历史站组态分为历史站 A 和历史站 B，历史站 A 默认为 Node_80，历史站 B 默认为 Node_81。

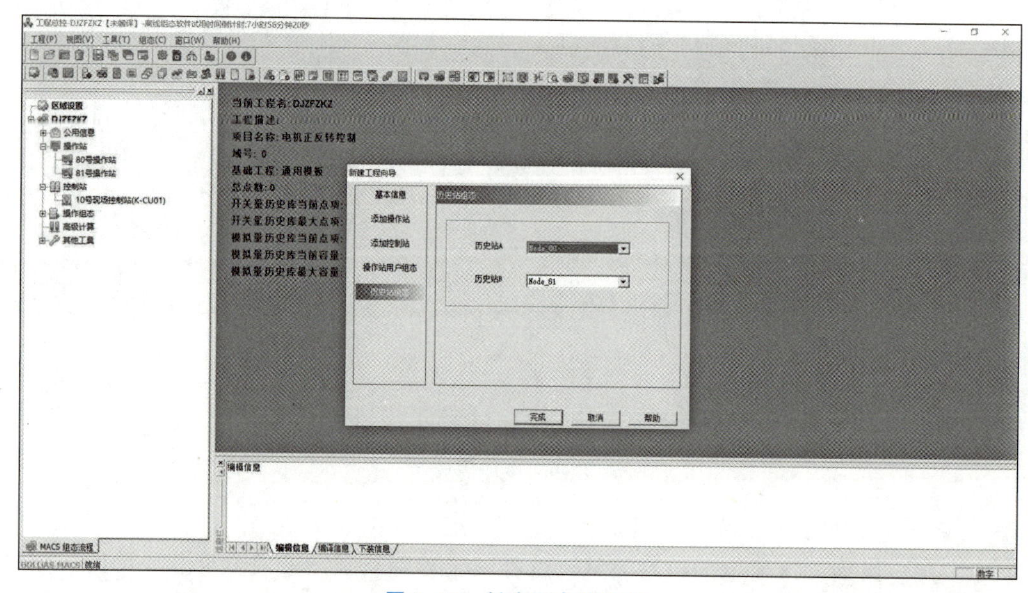

图 2.48 创建历史站组态

⑥ 单击“完成”按钮，工程创建成功。单击“保存”按钮，工程编译完成，如图 2.49 所示。

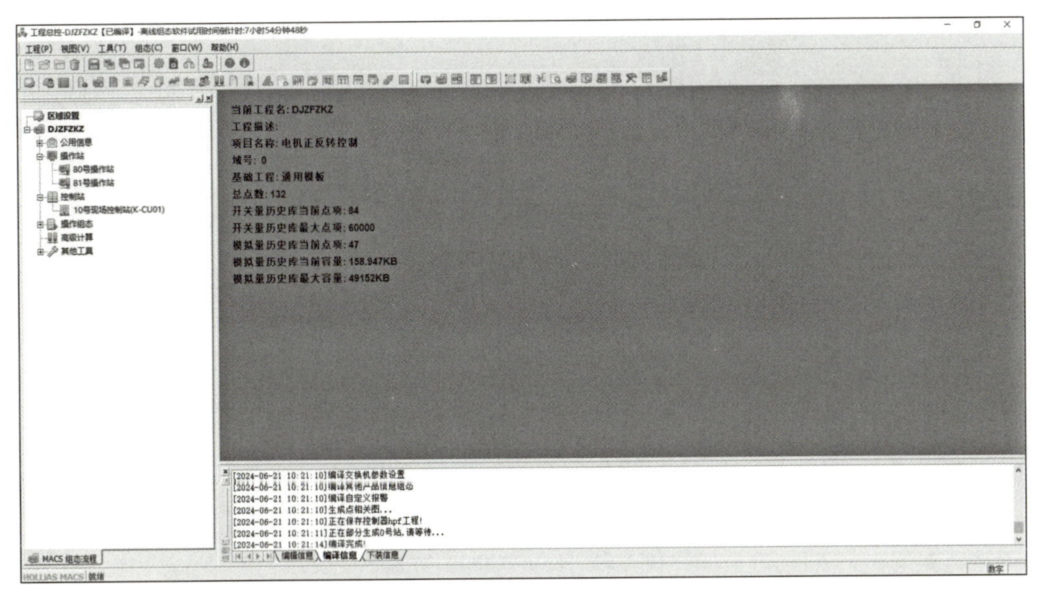

图 2.49 工程编译完成

(2) 工控机 IP 地址设置。

将工控机 IP 地址设置成与 80 号操作站的历史站 A 网址相同的地址，在本例中为 128.0.0.80，如图 2.50 所示。

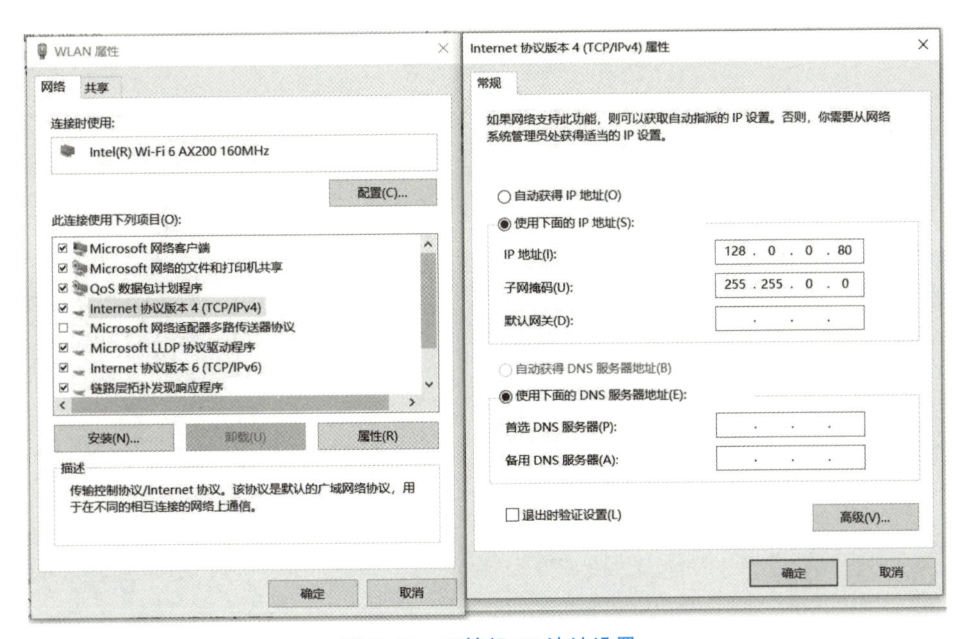

图 2.50 工控机 IP 地址设置

(3) 程序组态。

① 在“工程总控”窗口双击“10 号现场控制站（K-CU01）”，弹出与该控制站对应的

“AutoThink”界面，如图 2.51 所示。

图 2.51 “AutoThink”界面

② 单击“工程管理”按钮，选择“硬件配置”→“机柜”选项，在设备库中选择“机柜”→“K 主机柜”并添加，然后在设备库中选择“HUB（集线器模块）”→“K-BUS02（星形 IO-BUS 模块）”并添加，选择“AI（模拟量输入模块）”→“K-AI01（8 通道模拟量输入模块）”并添加，选择“AO（模拟量输出模块）”→“K-AO01（8 通道模拟量输出模块）”并添加，如图 2.52 所示；硬件配置完成后，单击工具栏中的“保存”按钮。

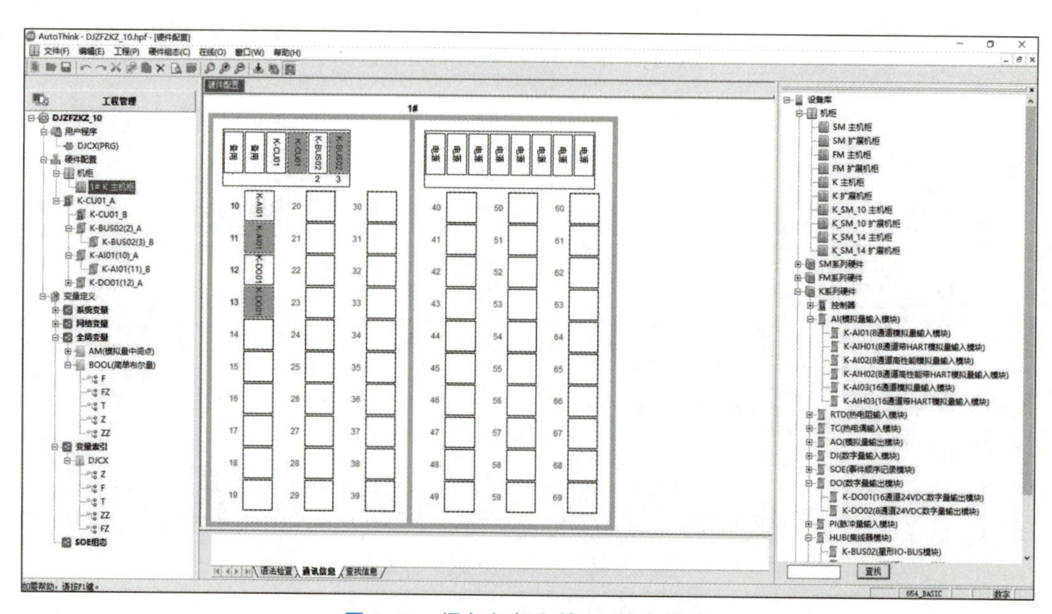

图 2.52 添加机柜和输入/输出模块

③ 单击“工程管理”按钮，选择“用户程序”→“添加 POU”选项，弹出“添加 POU”对话框（图 2.53），输入 POU 名称“DJCX”，在“描述”文本框中输入“电机正反转控制程序”，在“语言”选项组中选择“梯形图 LD”选项，“属性”选项组采用默认值，单击“确定”按钮，完成 POU 添加。

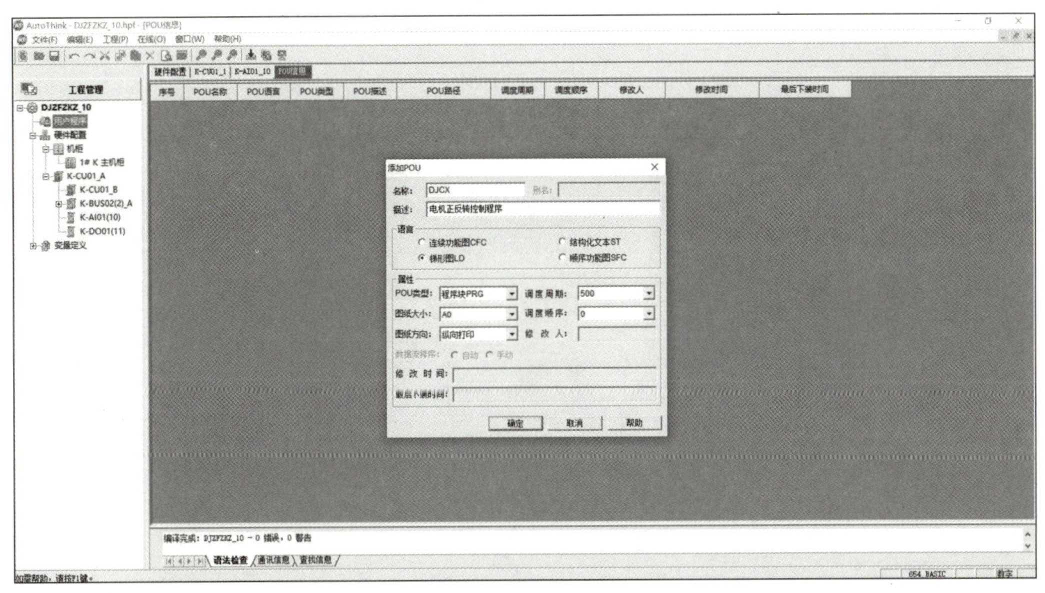

图 2.53 “添加 POU”对话框

④ 在工具栏上分别单击“串联触点”“并联触点”“线圈”按钮，选中触点并右击，在弹出的快捷菜单中，可实现触点“置反”功能。电机正反转控制梯形图程序如图 2.54 所示。

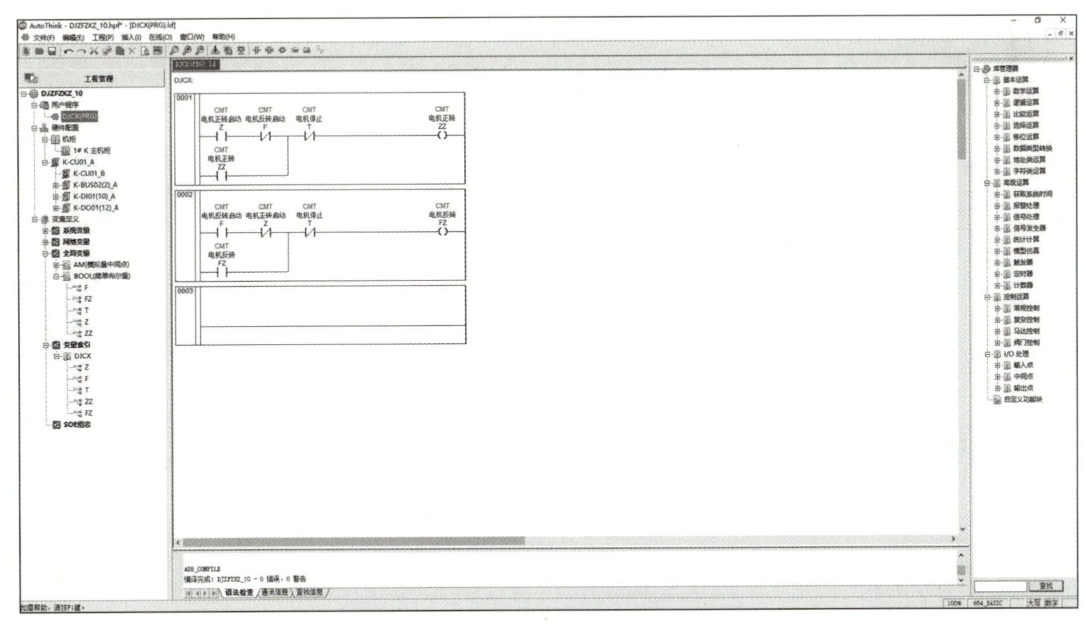

图 2.54 电机正反转控制梯形图程序

（4）操作组态。

① 在“工程总控”界面选择“操作组态”→“工艺流程图”选项，在“工艺流程图”界面单击“新建”按钮，在弹出的“新建画面”对话框（图 2.55）中输入画面名称“电机正反转控制”，单击“确定”按钮，弹出“图形编辑”界面，进行画面组态。

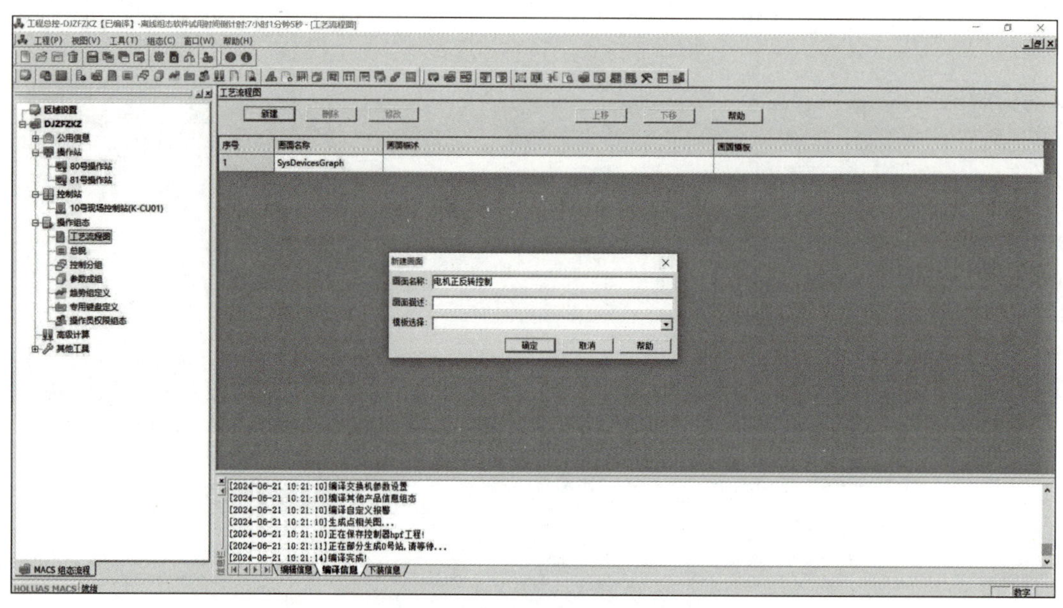

图 2.55 “新建画面”对话框

② 在“图形编辑”界面，单击工具栏中的“椭圆”按钮，画两个圆圈图标，分别代表“电机正转指示灯”和“电机反转指示灯”。单击工具栏中的“按钮”选项，画三个按钮图标，分别代表“正转启动”“电机停止”和“反转启动”，如图 2.56 所示。

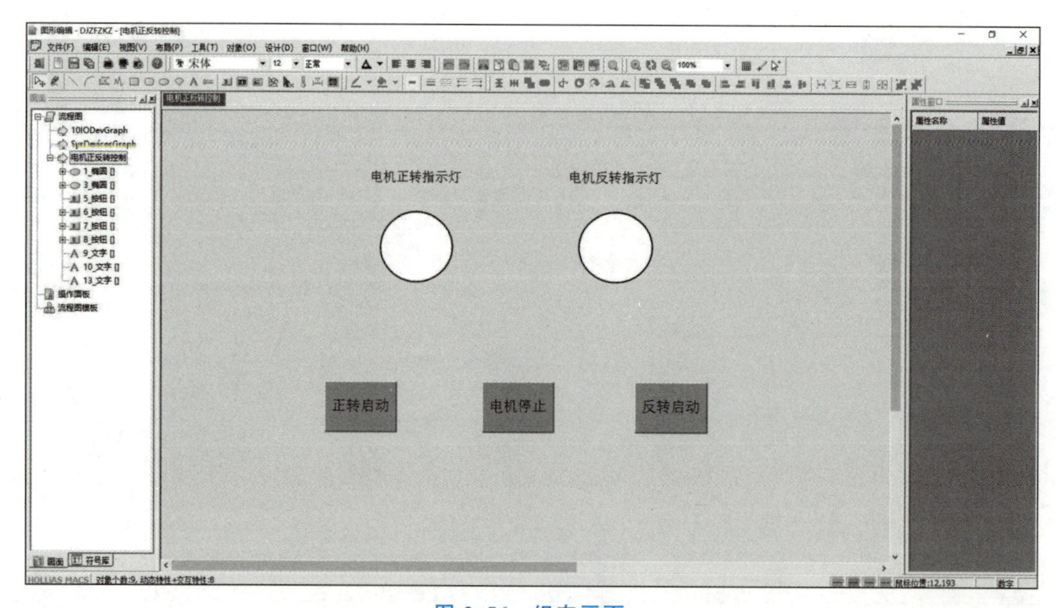

图 2.56 组态画面

③ 双击“电机正转指示灯”图标，弹出“椭圆属性”对话框（图 2.57）。选择“动态特性编辑”选项卡，添加“变色特性”；单击“选点”按钮，选择“ZZ”选项；将“逻辑条件”设置为“ZZ－1 DV＝1.00 AND”。选择“交互特性编辑”选项卡，在“交互特性”列表框中选择“置位特性”选项；在“响应事件”列表框中选择“鼠标左键按下”选项；在“参数编辑”选项组下单击“选点”按钮，选择“ZZ”选项，其他采用默认值。电机反转指示灯动态特性可参照电机正转指示灯特性编辑；需注意，单击“选点”按钮后，选择“FZ”选项。

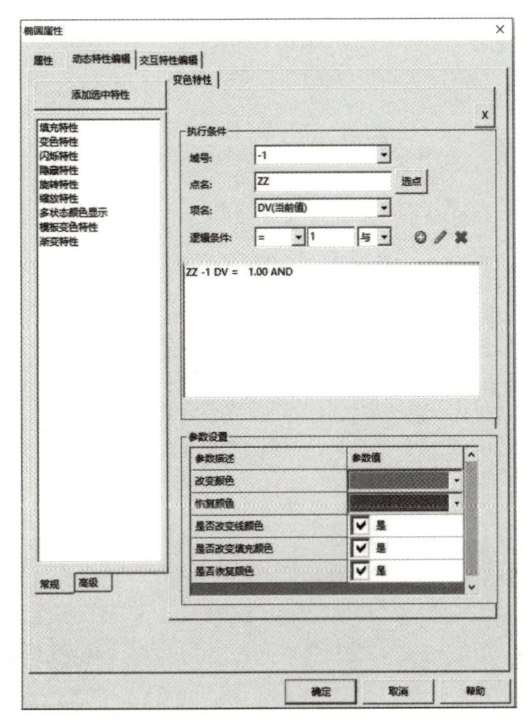

(a) 变色特性

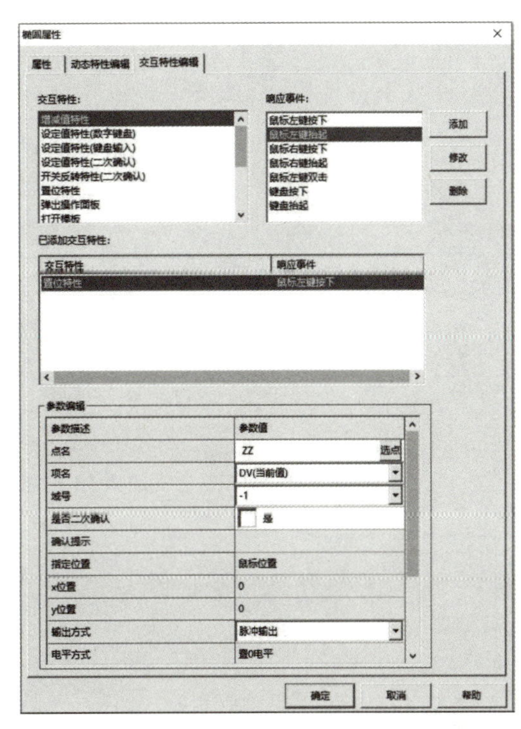

(b) 交互特性

图 2.57 “椭圆属性”对话框

④ 在“图形编辑”界面单击“正转启动”按钮，弹出“按钮属性”对话框（图 2.58），在“按钮按下”和“按钮抬起”选项组下的“显示文字”文本框中均输入“正转启动”，设置响应的背景色。选择“交互特性编辑”选项卡，在“交互特性”选项中下拉列表框，选择“置位特性”和“开关反转特性（二次确认）”；在“响应事件”选项中下拉列表框，选择“鼠标左键按下”；在“参数编辑”选项组下单击“选点”按钮，选择“Z”；其他采用默认值。“电机停止”和“反转启动”按钮特性可参照“正转启动”按钮编辑；需注意，电机停止点名选择“T”，反转启动点名选择“F”。

（5）下装仿真。

① 关闭“图形编辑”界面和“AutoThink”界面，在“工程总控”窗口单击工具栏中的“编译”按钮，再单击工具栏中的“下装”按钮，在“操作站列表”中选择“80 号操作站”的下装内容为操作站、历史站和用户管理，“操作站列表”和“文件列表”的最右侧状态提示“下装成功”，如图 2.59 所示。

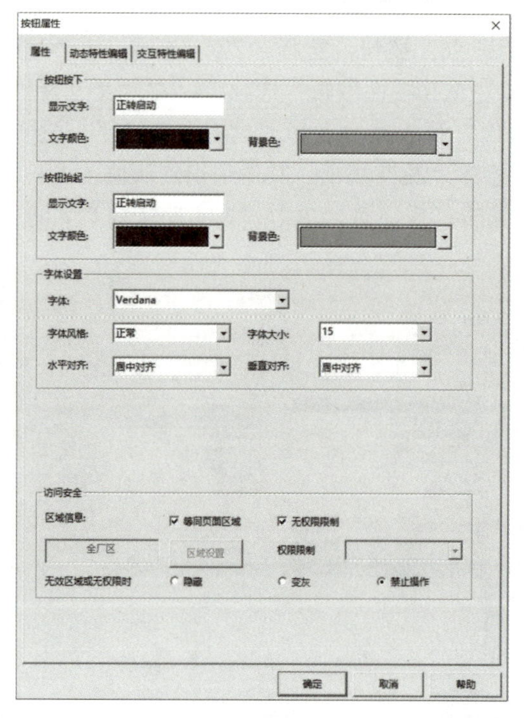

(a) 属性

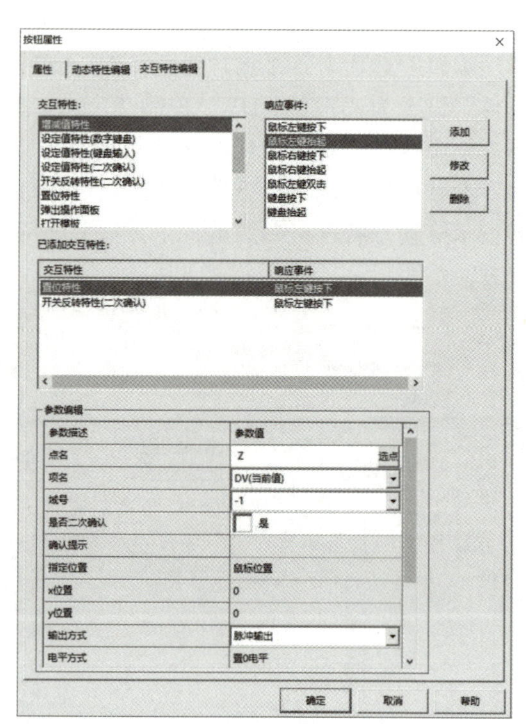

(b) 交互特性编辑

图 2.58 “按钮属性”对话框

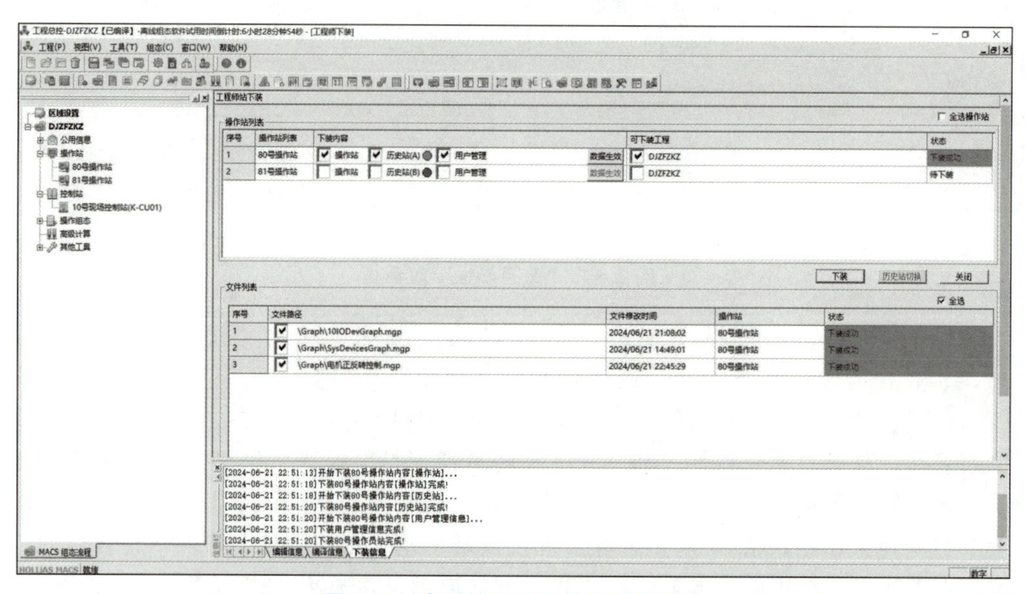

图 2.59 电机控制工程师站下装成功

② 在“工程总控”窗口选择“控制站”→“10 号现场控制站（K-CU01）”选项并右击，在弹出的快捷菜单中单击“启动仿真”命令，弹出“仿真启动管理”窗口（图 2.60），“控制器域号”默认为 0；“控制器站号”默认为 10，其左侧正方形图标会自动变为绿色，表示控制器启动成功。单击“历史站”下的“启动”按钮，“启动历史站”左

侧的正方形图标会自动变为绿色，表示历史站启动成功。

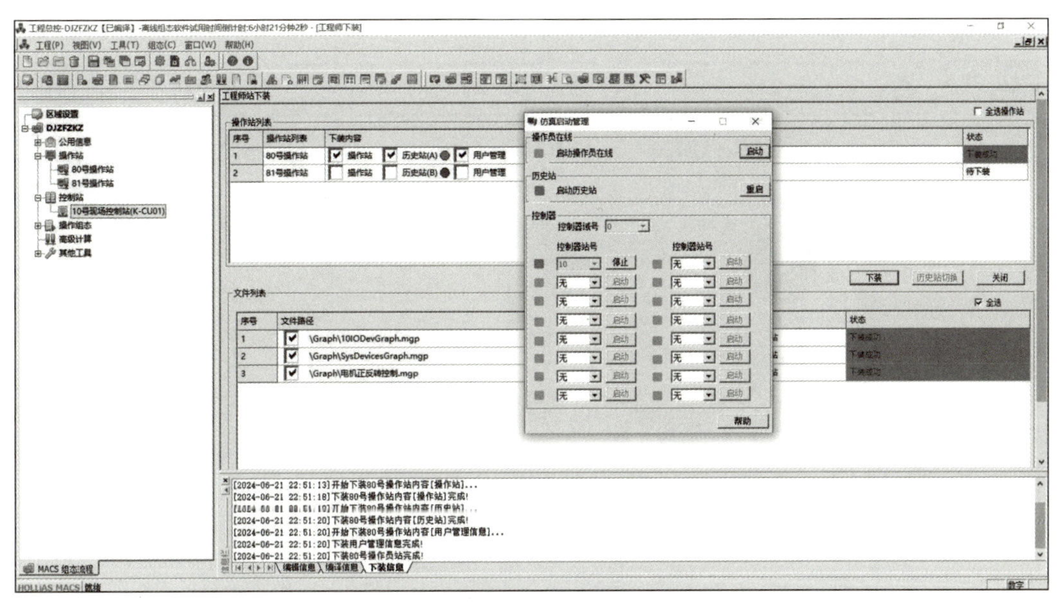

图 2.60 “仿真启动管理”窗口

③ 在“工程总控”窗口双击“10 号现场控制站（K－CU01）”，弹出“AutoThink”界面，选择菜单栏“在线”→“仿真模式”命令，再选择菜单栏“在线”→“下装”命令，在弹出的“人机交互界面”对话框（图 2.61）中单击“确定”。

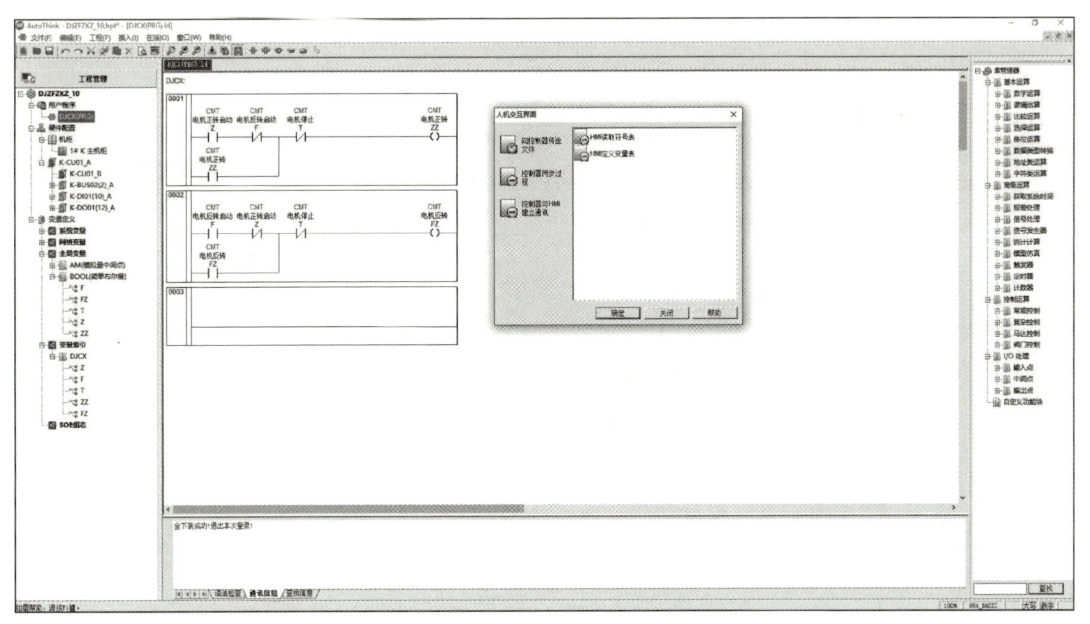

图 2.61 “人机交互界面”对话框

④ 单击“仿真启动管理”中“操作员在线”右侧的“启动”按钮，启动操作员在线，“启动操作员在线”左侧正方形图标变为绿色，代表操作员在线启动成功。在“用户名和

密码”对话框中输入用户名“BMDZT”和密码“Hollysys654”，进入“操作员在线”界面，如图 2.62 所示。

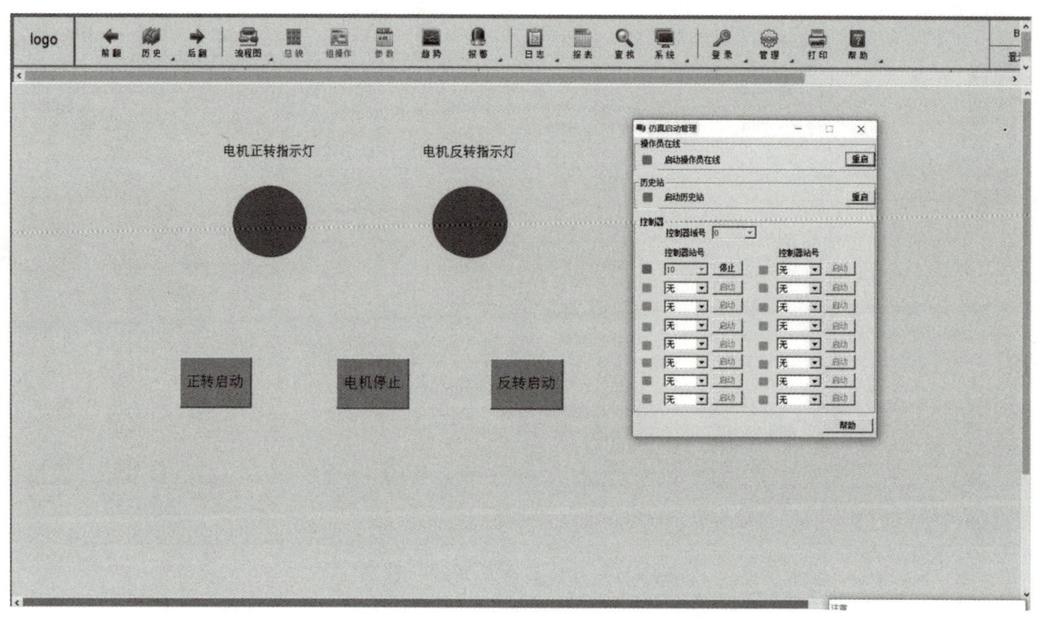

图 2.62 “操作员在线”界面

⑤ 在“流程图”界面单击“正转启动”按钮，电机正转指示灯由红色变为绿色，如图 2.63 所示。单击“电机停止”按钮，电机正转指示灯由绿色变为红色。单击“反转启动”按钮，电机反转指示灯由红色变为绿色，如图 2.64 所示。单击“电机停止”按钮，电机反转指示灯由绿色变为红色。

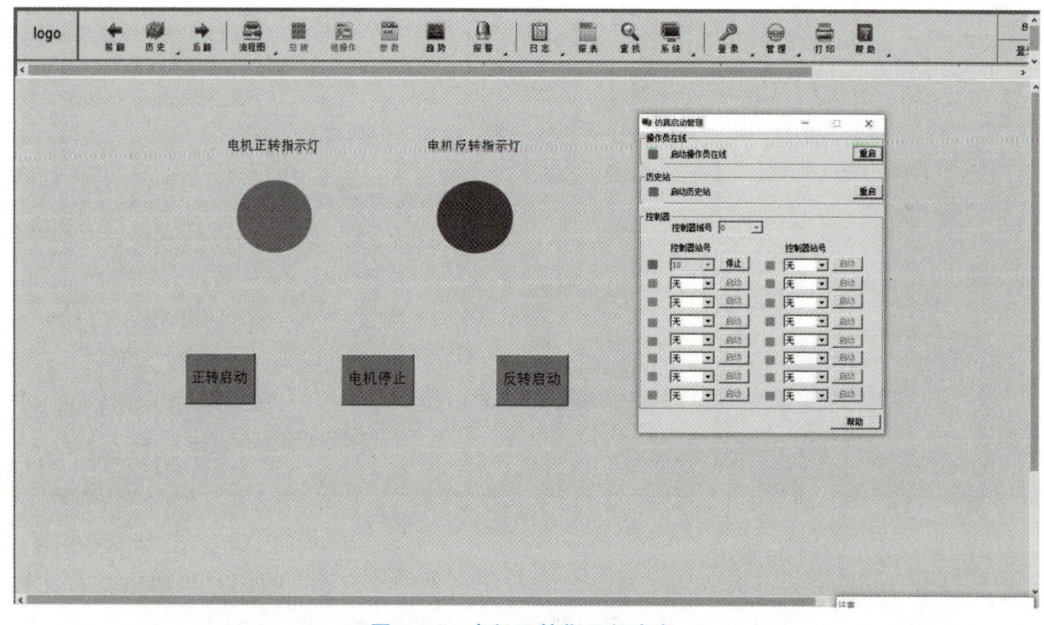

图 2.63 电机正转指示灯变色

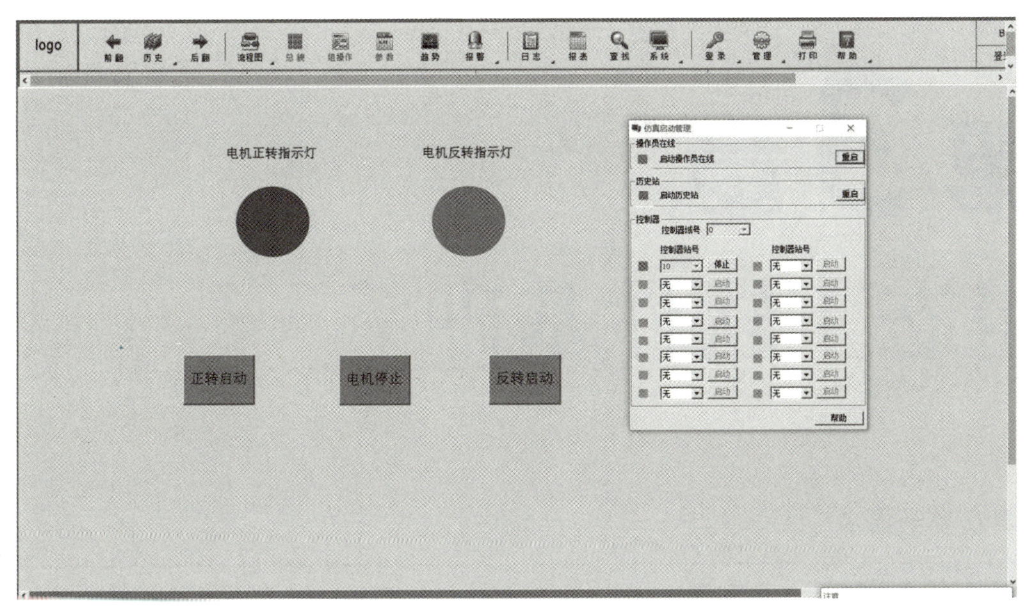

图 2.64 电机反转指示灯变色

习题

1. 采用和利时 DCS 设计一个控制系统需要哪些硬件?
2. 和利时 DCS 主要由哪几个站组成?
3. 在和利时 DCS 中，哪些单元采用了冗余设计?
4. 试采用 MACS V6.5 软件设计储罐压力控制系统。
5. 试采用 MACS V6.5 软件设计反应釜温度控制系统。

【在线答题】

第3章

组态王软件基础

☞本章教学要求

<table>
<tr><td rowspan="2">教学目标</td><td>知识目标</td><td>1. 熟练运用组态王软件。
2. 掌握运用组态王软件建立工程的步骤。
3. 掌握组态王软件的项目创建与组态</td></tr>
<tr><td>能力目标</td><td>熟练运用组态王软件对创建的项目进行组态、编程和在线仿真</td></tr>
<tr><td colspan="2">教学内容</td><td>1. 组态王软件与 I/O 设备。
2. 运用组态王软件建立工程的步骤。
3. 运用组态王软件建立储罐液位温度控制系统</td></tr>
<tr><td colspan="2">重点、难点及解决方法</td><td>熟练运用组态王软件；设计典型的控制系统，边讲解边操作；通过建立储罐液位温度控制系统进行练习</td></tr>
<tr><td colspan="2">建议学时</td><td>4 学时</td></tr>
</table>

组态王软件是一款通用型工业监控软件，它将过程控制设计、现场操作及工厂资源管理融为一体，整合了企业内部的生产系统、应用程序及各类信息，从而实现最优化管理。组态王软件基于 Microsoft Windows XP、Windows 7、Windows 8、Windows 10、Windows Server 系列操作系统运行，在企业网络的各个层级和位置，用户都可以获得系统的实时信息。运用组态王软件开发工业监控工程，可以极大地增强用户的生产控制能力，提高工程的生产力和生产效率，提升产品的质量，降低成本及原料消耗。组态王软件既适用于单一设备的生产运营管理和故障诊断，又适用于网络结构分布式大型集中监控管理系统的开发。

组态王软件由工程管理器、工程浏览器、运行系统和信息窗口四部分组成。

工程管理器。工程管理器用于新工程的创建和管理已有工程，具备对已有工程进行搜索、添加、备份、恢复的功能，同时还能实现数据词典的导入和导出。

工程浏览器。工程浏览器是一种工程开发设计工具，可用于创建监控画面、监控设备、相关变量、动画链接、命令语言及设定运行系统配置等。

运行系统。运行系统是工程的运行界面，它从采集设备中获得通信数据，并依据工程浏览器的动画设计显示动态画面，以此实现人与控制设备的交互操作。

信息窗口。信息窗口用于显示和记录组态王软件开发及运行系统在使用过程中的主要日志信息。

3.1 组态王软件与I/O设备

组态王软件作为一款通用型工业监控软件，支持通过常规通信接口（如串口、USB接口、以太网接口、总线接口、GPRS接口等）与国内外常见的PLC，智能模块，智能仪表，变频器，数据采集板卡等（如西门子PLC、莫迪康PLC、欧姆龙PLC、三菱PLC）进行数据通信。

组态王软件与I/O设备进行通信，一般是通过*.dll动态库来实现，不同的设备和协议对应不同的动态库。工程开发人员无须关注复杂的动态库代码及设备通信协议，只需使用组态王软件提供的设备定义向导，即可定义工程中所使用的I/O设备，并通过定义变量与I/O设备建立关联，这一过程对用户来说，既简单又方便。

组态王软件支持通过OPC、DDE等标准传输机制、其他监控软件（如InTouch、iFIX、WinCC等）和其他应用程序（如VB、VC等）与本机或网络上的数据进行交互。

3.2 运用组态王软件建立工程的步骤

在通常情况下，运用组态王软件建立工程大致可分为以下六个步骤。

第一步：创建工程。为工程创建一个目录，用于存储与工程相关的文件。

第二步：定义硬件设备并添加工程变量。添加工程中需要的硬件设备和工程中使用的变量（包括内存变量和I/O变量）。

第三步：制作图形画面并定义动画连接。按照实际工程的要求绘制监控画面，使静态画面随着过程控制对象产生动态效果。

第四步：编写命令语言。编写脚本程序，完成较复杂的操作上位控制。

第五步：配置运行系统。对运行系统、报警、历史数据记录、网络及用户等相关参数进行设置，这是系统投入现场使用前的必备工作。

第六步：保存工程并运行。完成上述步骤后，一个可以在现场运行的工程就制作完成了。

3.3 运用组态王软件建立储罐液位温度控制系统

上位机现场采集储罐液位温度数据，并以动画的形式将数据直观地显示在监控画面上。监控画面不仅能够实时显示趋势和报警信息，而且提供查询历史数据功能；同时，监控画面可完成数据统计报表的生成，将实时数据保存到关系数据库中，并支持对数据库进行查询操作。

（1）工程管理器的使用。

工程管理器用来新建工程，对添加到工程管理器的工程进行集中管理。工程管理器的主要功能包括新建工程，删除工程，为工程重命名，搜索组态王工程，修改工程属性，工程备份、恢复，导入、导出数据词典，切换到组态王开发或运行环境等。单击“搜索”图标，弹出“浏览文件夹”窗口，将要添加的工程添加到工程管理器中，便于集中管理工程，“工程管理器”窗口如图 3.1 所示。

【拓展视频】

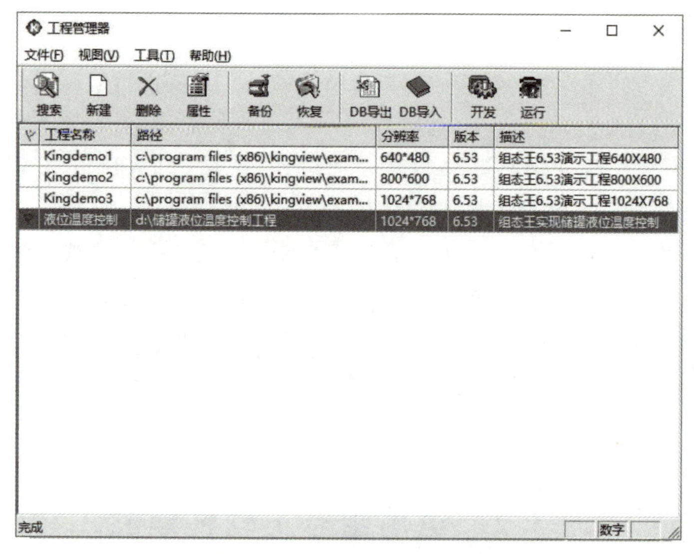

图 3.1 “工程管理器”窗口

（2）工程浏览器的使用。

工程浏览器是组态王软件的集成开发环境。在工程浏览器中可以看到工程的各个组成部分，包括文件、数据库、设备、系统配置、SQL 访问管理器及 Web，它们以树形结构显示在“工程浏览器”窗口（图 3.2）的左侧。“工程浏览器”窗口由菜单栏、工具栏、工程目录显示区、目录内容显示区及状态条组成。工程目录显示区以树形结构显示大纲项节点，用户可以扩展或收缩工程浏览器中所列的大纲项。

（3）定义外部设备。

在组态王软件中，把需要与之交换数据的硬件设备或软件程序视为外部设备。常见的外部硬件设备包括 PLC、智能仪表、智能模块、变频器、数据采集板卡等；常见的外部软件程序包括 DDE、OPC 等服务程序。按照计算机与外部设备的通信连接方式，组态王软件与外部设备的通信分为串行通信（RS-232、RS-422、RS-485），以太网通信，以及通过专用通信卡（如 CP5611）进行的通信等。计算机与外部设备完成硬件连接后，为了实现组态王软件与外部设备的实时数据通信，就必须在组态王软件的开发环境中对外部设备及相关变量加以定义。

下面以组态王软件和北京亚控科技发展有限公司自行设计的仿真 PLC（仿真程序）的通信为例，讲解在组态王软件中定义设备和相关变量（实际硬件设备和变量定义方式与其类似）的方法。

在“工程浏览器”窗口左侧的工程目录显示区中选择“设备”选项，在目录内容显示区出现“新建”图标，双击“新建”图标，弹出“设备配置向导——生产厂家、设备名称、通讯方式”对话框，如图 3.3 所示。

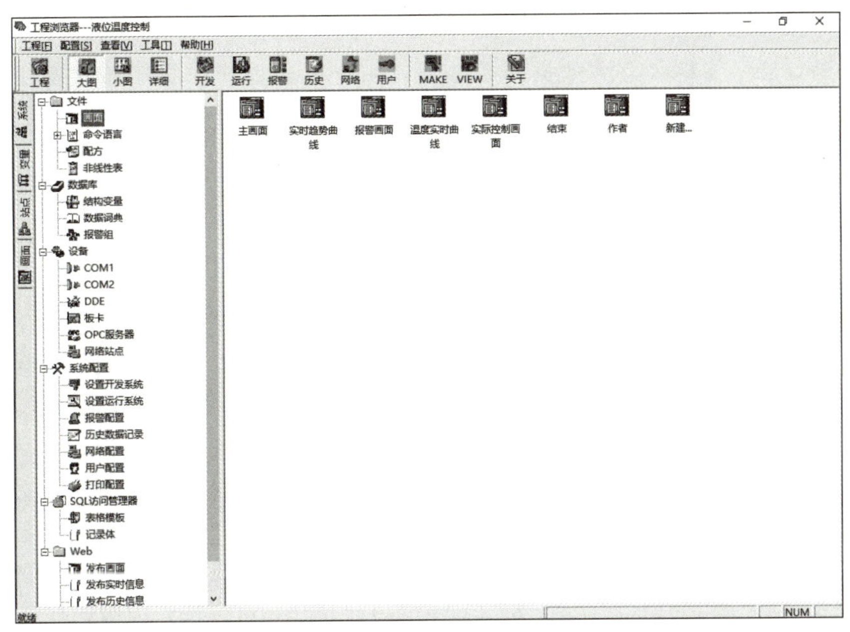

图 3.2 “工程浏览器”窗口

在列表框中选择“亚控”→“仿真 PLC”→“串行”选项，单击“下一页”按钮，为仿真 PLC 设备命名，如“仿真 PLC”，单击“下一页”按钮，弹出“设备配置向导——选择串口号”对话框，选择连接的串口“COM2”；单击“下一页”按钮，弹出“设备配置向导——设备地址”对话框，输入设备地址“0”；单击“下一页”按钮，弹出“设备安装向导——通讯参数”对话框，一般使用系统默认设置；单击“下一页”按钮，弹出“设备安装向导——信息总结”对话框，如图 3.4 所示。检查各项设置是否正确，确认无误后，单击“完成”按钮。定义完成后，可以在“COM2”选项下查看新建设备“仿真 PLC”。

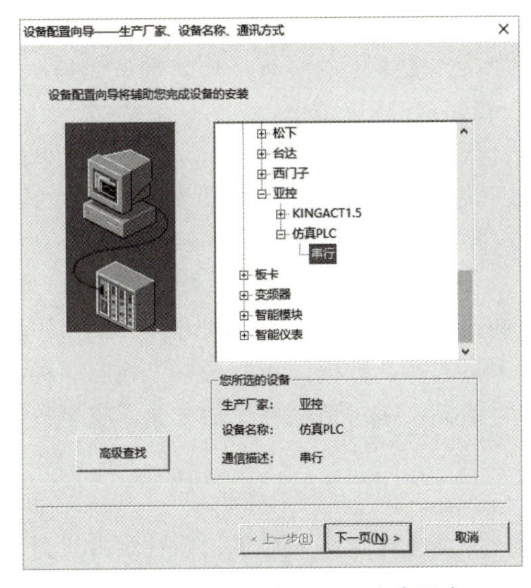

图 3.3 “设备配置向导——生产厂家、设备名称、通讯方式”对话框

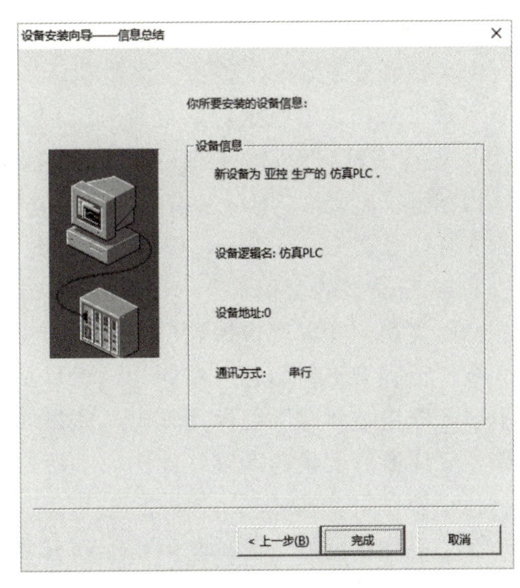

图 3.4 “设备安装向导——信息总结”对话框

（4）定义外部设备变量。

“工程浏览器”窗口设有“数据库”选项，用户可通过该选项定义设备变量。数据库是组态王软件的核心部分。当TouchView运行时，工业现场的生产状况会以动画的形式显示在屏幕上；同时，用户在计算机前发布的指令能被迅速送达生产现场。这一系列功能的实现均以实时数据库为核心，故数据库是联系上位机和下位机的桥梁。数据库中变量的集合被形象地称为数据词典，数据词典记录了所有用户可使用的数据变量的详细信息。

数据词典中存放的是应用工程中定义的变量及系统变量。变量分为基本类型的变量和特殊类型的变量两大类。基本类型的变量又分为内存变量和I/O变量两种。I/O变量指的是组态王软件与外部设备或其他应用程序交互的变量，这种数据变化是双向的、动态的。也就是说，在组态王软件运行的过程中，每当I/O变量的值改变时，该值都会被自动写入外部设备或远程应用程序中；每当外部设备或远程应用程序中的值改变时，组态王软件中的变量值都会自动改变。因此，从下位机采集的数据，发送给下位机的指令（如反应罐液位、电源开关等变量）都需要设置成I/O变量。不需要与外部设备或其他应用程序交换，只在组态王软件内使用的变量（如计算过程中的中间变量）可以设置成内存变量。

① 基本类型的变量。

基本类型的变量可以按照数据类型分为离散变量、实型变量、整型变量和字符串变量。

a. 内存离散变量、I/O离散变量。

内存离散变量、I/O离散变量类似于一般程序设计语言中的布尔（BOOL）变量，只有0、1两种取值，用于表示一些开关量。

b. 内存实型变量、I/O实型变量。

内存实型变量、I/O实型变量类似于一般程序设计语言中的浮点型变量，用于表示浮点数据，取值为10E－38～10E＋38，有7位有效值。

c. 内存整型变量、I/O整型变量。

内存整型变量、I/O整型变量类似于一般程序设计语言中的有符号长整数型变量，用于表示带符号的整型数据，取值为－2147483648～2147483647。

d. 内存字符串变量、I/O字符串变量。

内存字符串变量、I/O字符串变量类似于一般程序设计语言中的字符串变量，可用于记录一些有特定含义的字符串，如名称、密码等。这些变量可用于比较运算和赋值运算。

② 特殊类型的变量。

特殊类型的变量有报警窗口变量、历史趋势曲线变量和系统变量三种。

在“工程浏览器”窗口左侧的工程目录显示区，选择“数据词典”选项，在目录内容显示区，双击“新建”图标，弹出“变量属性”对话框，在对话框中添加变量。重复以上步骤，完成所有变量的新建，如图3.5所示。

（5）创建组态画面。

在“工程浏览器”窗口左侧的工程目录显示区，选择“画面”选项，在目录内容显示区，双击“新建”图标，弹出“新画面”对话框，如图3.6所示。

设置画面名称、对应文件、注释、画面位置、画面风格等，单击“确定”按钮，画面

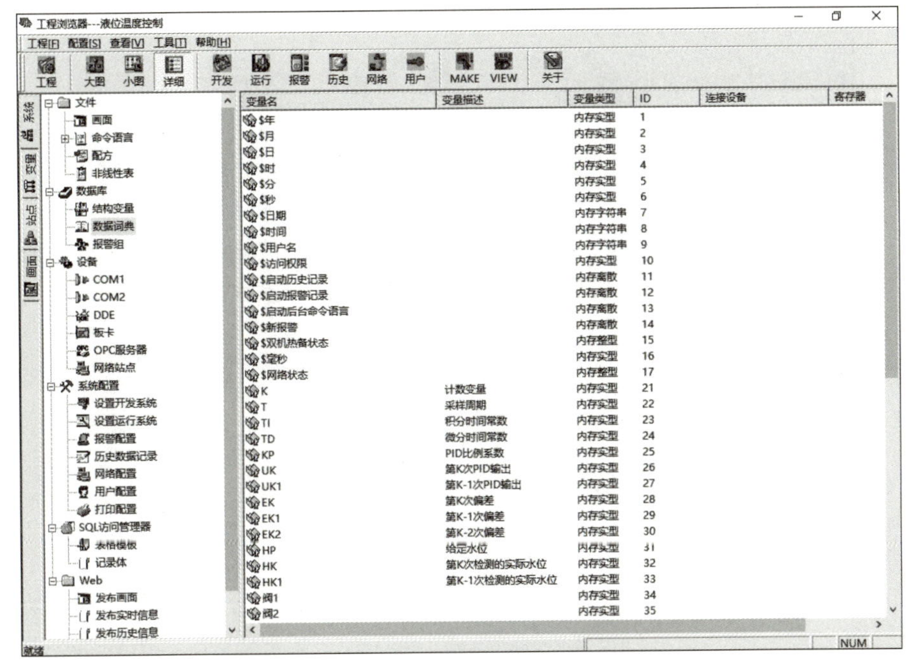

图 3.5　新建的所有变量

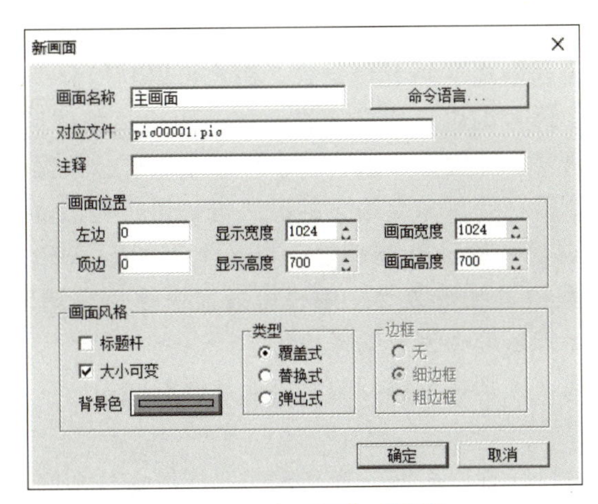

图 3.6　“新画面”对话框

新建完成。

使用工具箱、调色板和图库管理器完成画面设计。储罐液位温度控制系统的主画面如图 3.7 所示。

（6）动画连接。

动画连接就是建立画面的图素与数据库变量的对应关系。动画设置分为液位和温度示值动画设置、阀门动画设置和流体流动动画设置。动画属性包括隐含连接、闪烁连接、缩放连接、旋转连接、水平滑动杆输入连接和点位图等。动画连接可以实现组态画面与数据词典中变量的连接。

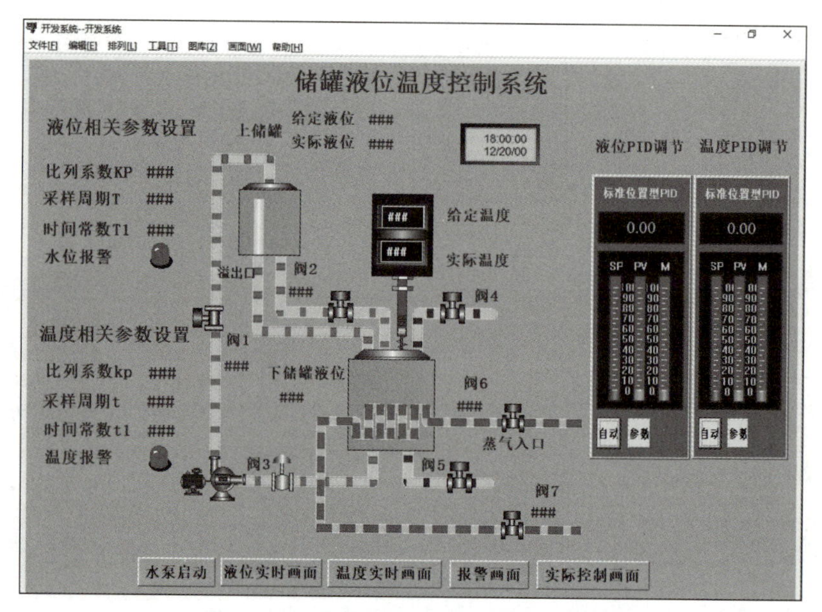

图 3.7　储罐液位温度控制系统的主画面

（7）命令语言。

组态王软件除在定义动画连接时支持连接表达式外，还允许用户编写命令语言来扩展应用程序的功能，这极大地增强了应用程序的实用性。

组态王软件的命令语言格式类似于 C 语言，用户可以利用命令语言增强应用程序的灵活性。组态王软件的命令语言编辑环境已经被编好，用户只需按照规范编写程序段即可，包括编写应用程序命令语言、热键命令语言、事件命令语言、数据改变命令语言、自定义函数命令语言和画面命令语言等。命令语言的语法与 C 语言类似，可看作是 C 语言的一个简化子集，具有完善的词法、语法查错功能，以及丰富的运算符、数学函数、字符串函数、控件函数、SQL 函数和系统函数等。用户可通过命令语言编辑器进行命令语言编辑输入及语法检查，并在运行系统中完成编译执行。

命令语言有六种形式，区别在于执行的时机或条件不同。

① 应用程序命令语言。

应用程序命令语言可以在程序启动、程序关闭或程序运行期间周期执行。若要实现周期执行该命令语言，用户需指定时间间隔。储罐液位温度控制系统运行时的“应用程序命令语言”窗口如图 3.8 所示。

② 热键命令语言。

热键命令语言关联到设计者指定的热键上。在软件运行期间，用户随时按下热键均可启动该命令语言程序。

③ 事件命令语言。

事件命令语言是预先设定在事件（离散变量名或表达式）发生、存在、消失时分别执行的程序。

④ 数据改变命令语言。

数据改变命令语言仅连接到变量或变量的域。当变量或变量的域值变化幅度超出数据

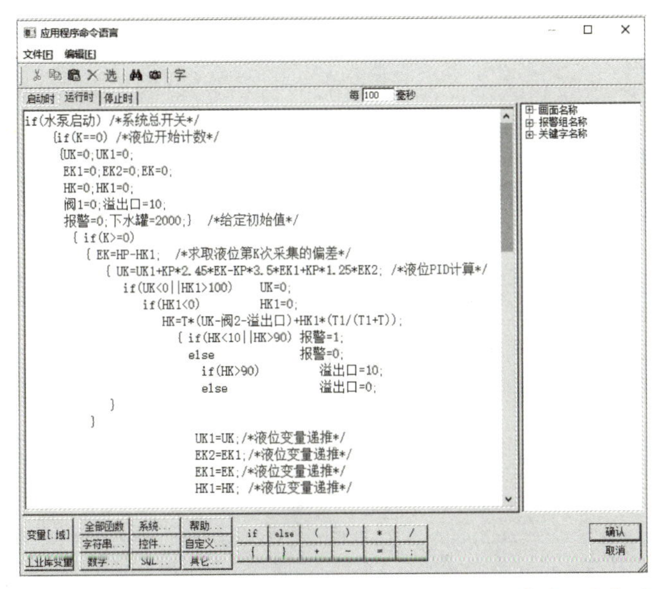

图 3.8 储罐液位温度控制系统运行时的“应用程序命令语言”窗口

词典中定义的变化灵敏度时，便会触发执行一次该程序。

⑤ 自定义函数命令语言。

自定义函数命令语言为用户提供自定义函数功能。用户可以根据组态王软件的基本语法及函数自定义功能更强的函数，以实现工程的特殊需求。

⑥ 画面命令语言。

画面命令语言可以在画面显示时、画面隐藏时或画面存在期间定时执行。在建立画面中图素的动画连接时，可以连接该命令语言。

(8) 报警和事件。

党的二十大报告指出，推进安全生产风险专项整治，加强重点行业、重点领域安全监管。为保证工业现场生产安全，报警和事件的产生与记录是必不可少的。组态王软件提供了强大的报警和事件系统。组态王软件中的报警和事件主要包括变量报警事件、操作事件、用户登录事件和工作站事件。通过这些报警和事件，用户可以便捷地记录和查看系统的报警及各个工作站的运行情况。当报警和事件发生时，报警窗口会按照设置的过滤条件实时显示。为了分类显示产生的报警和事件，可以将报警和事件划分到不同的报警组中，并在指定的报警窗口中显示报警和事件信息。

报警窗口用来显示组态王软件中发生的报警和事件信息。报警窗口分为实时报警窗口和历史报警窗口。实时报警窗口主要显示当前系统发生的实时报警信息和报警确认信息，一旦报警结束后，实时报警信息和报警确认信息就从窗口中消失。历史报警窗口用于显示系统发生的所有报警和事件信息，主要用于查询报警和事件信息。储罐液位温度控制系统的报警窗口如图 3.9 所示。

(9) 趋势曲线。

趋势曲线用来反应变量随时间的变化情况，包括实时趋势曲线和历史趋势曲线。储罐液位控制系统的趋势曲线如图 3.10 所示，储罐温度控制系统的趋势曲线如图 3.11 所示。

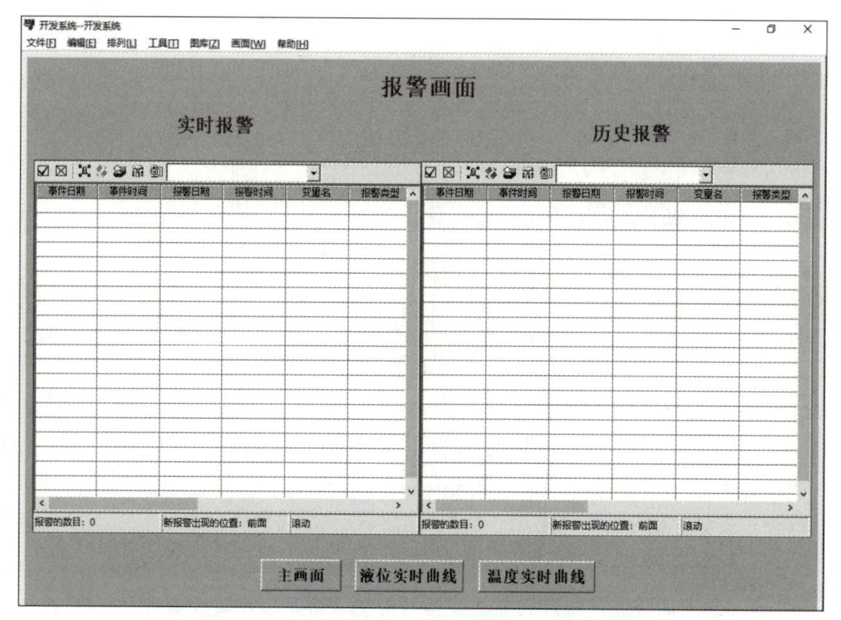

图 3.9 储罐液位温度控制系统的报警窗口

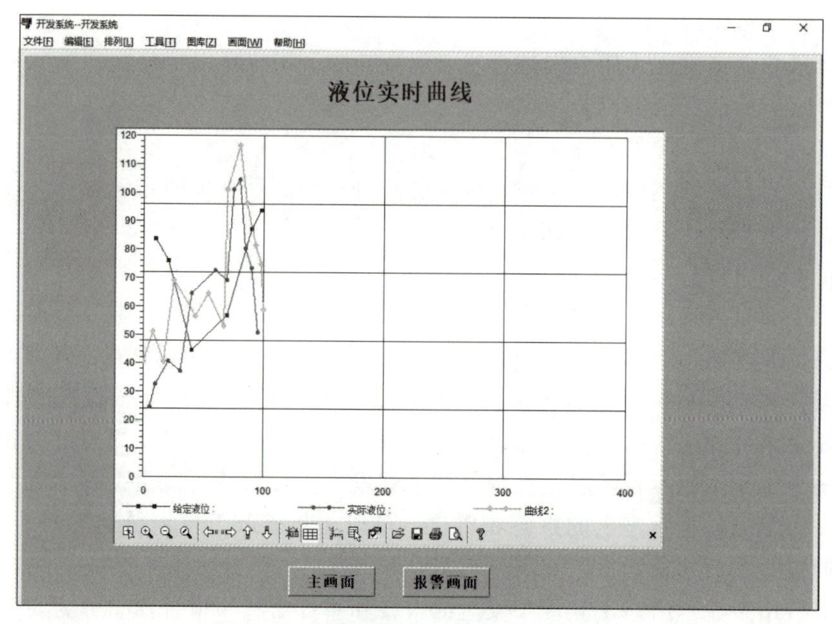

图 3.10 储罐液位控制系统的趋势曲线

(10) 组态画面仿真。

在“工程浏览器”窗口中单击“VIEW”按钮，进入运行界面，设置给定液位值为70，比例系数为1，采样周期为0.1，时间常数为3，阀门2开度为10%；设定给定温度值为50，比例系数为1，采样周期为0.1，时间常数为1，阀门7开度为10%。单击“水泵启动”按钮，储罐液位温度控制系统在阶跃信号输入的作用下，实际液位和温度通过比例积分微分（proportional integral derivative，PID）控制逐渐达到给定液位和给定温度。

储罐液位温度控制系统的仿真主画面如图 3.12 所示，仿真报警窗口如图 3.13 所示，液位仿真趋势曲线如图 3.14 所示，温度仿真趋势曲线如图 3.15 所示。

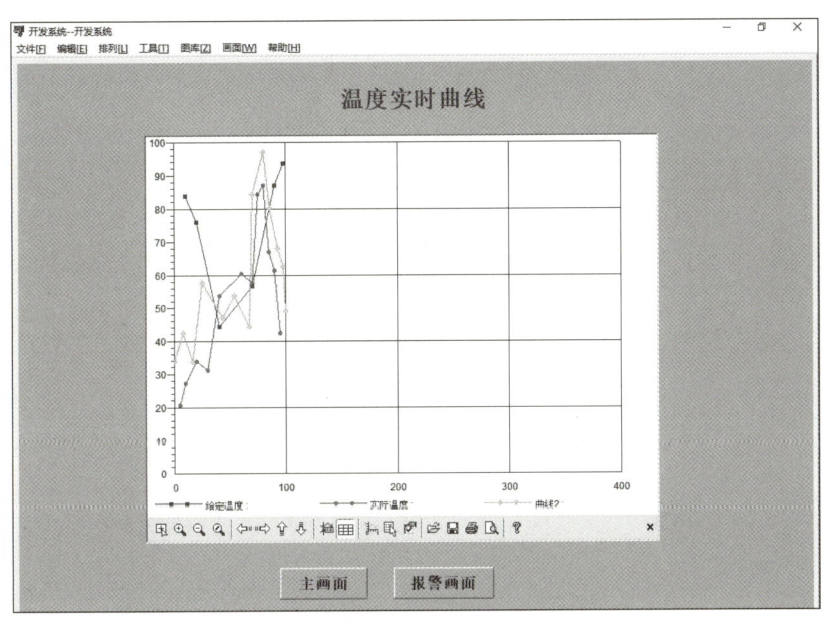

图 3.11　储罐温度控制系统的趋势曲线

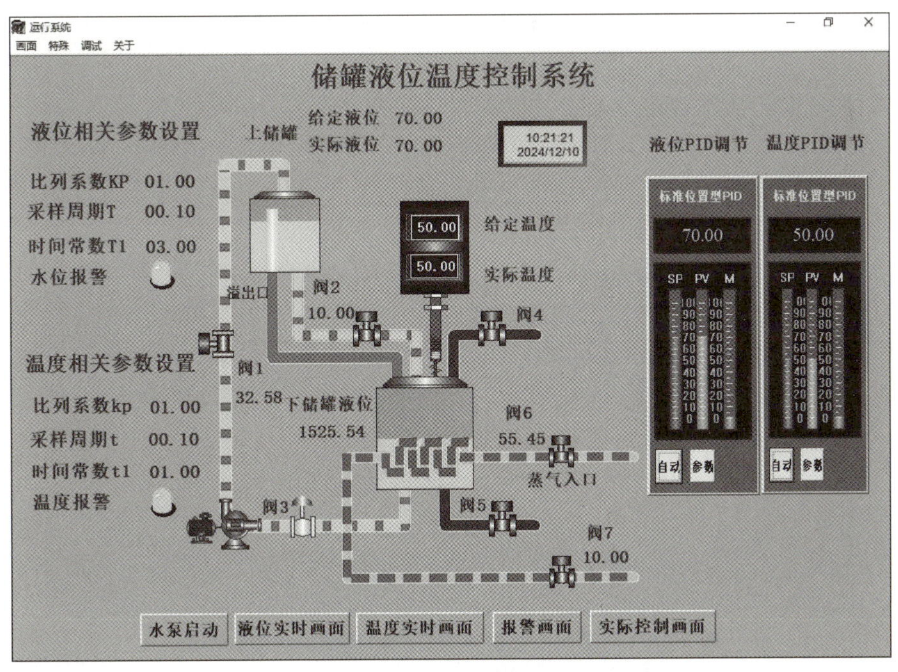

图 3.12　储罐液位温度控制系统的仿真主画面

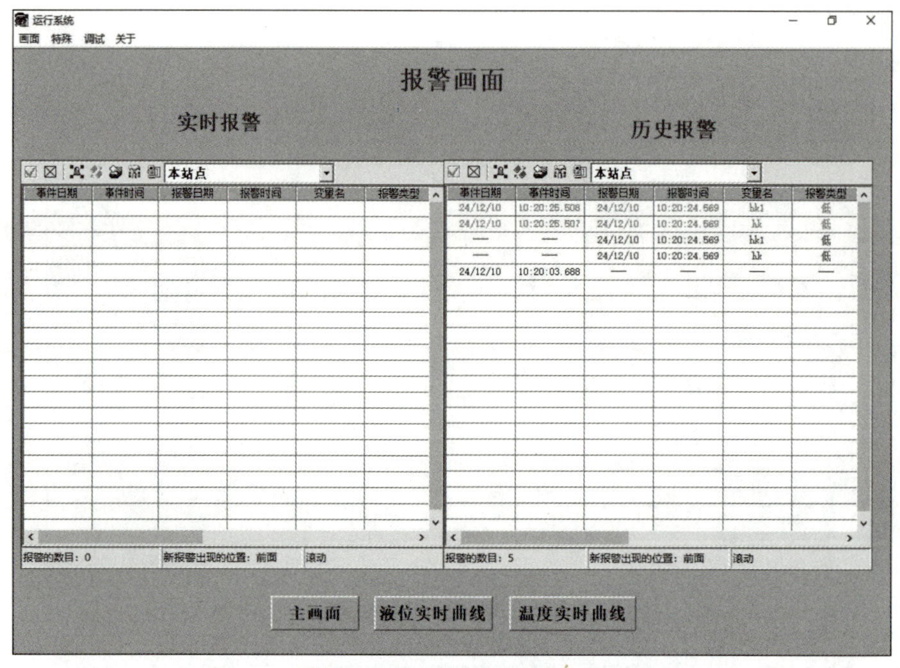

图 3.13 储罐液位温度控制系统的仿真报警窗口

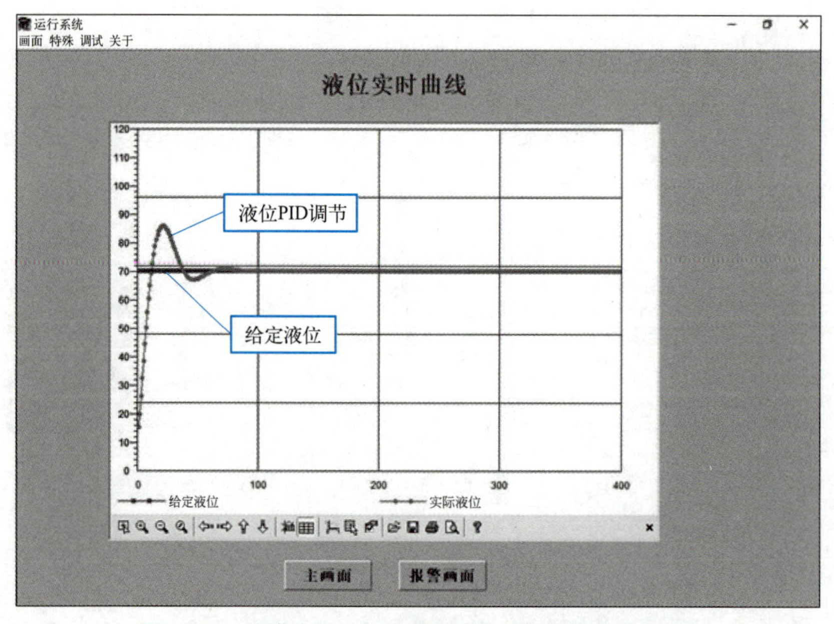

图 3.14 储罐液位温度控制系统的液位仿真趋势曲线

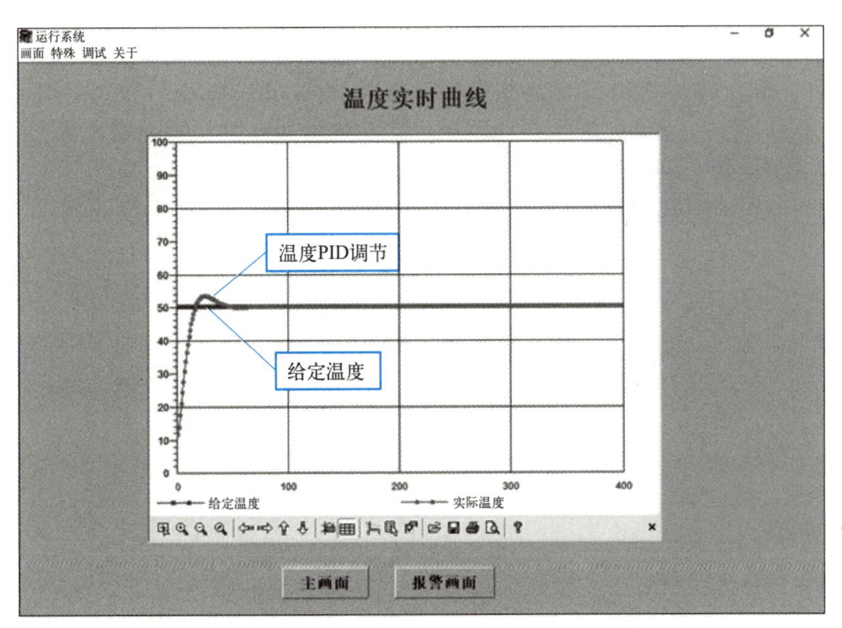

图 3.15 储罐液位温度控制系统的温度仿真趋势曲线

习题

1. 简述采用组态王软件设计工程的步骤。
2. 组态王软件的上位机可以与哪些下位机连接？有哪些通信方式？
3. 采用组态王软件建立的仿真工程与实际工程有什么区别？
4. 试采用组态王软件建立塔器压力控制系统。
5. 试采用组态王软件建立换热器温度控制系统。

【在线答题】

第4章 过程控制系统

☞本章教学要求

<table>
<tr><td rowspan="2">教学目标</td><td>知识目标</td><td>1. 掌握简单控制系统与复杂控制系统的区别。
2. 掌握简单控制系统的原理及应用。
3. 掌握串级控制系统的原理及应用。
4. 掌握前馈控制系统的原理及应用。
5. 掌握比值控制系统的原理及应用。
6. 掌握选择性控制系统的原理及应用。
7. 掌握均匀控制系统的原理及应用。
8. 掌握分程控制系统的原理及应用</td></tr>
<tr><td>能力目标</td><td>1. 掌握简单控制系统与复杂控制系统的区别。
2. 掌握简单控制系统和复杂控制系统的设计过程。
3. 掌握六种复杂控制系统的原理及应用</td></tr>
<tr><td colspan="2">教学内容</td><td>1. 简单控制系统的组成。
2. 设计简单控制系统。
3. 串级控制系统。
4. 前馈控制系统。
5. 比值控制系统。
6. 选择性控制系统。
7. 均匀控制系统。
8. 分程控制系统</td></tr>
<tr><td colspan="2">重点、难点及解决方法</td><td>1. 串级控制系统主回路、副回路的控制参数整定。在进行串级控制系统的参数整定时，要尽量增大副控制器的增益，提升副回路的频率。常用的参数整定方法是一步整定法。
2. 前馈控制与反馈控制的区别。前馈控制的原理是对进入过程的干扰进行测量，并根据测量信号产生合适的控制作用，改变操纵变量，使被控变量稳定维持在设定值；反馈控制的原理是根据设定值与被控变量测量值之间的偏差信号，产生相应的控制作用，改变操纵变量，克服干扰作用的影响</td></tr>
<tr><td colspan="2">建议学时</td><td>4 学时</td></tr>
</table>

4.1 简单控制系统

简单控制系统的硬件设备通常包括一个控制器、一个执行器和一个检测变送器。因该系统只有一个闭环（一个回路），故被称为单回路控制系统。在大多数情况下，简单控制系统能够满足生产工艺要求，其优点主要包括结构简单、所需自动化装置数量少、投资成本低、操作方便，且能达到控制质量要求。然而，简单控制系统也存在缺点，如被控对象的动态特性决定了它难以控制，而工艺对控制质量的要求较高；又或者，虽然被控对象的动态特性并不复杂，但是控制的任务比较特殊，此时，简单控制系统便不能满足要求。随着生产过程自动化水平的不断提高，控制系统的类型日益增多，复杂程度的差异也逐渐增大；同时，生产过程向大型化、连续化和集成化方向发展，对操作条件的要求更加严格，参数的相互关系更加复杂，对控制系统的精度和功能提出了许多新要求，对能源消耗和环境污染也有了明确限制。因此，需要在简单控制系统的基础上设计开发出复杂控制系统，以满足生产过程控制的需求。

4.1.1 简单控制系统的组成

简单控制系统除了包括一个控制器、一个执行器和一个检测变送器这些硬件设备，还包含一个被控对象。图 4.1 所示为典型的简单控制系统示意图，其中 TC、PC、LC 和 FC 分别代表温度控制器、压力控制器、液位控制器和流量控制器，TT、PT、LT 和 FT 分别代表温度变送器、压力变送器、液位变送器和流量变送器。温度、压力、液位和流量被称

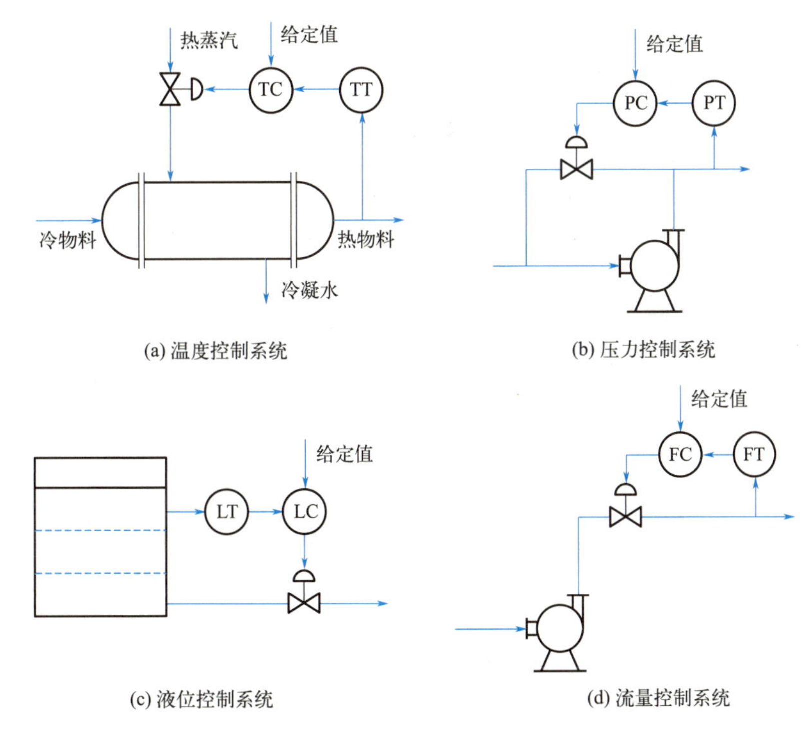

图 4.1 典型的简单控制系统示意图

为被控变量。为使被控变量与设定值保持一致，需要采用控制手段，这些用于调节的变量被称为操纵变量或操控变量。同时，在控制过程中存在干扰因素，被控变量常常会偏离设定值，如进料量的变化、蒸汽压力的波动和泵转速的改变等。

在这些典型的简单控制系统中，检测变送器负责检测被控变量，并将检测结果转换为标准信号。当系统受到干扰时，检测信号与设定值间会存在偏差。检测信号在控制器中与设定值进行比较，所得偏差值按照一定的控制规律进行运算并输出信号，驱动执行器改变操纵变量，从而使被控变量恢复到设定值。

控制器用于将检测变送单元的输出信号与设定值信号进行比较，并按一定的控制规律对偏差信号进行运算，同时，将运算结果输出到执行器。控制器可采用模拟仪表的控制器，也可采用由微处理器组成的数字控制器。常用的控制器有 PLC、DCS 等。

执行器是控制系统环路中的最终元件，直接用于控制操纵变量。执行器接收来自控制器的输出信号，改变执行器节流元件（如电动调节阀、气动调节阀等）的流通面积，可改变操纵变量。图 4.1 所示的执行器都用控制阀表示。

被控对象是需要控制的设备，图 4.1 所示的换热器、泵和储罐等都属于被控对象。

检测变送器用于检测被控变量，检测变送器将检测到的信号转换为标准信号并输出，如温度变送器、压力变送器、液位变送器和流量变送器等。

简单控制系统框图如图 4.2 所示。对于不同的简单控制系统，尽管其具体装置与被控变量有所不同，但都可以用相同的框图表示，以便研究其共性。

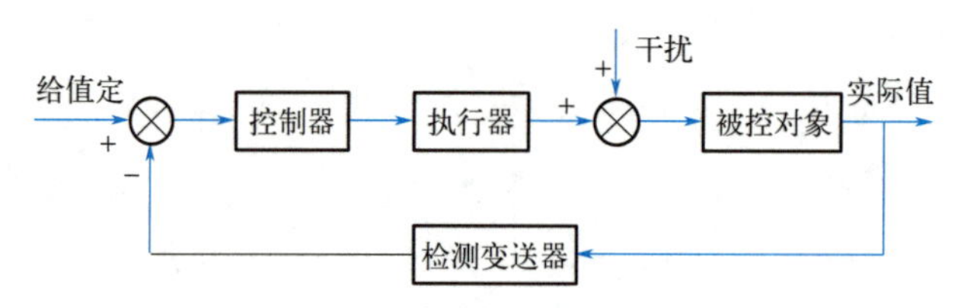

图 4.2　简单控制系统框图

由图 4.2 可以看出，在简单控制系统中有一条从系统的输出端引向输入端的反馈回路。也就是说，该系统的控制器是根据被控变量的实际值与设定值的偏差进行控制的，这是简单反馈控制的特点。

由于简单控制系统是最基本、应用较广泛的系统，因此学习和研究简单控制系统的结构、原理、使用方法是非常必要的。同时，学会分析简单控制系统，有助于分析和研究复杂控制系统。

4.1.2　简单控制系统设计

为了设计出简单控制系统，并使其在运行时达到规定的技术指标，必须了解具体的生产工艺，掌握生产过程的规律，从而确定合理的控制方案。该过程不仅包括正确选择被控变量和操纵变量、检测变送装置、控制阀的开关形式及流量特性，还包括正确选择控制器的控制规律及控制器参数的工艺整定等。

1. 被控变量的选择

在生产过程中，通过自动控制保持恒定（或按一定规律变化）的变量称为被控变量。被控变量的选择直接关系到生产的工艺操作、生产产量和生产质量等。被控变量与生产工艺密切相关，虽然影响生产过程正常操作的因素有很多，但是并非所有影响因素都需要被控制。技术人员必须深入实际，进行调查和研究，分析工艺，找出影响生产的关键变量，并将其设置为被控变量。根据与生产过程的关系，被控变量可分为直接指标（直接反映产品质量的变量）与间接指标两种。如果被控变量本身就是需要控制的工艺指标，则称为直接指标控制。例如，在以温度、压力、液位、流量等为工艺指标的生产过程中，可选择温度、压力、液位、流量作为被控变量。由于直接指标可直接反映产品的质量，因此一般优先选择直接指标作为被控变量。如果生产工艺是按产品质量指标进行操作的，从理论上来说，应以产品质量作为被控变量进行控制，如产品成分、物性参数等。然而，获取产品质量信号较困难；或者虽然能检测到产品质量信号，但产品质量信号很微弱或滞后很多。当选取直接指标作为被控变量存在困难，甚至无法实现时，可选择间接指标作为被控变量。但间接指标必须与直接指标存在单值对应关系，且响应速度要快，如对温度、压力等进行间接指标控制。

要正确选择被控变量，必须合理分析生产工艺过程、工艺特点和控制要求，仔细分析各变量之间的关系。选择被控变量时，一般应遵循以下原则。

（1）被控变量一般都是工艺过程中比较重要的变量，应能代表一定的工艺操作指标或能反映工艺操作变量，且是独立可控的。

（2）被控变量在工艺操作过程中经常会受到干扰而发生变化。为维持被控变量的稳定，需要频繁调控操纵变量。

（3）尽量选用直接指标作为被控变量。当无法获得直接指标信号，或直接指标信号的测量和变送信号滞后严重时，可选择与直接指标有单值对应关系的间接指标作为被控变量。

（4）被控变量要有足够高的灵敏度，易控制。

（5）选择被控变量时，必须考虑工艺合理性和自动化仪表及装置的现状。

2. 操纵变量的选择

确定被控变量后，还需要选择一个合适的操纵变量，以便当被控变量受到外界干扰而发生变化时，能够通过调节操纵变量，使被控变量迅速恢复到原先的设定值，从而保证产品质量的稳定。在自动控制系统中，操纵变量就是用来克服干扰因素对被控变量的影响，以实现控制目的。常见的操纵变量有介质的流量，也存在以转速、电压等作为操纵变量的情况。为正确选择操纵变量，首先要研究被控对象的特性，并对工艺进行分析。被控对象的输出只有被控变量，而影响被控变量的外部输入量往往有很多。这些外部输入量，有些是可控的，有些是不可控的。原则上，在诸多影响被控变量的外部输入量中选择一个对被控变量影响显著且可控性良好的外部输入量作为操纵变量，而其他未被选中的外部输入量都将被视为系统的干扰。

选择操纵变量时，一般应遵循下列原则。

（1）操纵变量应是可控的，即是工艺上允许调节的变量。

（2）操纵变量一般应比其他干扰对被控变量的影响更显著。合理选择操纵变量，使控制通道的放大系数适当大些，时间常数适当小些（过小会引起系统振荡），纯滞后时间尽量小。为使其他干扰对被控变量的影响较小，应使干扰通道的放大系数尽可能小，时间常数尽可能大。

（3）选择操纵变量时，除应从自动化角度考虑外，还要考虑工艺的合理性与生产的经济性。一般说来，不宜选择生产负荷作为操纵变量，这是因为生产负荷直接关系到产品的产量，是不宜经常波动的。另外，从经济性角度考虑，应尽可能降低物料与能量消耗。

3. 变送器的选择

检测变送装置是控制系统中获取对象信息的重要环节，也是系统进行控制的依据。传感器的主要作用是基于自然规律和基础效应，把被控变量转换为便于传输的信号，如电流信号和电压信号等。由于传感器的输出信号种类多且比较微弱，因此必须借助变送器将其转换为统一的标准信号。变送器一般分为两类：一类是按传递信号划分的模拟式变送器、数字式变送器等；另一类是按被测参数的名称划分的温度变送器、差压变送器、智能变送器等。

（1）模拟式变送器。

模拟式变送器完全由模拟式元件构成，它能够将输入的被控变量（如温度、压力、液位、流量、成分等）转换成统一的标准信号，其转换性能完全取决于硬件。从构成来看，模拟式变送器主要由测量、放大、反馈、零点调整与零点迁移、量程调整等部分组成。

（2）数字式变送器。

数字式变送器是由以中央处理器（central processing unit，CPU）为核心构成的硬件电路和由系统程序、功能块构成的软件两部分组成。模拟式变送器的输出信号一般为统一的标准信号，且一条电缆只能传输一路模拟信号。数字式变送器的输出信号一般为数字信号，其优点在于只要遵循共同的通信规范和标准，就可以允许多个信号在同一通道电缆上传输。数字式变送器的硬件主要包括传感器组件、转换器、中央处理器、存储器和通信电路等。数字式变送器的软件包括系统程序和功能块两部分。系统程序主要负责管理变送器的硬件，使变送器完成基本的功能，如模拟信号和数字信号的转换、数据通信、变送器自检等；功能块为用户提供组态调整时不同功能的变送器，变送器的功能及其数量各不相同。

（3）温度变送器。

温度变送器的功能是将热电偶或热电阻的输出电信号经过放大和线性化等处理后，转换成标准的电信号并输出。温度变送器还可以作为直流毫伏转换器，将其他能够转换成直流毫伏信号的工艺参数转换成统一的标准信号并输出。因此，温度变送器应用广泛。温度变送器有四线制和两线制之分，四线制温度变送器和两线制温度变送器均有直流毫伏变送器、热电偶温度变送器、热电阻温度变送器三类。两线制是指变送器与控制室之间仅用两根导线传输，四线制是指供电电源和输出信号分别用两根导线传输。

（4）差压变送器。

差压变送器的通用性强，可用于连续测量差压、正压、负压、液位、密度等变量。当差压变送器与节流装置配合时，还可以连续测量液体（或气体）流量。差压变送器将测量信号转换成统一的标准信号，并将其作为显示仪表、控制器或运算器的输入信号，以实现相关参数的显示、记录或自动控制。差压变送器主要有力矩平衡式差压变送器、电容式差压变送器和扩散硅式差压变送器。

（5）智能变送器。

为满足现场总线控制系统的要求，近年来出现了采用中央处理器和先进传感器技术的智能变送器，如智能温度变送器、智能压力变送器、智能差压变送器等。智能变送器可以输出数字信号和模拟信号，其准确度、稳定性和可靠性等均优于模拟式变送器；此外，智能变送器可以通过现场总线网络与上位机相连。智能变送器具有如下优点：测量准确度高，基本误差小，性能稳定、可靠，具有较大的零点迁移范围和量程比，具有温度补偿功能、静压补偿功能和非线性校正能力，可保证仪表的准确度，具有数字和模拟两种输出方式，能够实现双向数据通信，能通过现场通信器对变送器进行远程组态调零、调量程和自诊断，维护和使用方便。

智能变送器由硬件和软件两部分组成。硬件包括中央处理器电路，输入电路，输出电路，人、机联系部件等。软件包括系统程序和用户程序。不同类型的智能变送器的组成基本相似，只是部件类型、电路形式、程序编码和软件功能有所差异。

对检测变送器的基本要求是准确、迅速和可靠。准确是指传感器和变送器能正确反映被控变量或被测变量，误差小；迅速是指传感器和变送器能及时反映被控变量或被测变量的变化；可靠是对传感器和变送器的基本要求，传感器和变送器应能在复杂的环境工况下长期稳定地运行。在实际应用中，需要考虑以下三个问题。

a. 在所处环境下能否正常长期工作。

b. 动态响应是否迅速。

c. 测量误差是否满足要求。

4. 控制器的选择

控制器是自动控制系统中的重要组成部分。控制器接收变送器输出的标准信号，经过特定的控制算法（如 PID 运算）处理后，输出标准信号，推动执行器动作，产生操纵变量，使被控参数维持在设定值附近或按预先设定的规律变化。

控制器是自动控制系统的核心。在生产过程中，被控变量偏离设定要求后，必须依靠控制器控制执行器，改变操纵变量，从而使被控变量符合生产要求。在闭环控制系统中，控制器将检测变送装置传送过来的信息与被控变量的设定值进行比较，得到偏差，根据偏差，按一定的控制规律进行运算，最终输出控制信号并作用于执行器。

控制器一般按能源形式、信号类型和结构形式进行分类。

（1）控制器的类型。

① 按能源形式分类。

控制器按能源形式可分为电动控制器和气动控制器。过程控制一般都用电动控制仪表和气动控制仪表，相应地采用电动控制器和气动控制器。气动控制仪表发展较早，它具有结构简单、性能稳定、可靠性高、价格低、安全防爆等特点，因此广泛应用于石油、化工等有爆炸危险的领域。相较于气动控制仪表，电动控制仪表出现得较晚，但由于电动控制仪表在信号的传输、放大、变换处理，以及实现远距离监视操作等方面，比气动控制仪表更便捷，并且易于与计算机等现代化信息技术工具联用，因此发展极为迅速，应用广泛。近年来，由于电动控制仪表普遍采取安全火花防爆措施，解决了防爆问题，因此其在易燃易爆的危险领域得到了应用。在目前采用的控制器中，电动控制器占比较大。

② 按信号类型分类。

控制器按信号类型可分为模拟式控制器和数字式控制器两大类。

模拟式控制器传送的信号为连续的模拟信号，其基本结构包括比较环节、反馈环节、放大器三部分。

a. 比较环节。控制器首先通过比较环节将被控变量的测量值与设定值进行比较，得出偏差。当采用电动控制器时，在比较环节的输入电路中进行电压信号或电流信号的比较。

b. 反馈环节。控制器的 PID 控制规律是通过反馈环节实现的。采用电动控制器时，输出的电信号通过电阻和电容构成的无源网络反馈到输入端。

c. 放大器。放大器实际上是一个稳态增益很大的比例环节。在电动控制器中，可采用高增益的集成运算放大器。

模拟式控制器线路比较简单、操作方便，在过程控制中曾经被广泛应用。数字式控制器的传输信号通常是断续变化的数字量。数字式控制器以中央处理器为运算和控制核心，可由用户编制程序，形成各种控制规律。对于简单控制系统，数字式控制器具有针对性强、性价比高的优势，加上数字式控制器具有强大的控制功能、灵活方便的操作手段、清晰直观的数字显示及安全性、可靠性高等特点，得到推广应用。

③ 按结构形式分类。

控制器按结构形式可分为基地式、单元组合式、组装式及集散控制系统等。

a. 基地式控制仪表将控制机柜与指示机构、记录机构组成一体，结构简单，但通用性差，使用不够灵活，一般仅用于一些简单控制系统。

b. 单元组合式控制仪表是将整套仪表划分成能独立实现某种功能的若干单元，各单元之间用统一的标准信号联系。通过对各单元进行不同的组合，可以构成具有不同功能的控制系统，该系统使用灵活方便，在生产现场得到广泛应用。

c. 组装式控制器是在单元组合式控制器的基础上发展起来的一种成套装置。

d. 集散控制系统（DCS）是一种以微处理器为基础，综合 3C（计算机、控制、通信）技术，应用于过程控制工程的分布式计算机控制系统。

随着计算机技术的发展，出现了以中央处理器为基础的控制器。例如，PLC 从原先仅有的逻辑控制功能发展成兼具控制回路的控制器。在结构、功能、可靠性等方面，PLC 促使控制器进入了一个新阶段，发展迅速，应用场合不断增加，逐渐成为控制器中的主流品种。此外，基于 DCS 的控制器除具有一般的控制功能外，还具备其他先进控制、优化运算、网络通信等功能，以适应大规模过程控制系统的需求。

（2）控制器的控制规律。

控制器的控制规律来源于人工操作规律。控制器是在模仿、总结人工操作经验的基础上发展起来的。控制器的基本控制规律有比例控制、积分控制和微分控制三种。控制器常用的控制规律是这些基本控制规律的不同组合。

过程控制系统一般是指连续控制系统，控制器的输出随时间的变化而连续变化。控制器的输入信号 $e(t)$ 是被控变量的设定值 $r(t)$ 与测量值 $c(t)$ 之差，即 $e(t)=r(t)-c(t)$；控制器的输出信号 $u(t)$ 是送往执行器的控制命令。因此，控制器的控制规律就是控制器的输出信号 $u(t)$ 随输入信号 $e(t)$ 变化的规律。

① 连续 PID 算法。

常用的控制器具有在时间上连续的线性 PID 控制规律。理想 PID 控制器的运算规律数学表达式为

$$u(t)=K_{p}\left[e(t)+\frac{1}{T_{i}}\int_{0}^{t}e(t)\mathrm{d}t+T_{d}\frac{\mathrm{d}e(t)}{\mathrm{d}t}\right] \tag{4-1}$$

式中：$u(t)$ 为控制器的输出信号；$e(t)$ 为控制器的输入信号；K_p 为比例增益；T_i 为积分时间常数；T_d 为微分时间常数。

理想 PID 控制器的传递函数为

$$G(s)=\frac{U(s)}{E(s)}=K_{p}\left(1+\frac{1}{T_{i}s}+T_{d}s\right) \tag{4-2}$$

式中：$G(s)$ 为系统的传递函数；$U(s)$ 为输出信号的拉氏变换；$E(s)$ 为输入信号的拉氏变换；K_p 为比例增益；T_i 为积分时间常数；T_d 为微分时间常数；s 为复频率变量。

式(4-1) 和式(4-2) 中，等号右边括号中的第一项为比例控制，第二项为积分控制，第三项为微分控制；K_p、T_i、T_d 可根据实际情况调整，从而改变控制作用及规律。

PID 控制规律综合了各种控制规律的优点，具有较好的控制性能，但这并不意味着它在任何情况下都是最优选择。因此，必须根据过程特性和工艺要求，选择最合适的控制规律。

a. 液位：一般要求不高，采用 P 控制规律或 PI 控制规律。

b. 流量：时间常数小。当测量信息中有噪声时，用 PI 控制规律或加入微分控制规律。

c. 压力：若介质为液体，时间常数小；若介质为气体，时间常数适中；通常采用 P 控制规律或 PI 控制规律。

d. 温度：当容量滞后较大时，采用 PID 控制规律。

② 离散 PID 算法。

在数字式控制器和计算机控制系统中，处理所有控制回路的被控变量时，在时间上呈现离散断续的状态，其特点是采样控制。将每个被控变量的测量值与设定值比较一次，并按照预定的控制算法得到输出值，通常把输出值保留到下一采样时刻。若采用 PID 控制，由于只能获得 $e(k)=r(k)-c(k)(k=1,2,3,\cdots)$ 的信息，因此连续 PID 运算应相应地改为离散 PID 运算，比例控制规律通过采样进行计算，积分控制规律通过数值积分进行计算，微分控制规律通过数值微分进行计算。

a. 位置 PID 算法。

位置 PID 算法的数学表达式为

$$\begin{aligned}u(k)&=K_{p}e(k)+\frac{K_{p}}{T_{i}}\sum_{i=0}^{k}e(i)\Delta t+K_{p}T_{d}\frac{e(k)-e(k-1)}{\Delta t}\\&=K_{p}e(k)+K_{i}\sum_{i=0}^{k}e(i)+K_{d}[e(k)-e(k-1)]\end{aligned} \tag{4-3}$$

式中：$u(k)$ 为控制器的输出信号；$e(k)$ 为控制器的输入信号；T_i 为积分时间常数；K_p 为比例增益；K_i 为积分系数，$K_i=K_pT_s/T_i$，T_s 为采样周期（采样时间间隔 Δt）；K_d 为微分系数，$K_d=K_pT_d/T_s$；T_d 为微分时间常数；k 为采样序号。

b. 增量 PID 算法。

增量 PID 算法的数学表达式为

$$\begin{aligned}\Delta u(k)&=u(k)-u(k-1)\\&=K_p\Delta e(k)+K_i e(k)+K_d\{[e(k)-e(k-1)]-[e(k-1)-e(k-2)]\}\\&=K_p[e(k)-e(k-1)]+K_i e(k)+K_d[e(k)-2e(k-1)+e(k-2)]\end{aligned}\tag{4-4}$$

式中：$\Delta u(k)$ 为两次采样时间间隔内控制阀开度的变化量。

c. 速度 PID 算法。

速度 PID 算法的数学表达式为

$$\begin{aligned}v(k)=\frac{\Delta u(k)}{\Delta t}&=\frac{K_p}{T_s}[e(k)-e(k-1)]+\frac{K_p}{T_i}e(k)+\\&\frac{K_p K_d}{T_s^2}[e(k)-2e(k-1)+e(k-2)]\end{aligned}\tag{4-5}$$

式中：$v(k)$ 为输出变化速率。

由于选定采样周期后，T_s 是常数，因此速度 PID 算法的数学表达式与增量 PID 算法的数学表达式没有本质区别。在实际数字式控制器和计算机控制中，后者用得较多。

d. 经验 PID 算法。

经验 PID 算法的数学表达式为

$$\Delta u(kT)=K_p\{2.45e(kT)-3.5e[(k-1)T]+1.25e[(k-2)T]\}\tag{4-6}$$

式中：$\Delta u(kT)$ 为输出的变化量

通过式(4-6) 将对 T、K_p、T_i 和 T_d 四个参数的整定简化为对 K_p 一个参数的整定，从而简化了问题。

模拟式控制器采用连续 PID 算法，能够迅速、及时地对扰动做出响应；数字式控制器及计算机采用离散 PID 算法，需等待一个采样周期才做出响应，控制作用不及时。信号通过采样离散后，难免会受到某种程度的曲解，若采用等效的 PID 参数，则离散 PID 算法的控制质量不及连续 PID 算法的控制质量；而且采样周期越长，控制质量下降越快。但是数字式控制器及计算机采用离散 PID 算法时，可以通过改进 PID 算式来提高控制质量。由于 K_p、T_i、T_d 三个参数的调整范围大，这三个参数相互无关联、无干扰，因此能获得较好的控制效果。

作用方向是指输入方向发生变化后，输出方向的相应变化。当某个环节的输入增加时，其输出也增加，称该环节为“正作用”方向；反之，当某个环节的输入增加时，其输出减小，称该环节为“反作用”方向。由于控制器的输出取决于被控变量的测量值与设定值之差，因此被控变量的测量值与设定值发生变化时，对输出的作用方向是相反的。对于控制器的作用方向有以下规定：当设定值不变、被控变量测量值增加时，控制器的输出也增加，称为“正作用”方向；当测量值不变、设定值减小时，控制器的输出增加，称为“正作用”方向。反之，当设定值不变、被控变量测量值增加时，控制器的输出减小，称为“反作用”方向；当测量值不变、设定值减小时，控制器的输出减小，称为“反作用”方向。

4.2 复杂控制系统

简单控制系统解决了工业过程中的大量生产控制问题，且简单控制系统需要的自动化装置数量少，设备投资小，维修、投运和整定较简单，是生产过程自动化控制中结构较简单、应用较广泛的控制方案。党的二十大报告指出，推动制造业高端化、智能化、绿色化发展。随着生产向着大型化、复杂化方向发展，对控制系统的安全运行、操作条件、控制精度、经济效益、环境保护、控制质量等提出了更加严格的要求，简单控制系统已经不能满足生产工艺对控制质量的要求。

为适应复杂生产工艺过程的需求，需要在简单控制系统的基础上设计复杂控制系统。不同的复杂控制系统结构不同，所完成的任务也各不相同。

在工业现场，常见的复杂控制系统有串级控制系统、前馈控制系统、比值控制系统、选择性控制系统、均匀控制系统和分程控制系统等。

4.2.1 串级控制系统

串级控制系统一般由两个控制器、一个控制阀、两个变送器和两个被控对象组成。其中两个控制器串联，当前一个控制器的输出作为后一个控制器的设定值时，后一个控制器的输出则被送往控制阀。串级控制系统适用于滞后较大、干扰较剧烈、控制较频繁的过程控制场景。串级控制系统与简单控制系统有一个显著的区别，串级控制器在结构上形成了两个闭环：一个闭环在里面，称为副回路或副环，该闭环在控制过程中起着粗调的作用；另一个闭环在外面，称为主回路或主环，用来完成细调，以保证被控变量满足工艺要求。

(1) 串级控制系统的组成。

串级控制系统框图如图 4.3 所示。

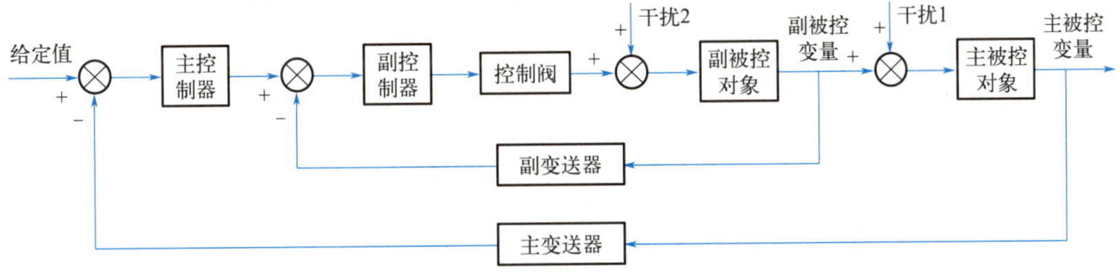

图 4.3 串级控制系统框图

串级控制系统的常用术语如下。

① 主被控变量。主被控变量大多为工业过程中的重要操作参数，是在串级控制系统中起主导作用的被控变量。使主被控变量保持平稳是控制的主要目标。

② 副被控变量。副被控变量大多为影响主被控变量的重要参数，通常是为稳定主被控变量或因某种需要而引入的中间辅助变量。

③ 主控制器。主控制器是将输出作为副被控变量设定值的控制器。主控制器在串级控制系统中起主导作用。主控制器根据主被控变量与设定值之差进行控制运算。

④ 副控制器。副控制器是输出直接作用于控制阀的控制器。副控制器在系统中起辅助作用。副控制器根据副被控变量与主控制器输出之差进行控制运算。

⑤ 主被控对象。主被控对象大多为工业过程中需要控制的对象，是由主被控变量表征其主要特性的生产设备或过程。

⑥ 副被控对象。副被控对象大多为工业过程中影响主被控变量的对象，是由副被控变量表征其特性的辅助生产设备或辅助过程。

⑦ 主变送器。主变送器是用于测量并转换主被控变量的变送器。

⑧ 副变送器。副变送器是用于测量并转换副被控变量的变送器。

⑨ 主回路。主回路是指整个串级控制系统，是由主控制器、主变送器、副回路等效环节、主被控对象组成的闭环回路，又称主环或外环。

⑩ 副回路。副回路在串级控制系统内部，是由副控制器、副变送器、控制阀和副被控对象组成的闭环回路，又称副环或内环。

串级控制系统有两个闭合回路，副回路是主回路中的一个小回路，两个回路都是具有负反馈的闭环控制系统。

（2）串级控制系统的特点。

① 能迅速克服进入副回路干扰的影响。

干扰进入副回路后，副被控变量检测到干扰的影响，并通过副回路的定值控制作用，及时调节操纵变量，使副被控变量恢复到设定值，从而减小干扰对主被控变量的影响，即副回路对干扰进行粗调，主回路对干扰进行细调，故串级控制系统能迅速克服进入副回路干扰的影响。

② 副回路优化对象特性和提高工作频率。

串级控制系统将一个控制通道较长的对象分为两级，把部分干扰放在第一级内环，并克服干扰，其他主要干扰的综合影响由外环克服，相当于提高了主控制器的对象特性，即减少了容量滞后，故串级控制系统能减小整个系统的滞后、加快系统响应、减小超调量、提升控制质量。由于减小了容量滞后，因此系统的工作频率得到了提高。

③ 对负荷的变化和操纵变量的改变有一定的自适应能力。

串级控制系统的主回路是一个定值控制系统，其副回路是一个随动控制系统。主控制器的输出随负荷或操作条件的变化而变化。由于主控制器的输出是副控制器的设定值，副控制器的设定值随负荷及操作条件的变化而变化，因此串级控制系统对负荷的变化和操纵变量的改变具有一定的自适应能力。

④ 能更精确地控制操纵变量的流量。

当副被控变量是流量且没有引入流量副回路时，控制阀的回差、阀前压力的波动都会影响操纵变量的流量，使操纵变量的流量不能与主控制器输出信号保持严格的对应关系。采用串级控制系统后，引入流量副回路，使流量测量值与主控制器输出信号一一对应，从而更精确地控制操纵变量的流量。

⑤ 可实现更灵活的操作方式。

串级控制系统可以实现串级控制、主控和副控等控制方式。其中主控方式是切除副回路，以主被控变量为被控变量的单回路控制；副控方式是切除主回路，以副被控变量为被控变量的单回路控制；因此，在串级控制系统运行过程中，若某些部件发生故障，则可通过灵活切换控制方式，减小故障对生产过程的影响。

（3）串级控制系统的应用。

串级控制系统适用于夹套反应釜温度串级控制。当反应釜内发生放热反应时，一旦反应釜内温度过高，就有可能发生事故，因此通常采用夹套水冷却的方式进行温度控制。由于反应釜温度控制要求较高，且冷却水压力、温度波动较大，因此设计了如图4.4所示的夹套反应釜温度串级控制系统。夹套反应釜温度串级控制系统有两个回路，反应釜内温度 T_1 是通过进入夹套的冷却水流量控制的。夹套反应釜温度串级控制系统框图如图4.5所示，主被控变量为反应釜内温度 T_1，副被控变量为夹套内温度 T_2。

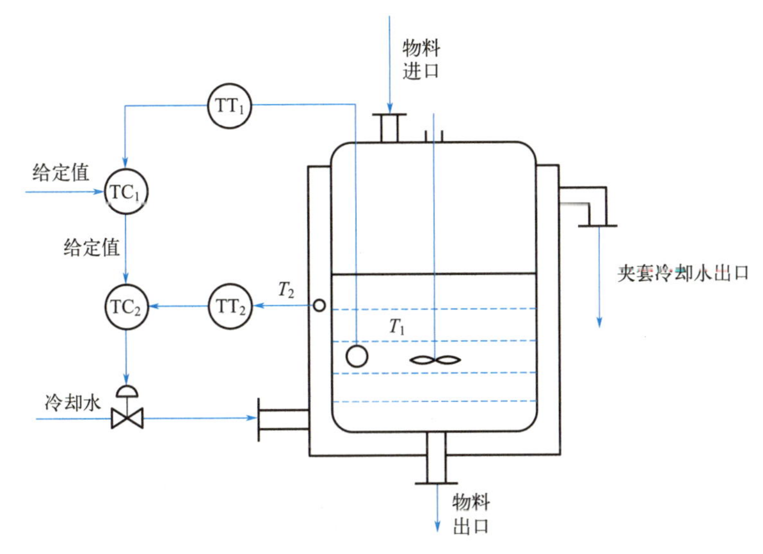

TC_1，TC_2—温度控制器；TT_1，TT_2—温度变送器。

图4.4 夹套反应釜温度串级控制系统示意图

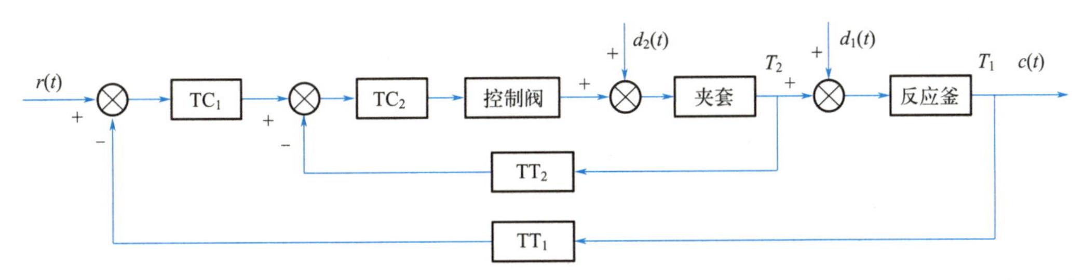

$r(t)$—反应釜的给定温度；$d_2(t)$—夹套温度干扰信号；$d_1(t)$—反应釜温度干扰信号；$c(t)$—反应釜的实际温度。

图4.5 夹套反应釜温度串级控制系统框图

当主要干扰是冷却水的温度波动时，整个串级控制系统的工作过程如下：假设冷却水的温度升高，则夹套内温度 T_2 升高，由于 TC_2 为反作用，其输出降低，因此控制阀开度增大，冷却水流量增大，可及时克服冷却水温度变化对夹套内温度 T_2 的影响，从而减小乃至消除冷却水温度波动对反应釜内温度 T_1 的影响，提高控制质量。若反应釜内温度 T_1 因某些次要因素影响（如进料流量、温度波动）而波动，则该系统也能克服。假设反应釜内温度 T_1 升高，则反作用的 TC_1 输出降低，从而使 TC_2 的设定值降低，其输出也降低，控制阀开度增大，冷却水流量增大，使反应釜内温度 T_1 降低，起到负反馈的控制作用。若主要干扰是冷却水的压力波动，则整个串级控制系统工作过程如下：假设冷却水压力增大，则冷却水流量增大，夹套内温度 T_2 降低，TC_2 的输出增大，控制阀开度减小，冷却水流量减小，从而克服冷却水压力增大对夹套内温度 T_2 的影响。

4.2.2 前馈控制系统

随着过程控制系统的发展，反馈控制存在一定局限性。它无法将扰动克服在被控变量偏离设定值之前，调节作用不及时，这在一定程度上限制了调节质量，导致反馈控制系统难以满足生产要求。此外，由于反馈控制构成了一个闭环系统，信号的传递要经过闭环中的所有储能元件，因此存在内在的不稳定因素。为了改善反馈控制不及时和不稳定问题，人们试图依据干扰量的变化来补偿其对被控变量的影响，从而使被控变量完全不受该干扰影响，故提出了前馈控制。

(1) 前馈控制系统的工作原理。

前馈控制是一种基于干扰进行控制的开环控制方法。当干扰出现后，被控变量还未受到影响时，根据干扰的性质和作用设计控制器，以补偿干扰的影响，使被控变量保持不变或基本保持不变。这种直接针对造成被控变量产生偏差的原因进行的控制称为前馈控制，又称干扰控制。由于前馈控制能及时实现对干扰的完全补偿，因此前馈控制在时间常数或滞后较大、干扰频繁的过程中，效果明显。前馈控制就是针对反馈控制总是滞后于干扰作用、控制不及时、被控过程具有滞后性等情况而设计的有效控制方法。

(2) 前馈控制的特点。

① 前馈控制比反馈控制及时，且前馈控制不受系统滞后大小的限制。

反馈控制器按照被控变量与设定值的偏差发出控制命令，以补偿干扰对被控变量的影响，而被控变量的变化又影响控制器的输入，使控制作用发生变化。反馈控制是根据干扰的变化而产生控制作用的，若能使干扰对被控变量的影响与控制作用对被控变量的影响大小相等、方向相反，就能完全补偿干扰对被控变量的影响。

反馈控制与前馈控制的检测信号和控制信号不同。反馈控制是根据被控变量与设定值的偏差进行控制的，检测的信号是被控变量，控制作用在偏差出现之后才发生；前馈控制是根据干扰的变化进行控制的，检测的信号是干扰量，控制作用在干扰作用的瞬间发生，无须等到偏差出现之后。

② 前馈控制系统属于开环控制系统。

反馈控制系统属于闭环控制系统，前馈控制系统属于开环控制系统，这是二者的基本区别。前馈控制系统作为开环控制系统，这一特性在一定程度上限制了其广泛应用。反馈控制系统是闭环控制系统，能够通过反馈检验其控制结构，而反馈控制的控制效果不通过反馈来检验。

③ 前馈控制器是一种由过程特性和干扰通道决定的专用控制器。

前馈控制器主要根据过程特性和干扰通道的特性来确定扰动补偿，故要采用专用前馈控制器（或前馈补偿装置）。对于不同的对象特性，前馈控制器的控制规律是不同的。为了完全克服干扰，干扰通过对象的干扰通道对被控变量的影响，应该与控制作用通过控制通道对被控变量的影响应大小相等、方向相反，这样才能完全补偿干扰的影响。

④ 一种前馈控制作用只能克服一种可测而不可控的干扰。

反馈控制可以通过一个控制回路克服所有对被控变量有影响的若干干扰；而前馈控制是为了克服某一种干扰对被控变量的影响而进行的补偿控制，该前馈控制无法克服其他干扰，无法补偿其他干扰。设计前馈控制系统时，必须分析干扰的特性。若干扰是可测且可控的，则只需设计一个定值控制系统即可；若干扰是不可测的，则不能进行前馈控制；若干扰是可测而不可控的，则可设计和应用前馈控制系统。

（3）前馈控制系统的适用场合。

前馈控制系统是根据干扰作用控制的，其主要应用原则有以下三点。

① 干扰幅值大且频繁，对被控变量的影响显著，仅采用反馈控制无法达到质量要求的对象。

② 主要干扰是可测且不可控的对象。

③ 当控制对象的控制通道滞后大、反馈控制不及时、控制质量差时，可采用前馈控制或前馈—反馈控制，以提高控制质量。

（4）前馈控制系统的应用。

前馈控制系统广泛应用于石油、化工、食品和制药等领域。下面以换热器为被控对象，分别进行反馈控制、前馈控制、前馈—反馈控制分析。

① 换热器反馈控制系统。

换热器反馈控制系统示意图如图 4.6 所示。在换热器反馈控制系统中，热蒸汽对物料进行加热，使得换热器的物料出口温度为某一定值。引起物料出口温度 T 产生偏差的干扰因素有物料入口流量 Q、物料入口温度、热蒸汽压力和热蒸汽温度等，其中最主要的因素是物料入口流量 Q。当物料入口流量 Q 发生变化时，物料出口温度 T 会产生偏差。

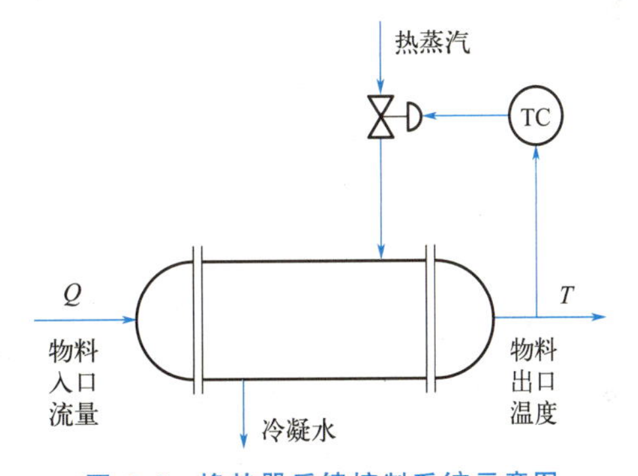

图 4.6　换热器反馈控制系统示意图

当物料入口流量 Q 发生变化时，只有在物料出口温度 T 产生偏差后，控制器才开始运作。控制器通过调节控制阀改变热蒸汽流量，从而克服干扰对物料出口温度 T 的影响，使物料出口温度维持在设定值。换热器反馈控制系统框图如图 4.7 所示。只有在干扰已经造成影响，且被控变量偏离设定值后才能产生控制信号，故控制作用不及时。尤其是在干扰频繁出现，且控制对象存在较大滞后的情况下，控制质量的提升会受到很大限制。

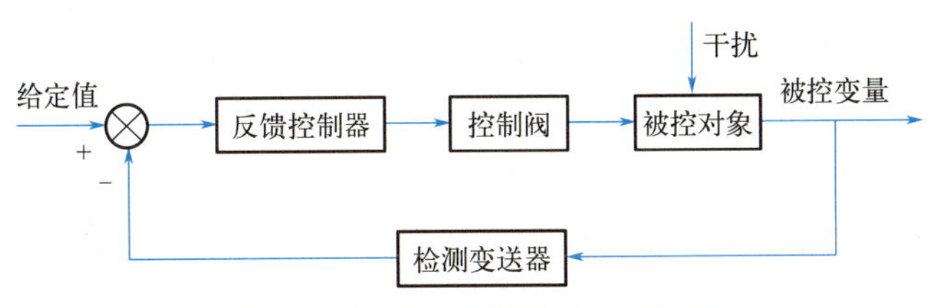

图 4.7　换热器反馈控制系统框图

② 换热器前馈控制系统。

如果已知影响换热器物料出口温度变化的主要干扰是物料入口流量的变化，为了及时克服这一干扰对物料出口温度 T 的影响，可以测量物料入口流量，根据物料入口流量的变化控制热蒸汽量。换热器前馈控制系统示意图如图 4.8 所示。当物料入口流量发生变化时，通过前馈控制器 FC 调节控制阀，可在物料出口温度 T 未发生变化时，及时对物料入口流量 Q 进行补偿。换热器前馈控制系统框图如图 4.9 所示，由图可见，前馈控制系统是开环控制系统。

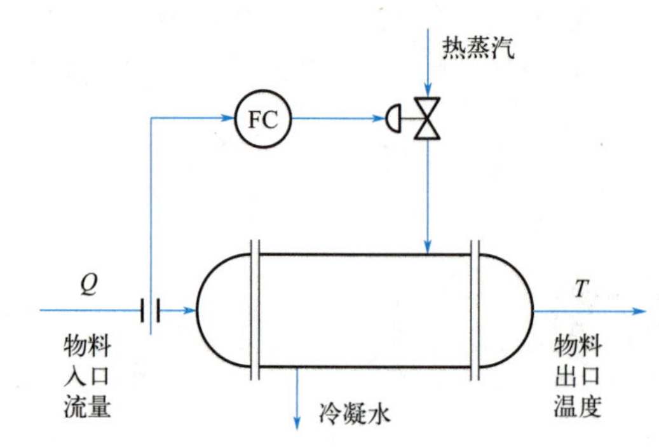

图 4.8　换热器前馈控制系统示意图

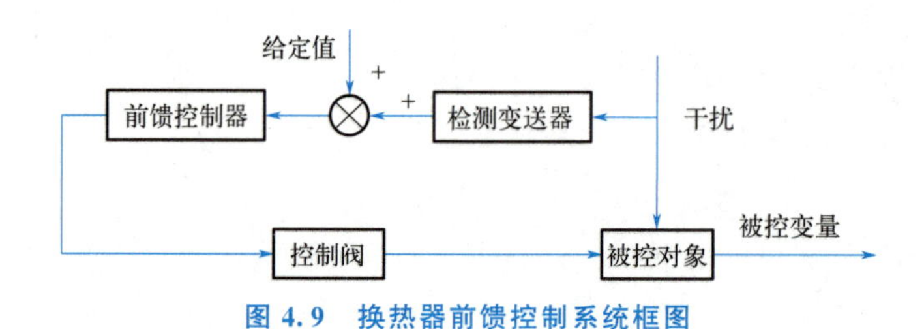

图 4.9　换热器前馈控制系统框图

③ 换热器前馈—反馈控制系统。

前馈控制与反馈控制的优缺点是相对应的，将两者组合，可以取长补短，构成前馈—反馈控制系统，前馈控制用于克服主要干扰，反馈控制用于克服其他干扰。这种系统既发挥了前馈控制及时粗调的优点，又发挥了反馈控制能克服多个干扰和具有对被控变量负反馈检测的优点，可提高控制质量。前馈—反馈控制系统适用于化工过程控制。

换热器前馈—反馈控制系统示意图如图 4.10 所示，当物料入口流量发生变化时，前馈控制器 FC 通过改变热蒸汽量进行补偿，以克服物料入口流量波动对被控变量的影响。温度控制器 TC 起反馈作用，用来克服其他干扰对被控变量的影响和前馈控制通道补偿不准确带来的偏差。前馈—反馈控制综合了前馈控制与反馈控制的优点，取长补短，共同改变热蒸汽量，使物料出口温度 T 维持在设定值。因此，前馈—反馈控制系统是一种较为理想的控制方式。

换热器前馈—反馈控制系统框图如图 4.11 所示。虽然前馈—反馈控制系统有两个控制器，但是在结构上该系统与串级控制系统完全不同。串级控制系统是由内、外两个反馈回路组成的，而前馈—反馈控制系统是由一个反馈回路和一个开环补偿回路组成的。

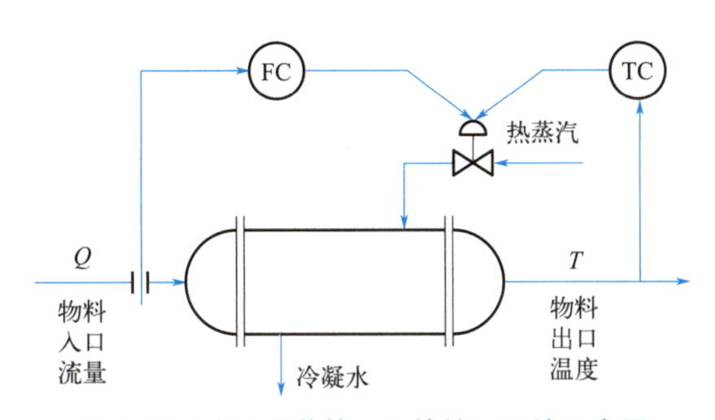

图 4.10 换热器前馈—反馈控制系统示意图

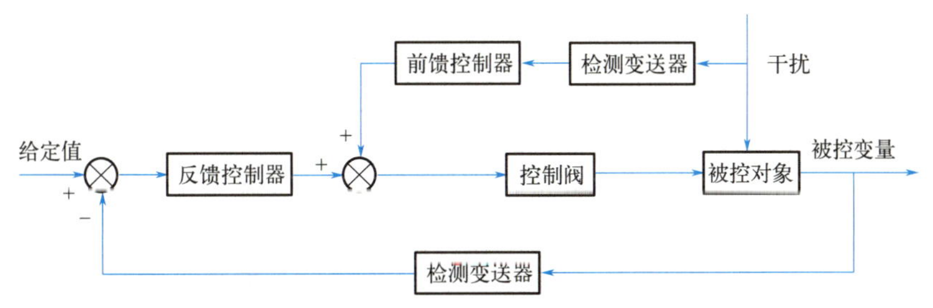

图 4.11 换热器前馈—反馈控制系统框图

从前馈控制角度进行分析，前馈—反馈控制系统增加了反馈控制，降低了对前馈控制模型的精度要求，并能对未选作前馈信号的干扰进行校正；从反馈控制角度分析，前馈—反馈控制系统的前馈控制对干扰起及时粗调作用，大大减轻了反馈控制的负担。

4.2.3 比值控制系统

在石油、化工及其他工业生产中，经常需要将两种或两种以上的物料按一定比例混合或使其发生化学反应。能够实现将两种或两种以上的物料按一定比例关系关联控制，从而达到某种控制目的的控制系统称为比值控制系统。比值控制的目的是使几种物料符合一定的比例关系，确保生产安全、正常进行。比值控制系统以功能命名，主要有开环比值控制系统、单闭环比值控制系统、双闭环比值控制系统和变比值控制系统四类。在比值控制系统中，副流量是随主流量按一定比例变化的，故比值控制系统也是一种随动控制系统。

（1）开环比值控制系统。

开环比值控制系统结构简单，只需一台纯比例控制器即可，该控制器的比例度可以根据两流量比值要求进行设定。在比值控制系统中，要使主流量 Q_A 和副流量 Q_B 成一定比例关系，即满足式(4-7)

$$r=\frac{Q_B}{Q_A} \tag{4-7}$$

式中：r 为副流量与主流量的流量比值；Q_A 为主流量；Q_B 为副流量。

开环比值控制系统示意图如图 4.12 所示。当 Q_A 发生变化时，Q_B 也将发生变化。主要通过控制器 FC 和安装在从物料管道上的控制阀控制 Q_B，使其满足 $Q_B=rQ_A$ 的要求。在一般情况下，以生产中的主物料或不可控物料的流量作为主流量，通过改变从物料或可控物料的流量（副流量）来维持它们的比例关系。在开环比值控制系统中，只能保证控制阀的开度与 Q_A 成一定的比例关系，一旦 Q_B 因控制阀两侧压力差发生变化而波动，系统就无法有效进行控制，故无法保证 Q_B 与 Q_A 的比例关系。由于这种方案对副流量 Q_B 本身无抗干扰能力，因此，开环比值控制系统只适用于副流量较平稳且对比值要求不高的场合。

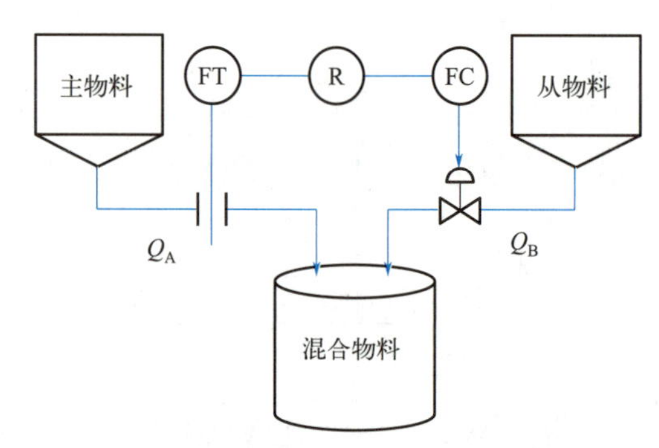

图 4.12　开环比值控制系统示意图

开环比值控制系统框图如图 4.13 所示，该系统的测量信号源于主流量 Q_A，而控制器要控制副流量 Q_B，整个系统没有构成闭环，故开环比值控制系统是一个开环控制系统。

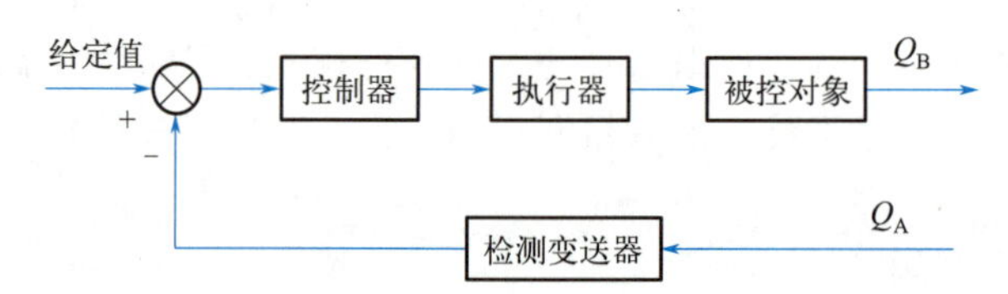

图 4.13　开环比值控制系统框图

（2）单闭环比值控制系统。

为了克服开环比值控制系统的缺点，在开环比值控制的基础上，可以在副流量对象中引入一个闭合回路，构成如图 4.14 所示的单闭环比值控制系统。单闭环比值控制系统框图如图 4.15 所示。当主流量 Q_A 发生变化时，其流量信号经检测变送器送到比值器 R，比值器按预先设定的比值系数使输出成比例变化，并将其作为副流量控制器的设定值。此时副流量调节系统是一个随动系统，Q_B 因受调节作用自动跟随 Q_A 发生变化，使系统在新的工况下保持流量比值 r 不变。当副流量克服自身干扰而发生变化时，副流量调节系统是一个定值系统，经反馈克服自身的干扰。从图 4.15 可以看出，该系统只包含一个闭环回路，故该系统被称为单闭环比值控制系统。

单闭环比值控制系统的优点是主流量与副流量的比值较为精确，单闭环比值控制系统不仅能实现副流量跟随主流量的变化而变化，而且可以克服副流量本身的变化对比值的影响。另外，由于单闭环比值控制系统结构形式简单、应用方便，因此得到了广泛应用。单闭环比值控制系统尤其适用于主物料在工艺上不允许被控制的场合。然而，虽然两流量的流量比值可以保持恒定，但由于主流量 Q_A 是可变的，因此进入的总流量是不固定的，故该控制系统不适合用于直接进入化学反应器的场合。负荷波动会给反应带来一定的影响，

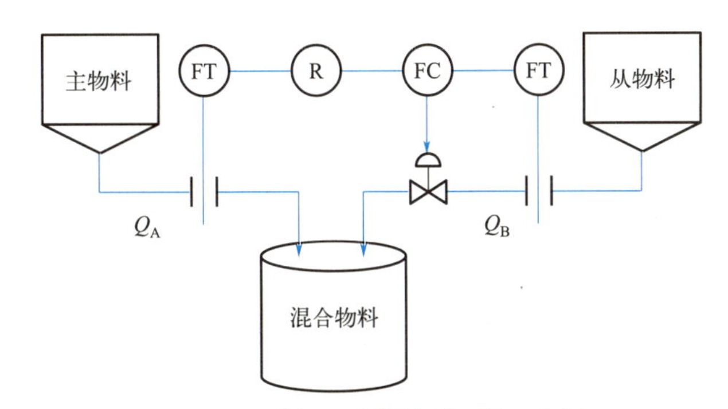

图 4.14　单闭环比值控制系统示意图

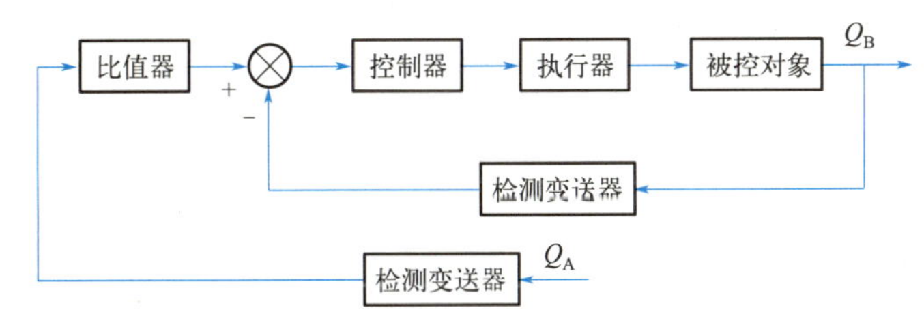

图 4.15　单闭环比值控制系统框图

可能会使整个反应器的热平衡遭到破坏，甚至造成严重事故，这是单闭环比值控制系统无法克服的一个缺点。

（3）双闭环比值控制系统。

为了使两流量的流量比值保持恒定，并让进入系统的总负荷保持平稳，可在单闭环比值控制系统的基础上增加主流量控制回路，使主流量也构成闭环回路。由于存在两个闭环回路，因此该系统被称为双闭环比值控制系统。双闭环比值控制系统示意图如图 4.16 所示。

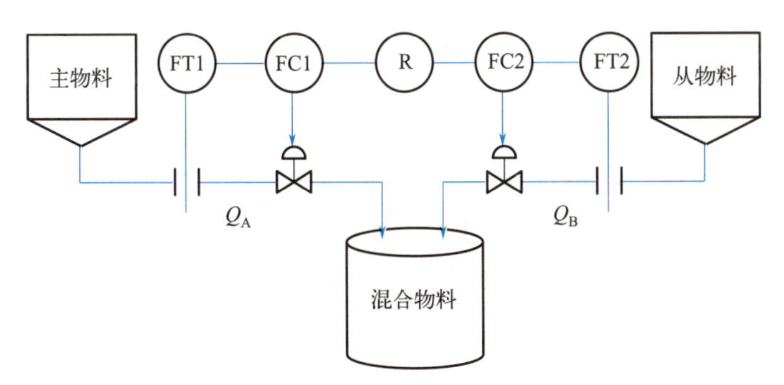

图 4.16　双闭环比值控制系统示意图

在双闭环比值控制系统中，两个闭环回路可以克服各自的外界干扰，使主流量、副流量都比较平稳。流量比值可通过比值器保持恒定，系统的总负荷也是平稳的。双闭环比值控制系统克服了单闭环比值控制系统的缺点。双闭环比值控制系统框图如图 4.17 所示。

双闭环比值控制系统还有一个优点是降负荷比较方便。只要缓慢地改变主控制器的设定值就可以改变主流量，同时，副流量会自动随主流量的变化而变化，并使流量比值保持

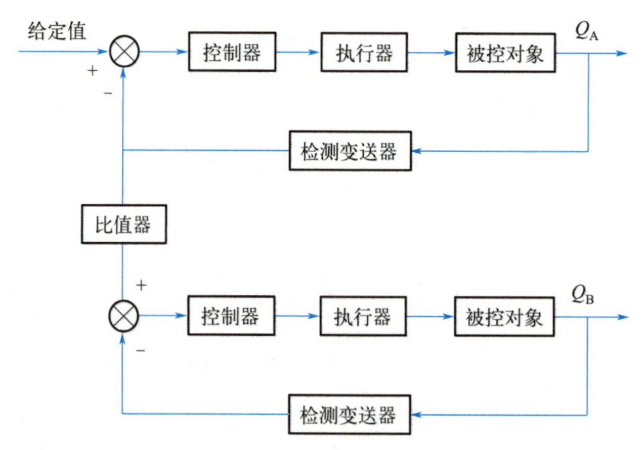

图 4.17　双闭环比值控制系统框图

不变。双闭环比值控制系统主要适用于主流量干扰频繁、工艺上不允许负荷有较大波动或经常需要升降负荷的场合；其主要缺点是结构比较复杂，仪表较多，投资高，投运和维护较复杂。在一般情况下，采用两个简单控制系统分别控制主流量和副流量也可以达到上述目的。

（4）变比值控制系统。

开环比值控制系统、单闭环比值控制系统、双闭环比值控制系统都属于定比值控制系统，控制的目的是保持主流量和副流量的比值关系为定值。但在实际生产中，维持流量比值恒定往往不是控制的最终目的，维持流量比值恒定只是保证产品质量的一种手段，而定比值控制的各种方案都只考虑了如何维持这种比值关系，而没有考虑最终的质量是否符合工艺要求。从最终质量来看，这种定比值控制方案的控制系统仍然是开环的。由于生产过程中存在很多干扰因素，因此在有些化学反应过程中，两种物料的流量比值会灵活地随第三变量的需要而变化，这就出现了变比值控制系统。

（5）比值控制系统主流量、副流量的确定。

在比值控制系统中选择主流量、副流量的一般原则如下。

① 一般选在生产过程中起主导作用的物料流量为主流量；其余物料流量以主流量为准，随主流量变化而变化，一般选该物料流量为副流量。

② 一般选在生产过程中不可控的物料流量为主流量，可控的物料流量为副流量。

③ 若选择较小的物料流量作为副流量，则控制阀就可以选得小一些，控制比较灵活。

④ 工艺上不允许控制的物料流量或生产中价格较高的物料流量可选为主流量，不仅节约成本，还可以提高产量。

当生产工艺有特殊要求时，主流量、副流量应根据具体工艺情况具体分析，从而使其满足工艺需要。

（6）比值控制方案的选择。

比值控制有多种控制方案，控制方案主要是根据工艺特点及具体情况确定的。

① 单闭环比值控制系统能使两种物料的流量比值保持恒定，该方案实施方便，但主流量变化会导致副流量变化。若工艺上仅仅要求两种物料的流量比值恒定、负荷的变化不

大，且对总的流量变化无要求，则选择单闭环比值控制方案。

② 在生产过程中，当主流量、副流量的干扰频繁，负荷变化较大，同时要保证主物料、从物料的总流量恒定时，选择双闭环比值控制方案。

③ 当生产要求两种物料的流量比值应能灵活地随第三变量的需要调节时，选择变比值控制方案。

（7）比值控制器控制规律的选择。

比值控制器的控制规律是由不同控制方案和控制要求确定的。

① 在单闭环比值控制系统中，主控制器仅接收主流量的测量信号，仅起比值控制作用，故主控制器选择比例控制规律，或采用一个比值器来达成目的；副控制器起比值控制和使副流量相对稳定的作用，故副控制器选择比例积分控制规律。

② 在双闭环比值控制系统中，控制器不仅要起比值控制作用，而且要起稳定各物料流量的作用，故两个控制器均应选择比例积分控制规律。

③ 在变比值控制系统中，主控制器选择比例积分控制规律或比例积分微分控制规律，副控制器选择比例控制规律。

4.2.4 选择性控制系统

在现代大型工业生产过程中，不仅要求控制系统能在正常情况下运行、克服外界干扰、保持生产平稳，而且必须要求当生产操作达到安全极限时，控制系统具有应变能力，能采取相应的保护措施，促使生产恢复正常，或者暂时停止生产，以防发生事故或导致事故进一步扩大。

在一般情况下，生产保护性措施由硬保护措施和软保护措施两部分组成。硬保护措施是指当生产操作达到安全极限时，报警开关接通，警灯或警铃发出报警信号。此时，操作员将控制器切换到手动控制，或者自动安全联锁系统强行切断电源，实现自动停车，待排除故障后，重新启动设备。通常，当生产达到安全极限时，专门设置的联锁保护线路使设备自动停车，从而达到保护的目的。然而，虽然硬保护措施能在生产操作达到安全极限时，起安全保护作用，但是对于连续生产过程，即使是短暂的设备停车，也会造成很大的经济损失。为了确保安全生产、减少设备停车，设计了能适应不同生产条件或异常状况的软保护措施。软保护措施是指设计一个特定的自动选择性控制系统，当生产短期内处于不正常情况时，既无须设备停车，又能对生产起自动保护作用。

在过程控制系统中，可配备一套能实现不同控制功能的控制系统。当生产操作趋向极限时，选择器选择不安全工况的控制方案，以取代正常情况下的控制方案。直到生产工况脱离极限条件，重新回到安全范围，选择器再次切换，使适用于正常工况的控制系统对生产过程进行正常控制。构成选择性控制系统的生产操作之间，必须具有一定的选择性逻辑关系，选择性控制的实现依赖具有选择功能的高值选择器、低值选择器，它们能够选出符合生产安全状况的控制信号，以实现对生产过程的自动控制。

1. 基本原理

在控制系统中引入选择器的系统都称为选择性控制系统。常用的选择器包括高值选择器和低值选择器，它们各有两个或两个以上输入信号。高值选择器把高信号作为输出，低

值选择器把低信号作为输出，其基本原理可表示为

$$\begin{cases} u_0 = \min(u_1, u_2, \cdots) \\ u_0 = \max(u_1, u_2, \cdots) \end{cases} \tag{4-8}$$

式中：u_0 为输出信号；u_1，u_2，…为输入信号。

选择性控制系统在结构上的特点是使用了选择器，故可以在两个或两个以上控制器的输出端，或在多个变送器输出端选择信号，以适应不同的工况。在有两个控制器的选择性控制系统中，这两个控制器的输出信号经过一个选择器后，被送往控制阀。其中一个控制器在正常情况下工作，称为“正常”控制器；另一个控制器在非正常情况下代替“正常”控制器运行，称为“取代”控制器。当生产过程处于正常情况时，系统在“正常”控制器的控制下运行，而“取代”控制器处于备用状态；当发生不正常情况时，选择器使原来备用的“取代”控制器自动运行，而“正常”控制器处于备用状态，直到生产恢复正常后，“正常”控制器代替“取代”控制器发挥调节作用，而“取代”控制器重新回到备用状态。

2. 选择性控制的类型

（1）选择器位于两个控制器与执行器之间。

这种类型的选择性控制系统的特点是两个控制器共用一个执行器，一个控制器处于工作状态，另一个控制器处于备用状态。该类选择性控制系统应用广泛。

（2）选择器位于变送器与控制器之间。

这种类型的选择性控制系统的特点是多个变送器共用一个控制器，其任务是实现被控变量的选点。这类系统一般有如下两种使用目的。

① 选出最高测量值或最低测量值，以满足生产需要。

② 选出可靠测量值。在某些生产过程中，采用冗余技术，安装多台检测变送器同时测量，从中选择中间测量值作为比较可靠的测量值，这个任务可通过选择器来实现。

保证某些工艺变量不超过极限值，或正确选择、表示被测变量的测量值，是选择性控制系统的主要职责；但这绝非全部，选择性控制为系统构成提供了新思路。

3. 选择性控制系统的设计

选择性控制系统在一定条件下可等效为两个或两个以上常规控制系统的组合。选择性控制系统的设计关键是合理选择选择器、确定控制器控制规律、整定控制器参数、解决控制器的抗积分饱和问题等。

（1）合理选择选择器。

选择器是选择性控制系统的重要组成部分。一般根据生产处于不正常情况下，“取代”控制器的输出信号为高测量值或低测量值来确定选择器的类型。若“取代”控制器的输出信号为高测量值，则选择高值选择器；若“取代”控制器的输出信号为低测量值，则选用低值选择器。

（2）确定控制器控制规律。

在正常工况下运行的控制器，由于有较高的控制精度和产品质量要求，因此应选用 PI 控制规律。若控制过程的容量滞后较大、控制精度要求高，则可选用 PID 控制规律。对于“取代”控制器，由于在正常生产情况下“取代”控制器处于开环备用状态，为了使工作的

控制器能在生产不正常时迅速采取有效措施，防止发生事故，一般选用P控制规律，且要求放大倍数较大。

（3）整定控制器参数。

选择性控制系统中整定控制器参数时，正常工作的控制器应与常规控制器系统相同，可采用常规控制系统的整定方法进行整定。但对于取代常规控制器工作的"取代"控制器要求则不同，希望"取代"控制器投入工作时，能输出较强的控制信号，及时起到自动保护作用，其比例度应取得小一些。如果有积分作用，积分作用就应弱一些。

（4）解决控制器的抗积分饱和问题。

控制器具有积分作用。当控制器处于开环工作状态时，如果一直存在输入偏差信号，那么受积分作用的影响，控制器的输出将不断增大或减小，直到达到输出的极限值为止，这种现象称为积分饱和。积分饱和是控制系统中的常见问题，在实际生产中危害较大，易使控制阀陷入工作死区，无法发挥控制作用，使控制精度达不到要求。

产生积分饱和的条件有三个：一是控制器具有积分作用；二是控制器处于开环工作状态，其输出没有被送往执行器；三是控制器的输入偏差信号长期存在。在选择性控制系统中，任何时候选择器只能选择两个控制器中的一个，被选中的控制器的输出被送往执行器，而未被选中的控制器处于开环工作状态；如果控制器具有积分作用，那么在长期存在偏差的条件下可能产生积分饱和。由于控制器处于积分饱和状态，控制器的输出已超出执行器的有效输入信号范围，因此当控制器在某个时刻重新被选择器选中，需要它取代另一个控制器对系统进行控制时，该控制器并不能立即发挥作用。若要使该控制器发挥作用，则必须等它退出饱和区，也就是输出慢慢返回执行器的有效输入范围，执行器才能开始动作，从而导致控制不及时，有时还会给系统带来严重的后果，甚至造成事故，故必须设法防止或克服积分饱和。除选择性控制系统会产生积分饱和现象外，只要满足产生积分饱和的三个条件，其他控制系统也会产生积分饱和问题。

为了防止在选择性控制系统中出现积分饱和，应采取一些抗积分饱和的措施。积分饱和发生的条件是具有积分作用的控制器处于开环工作状态，且一直存在偏差。根据积分饱和产生的条件，目前防止出现积分饱和的方法有限幅法、积分切除法和外反馈法等。

① 限幅法。限制积分反馈信号，使控制阀工作在设定的信号范围内，不会陷入工作死区。

② 积分切除法。当控制器处于开环工作状态时，切除控制器中的积分作用。

③ 外反馈法。由于控制器处于开环工作状态时，无法反馈控制器的偏差是过大还是过小，从而使造成积分作用的控制器不断积累偏差，因此，可采用外部信号作为控制器的反馈信号，而当外部信号不足时，输出信号自身就不会形成对偏差的积分作用。外反馈法只适用于气动控制器。

4.2.5 均匀控制系统

1. 均匀控制系统的基本原理

过程控制一般都是连续生产过程，生产设备是紧密联系在一起的。前一设备的出料往往是后一设备的进料，而后一设备的出料又源源不断地输送给其他设备作为进料。随着生产过程的进行，前后设备的操作情况也是相互关联、相互影响的。这种用来保持前后设备的两个变量在规定范围内均匀缓慢变化的系统称为均匀控制系统。

2. 均匀控制系统的特点

均匀控制系统通常同时控制液位和流量两个变量，使两个相互矛盾的变量变得协调，满足两者均在小范围内缓慢变化的工艺要求。

（1）两个被控变量在控制过程中都应该是缓慢变化的。

由于均匀控制的目的是使前后设备的物料供求均匀，因此表征前后供求矛盾的两个变量都不应该稳定在某一固定值上，而是在一定的范围内缓慢变化。

（2）前后相互联系又相互矛盾的两个变量应在允许的范围内波动。

在系统实际运行中，有时因不清楚均匀控制的设计目的，而将其转变为单一变量的定值控制；或者把两个变量都控制得很平稳，最终导致均匀控制系统控制失败。

（3）控制结构上无特殊性。

由于均匀控制系统可以是一个简单控制系统，也可以是一个串级控制系统，因此均匀控制系统是针对控制目的而言的，而不是由控制结构决定的。均匀控制系统是通过降低控制回路灵敏度来实现均匀控制的，而不是靠结构变化来实现均匀控制的。

3. 均匀控制系统的结构

均匀控制系统分为简单均匀控制系统、串级均匀控制系统和双冲量均匀控制系统三类。

（1）简单均匀控制系统。

简单均匀控制系统的优点是结构简单，操作方便，成本较低；但其控制质量较差，只适用于干扰小且控制要求较低的场合。简单均匀控制系统是通过控制器的参数整定满足控制要求的，控制器一般都采用纯比例控制规律。不能按 4∶1（或 10∶1）衰减振荡过程整定比例度，而是将比例度整定得较大，从而使控制作用减弱。图 4.18 所示为简单均匀控制系统示意图。简单均匀控制系统类似于单回路液位定值控制系统，两者的差别主要是控制器的控制规律及参数整定不同，简单均匀控制系统一般采用比例控制，有时可用比例积分控制；在参数整定上，简单均匀控制系统的比例度一般大于 100%，并且积分时间较长，以满足均匀控制要求。图 4.18 所示的简单均匀控制系统结构简单，但它对克服控制阀前后压力变化的影响及液位自衡作用的影响效果较差。

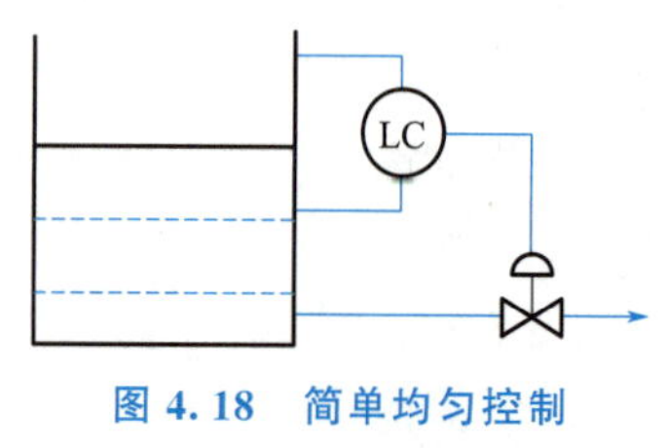

图 4.18　简单均匀控制系统示意图

（2）串级均匀控制系统。

串级均匀控制系统结构复杂，仪表较多，投运和维护成本较高，适用于控制阀前后压力干扰显著且对流量平衡要求较高的场合，其在自动化生产过程中得到较多应用。在串级均匀控制系统中，主控制器、副控制器的控制规律选择是十分重要的，要根据系统的控制要求及控制过程的具体情况选择。主控制器、副控制器一般采用比例控制规律，但要求较高时，为了防止在同向干扰的连续作用下液位超出设定值的范围而影响生产的正常运行，可适当引入积分控制规律。串级均匀控制系统也通过整定控制器参数实现两个变量相互协调的关系。在串级均匀控制系统中，参数调整的目的不是使变量尽快地回到设定值，而是要求变量在允许的范围内缓慢变化。图 4.19 所示为串级均匀控制系统示意图，该系统与典型串级控制系统完全一样，但其目的是实现均匀控制，增加副环流量控制系统的目的是消除控制阀前后压力干扰及塔釜液位自衡作用的影响。

(3) 双冲量均匀控制系统。

双冲量均匀控制系统是将两个变量的测量信号经过加法器后作为被控变量的系统。双冲量均匀控制系统具有串级均匀控制系统的优点，而且比串级均匀控制系统少一个控制器。由于双冲量均匀控制系统的主控制器比例度不可调，因此该系统只适用于生产负荷比较稳定的场合。图 4.20 所示的双冲量均匀控制系统以液位和流量两信号的差（或和）为被控变量来达到均匀控制的目的，该系统在结构上类似于前馈—反馈控制系统。

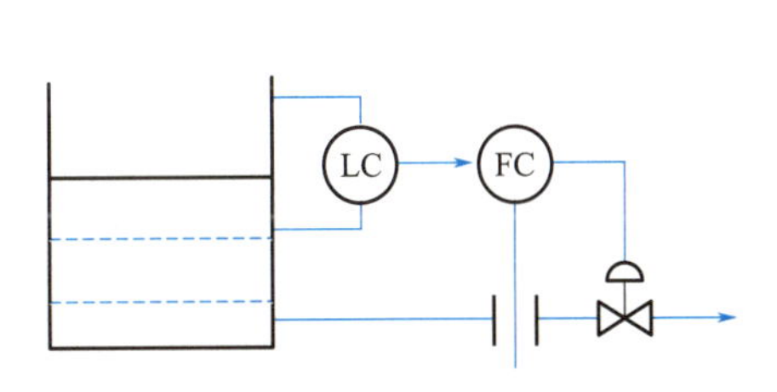

图 4.19　串级均匀控制系统示意图

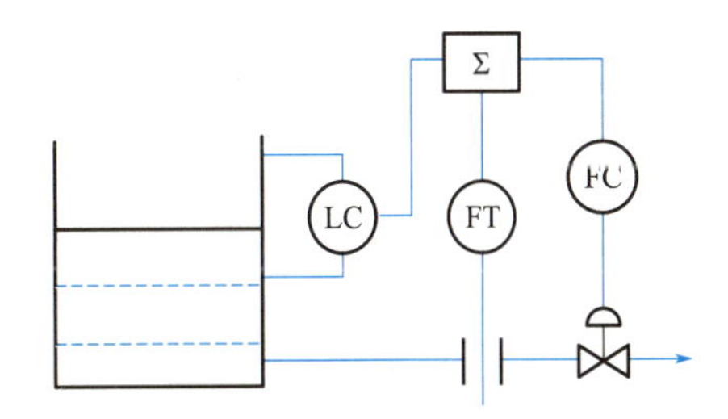

图 4.20　双冲量均匀控制系统示意图

4. 控制规律的选择及参数整定

(1) 控制规律的选择。

对于一般的简单均匀控制系统的控制器，可以选择纯比例控制规律。因为均匀控制系统控制的变量允许有一定范围的波动，且对余差无要求。纯比例控制规律简单明了，整定简单便捷，响应迅速。对于一些输入流量存在急剧变化的场合，如果要求液位在正常稳定工况下保持在设定值附近，可选用比例积分控制规律。在不同的工作负荷情况下都可以消除余差，以保证液位稳定在设定值附近。

(2) 参数整定。

简单均匀控制系统和双冲量均匀控制系统在结构上都属于简单控制系统，都可按照简单控制系统的参数整定方法整定。整定时，为了实现均匀协调控制，应注意比例度要设置得大一些，积分时间设置得更长一些。串级均匀控制系统的控制器的参数整定主要采用经验逼近法或停留时间法。

① 经验逼近法。

根据经验分别设置主控制器和副控制器的大致比例度；由小到大逐步调整副控制器的比例度；使控制过程成为缓慢的非周期衰减过程，此时，对应副控制器的比例度为最优比例度。调整副控制器比例度后，用相同方法调整主控制器的比例度，直至获得最优主控制器比例度。此外，可以根据被控对象的具体情况适当引入积分作用，防止干扰造成被控变量波动过大。

② 停留时间法。

通过调整控制器参数，使变量在被控对象的可控范围内达到所需状态的实际时间 t，t

约为被控对象时间常数 T 的一半。停留时间法的本质是按照被控对象的特性进行参数整定。

4.2.6 分程控制系统

1. 分程控制系统的基本原理

在一般的控制系统中，一台控制器的输出只控制一个控制阀动作，控制器信号驱动控制阀从完全关闭到完全打开或从完全打开到完全关闭，此时，控制器输出信号的全量程对应控制阀的全行程。然而，在实际生产过程中，有时为满足工业的特殊要求，需要控制器控制多个控制阀，故出现了分程控制。在分程控制系统中，一台控制器的输出可以同时控制两台甚至两台以上控制阀，控制器的输出信号全程被分割成两个或两个以上信号范围段，每段信号控制一台控制阀。这种由一个控制器的输出信号分别控制两个或两个以上控制阀动作的系统称为分程控制系统，分程控制系统框图如图 4.21 所示。

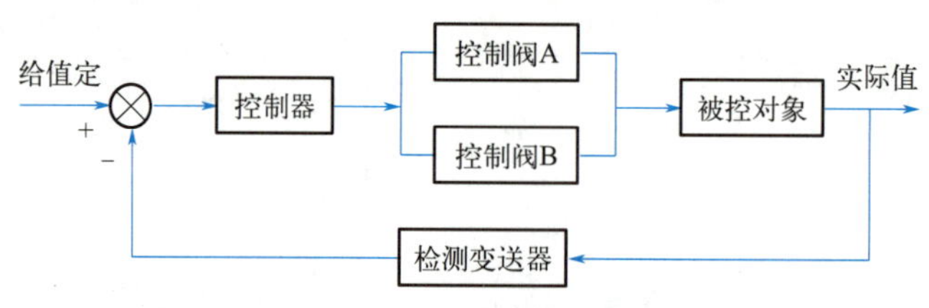

图 4.21　分程控制系统框图

2. 分程控制系统的结构

根据开闭形式的不同，分程控制系统的控制阀可分为同向动作和异向动作两种。

(1) 控制阀同向动作。

控制阀同向动作是指两个控制阀开度的变化与控制器输出的变化方向一致。随着控制器输出信号（阀压）的增大或减小，两个控制阀都逐渐增大或逐渐减小，控制阀同向动作过程特性如图 4.22 所示。其中，图 4.22(a) 所示两个控制阀均为气开阀，当控制器输出信号从 20kPa 开始增大时，阀 A 逐渐打开；当控制器输出信号增大到 60kPa 时，阀 A 完全打开，同时阀 B 开始打开；当控制器输出信号达到 100kPa 时，阀 B 完全打开。图 4.22(b) 所示两个控制阀均为气关阀，当控制器输出信号从 20kPa 开始增大时，阀 A 由完全打开状态逐渐关闭；当控制器输出信号增大到 60kPa 时，阀 A 完全关闭，阀 B 由完全打开状

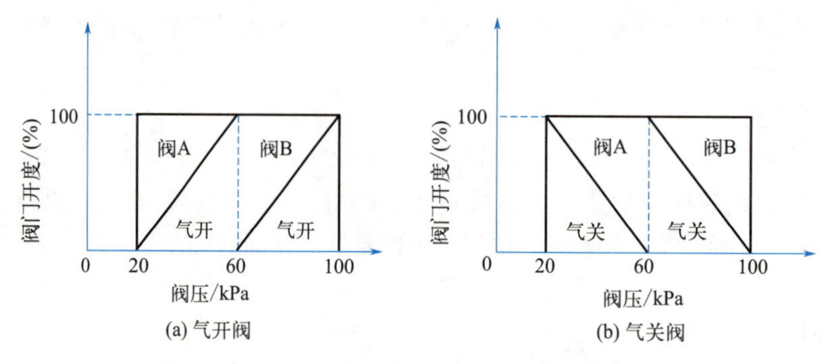

图 4.22　控制阀同向动作过程特性

态逐渐关闭；当控制器输出信号达到100kPa时，阀B完全关闭。这种情况可以扩大控制阀的可调范围，提高控制质量，使系统更合理可靠。

(2) 控制阀异向动作。

控制阀异向动作是指两个控制阀随控制器输出逐渐增大或减小，其中一个控制阀开大或关小，另一个控制阀随之逐渐关小或开大。控制阀异向动作过程特性如图4.23所示。其中，图4.23(a)所示阀A为气开阀、阀B为气关阀，当控制器输出信号从20kPa开始增大时，阀A由完全关闭状态逐渐打开；当控制器输出信号增大到60kPa时，阀A完全打开，阀B由完全打开状态逐渐关闭；当控制器输出信号达到100kPa时，阀B完全关闭。图4.23(b)所示阀A为气关阀，阀B为气开阀，当控制器输出信号从20kPa增大时，阀A由完全打开状态逐渐关闭；当控制器输出信号增大到60kPa时，阀A完全关闭，同时阀B由完全关闭状态逐渐打开；当控制器输出信号达到100kPa时，阀B完全打开。

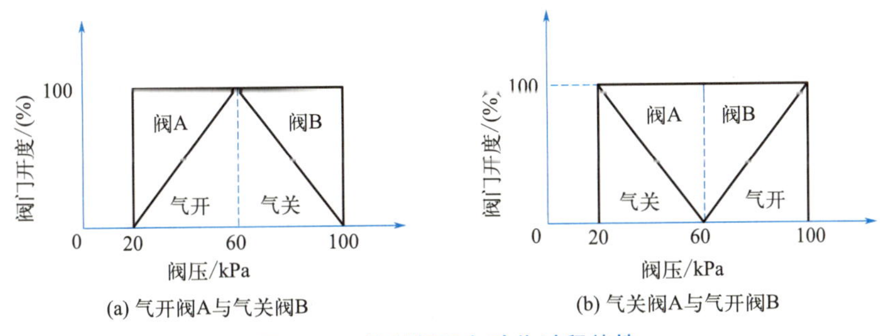

图4.23 控制阀异向动作过程特性

3. 分程控制系统的特点

分程控制系统在工业生产中应用广泛，其设计及应用具有以下特点。

(1) 提高控制阀的可调比，扩大控制阀的可调范围，能有效提高控制质量。

(2) 可以控制两种介质，以满足工艺生产的特殊要求。

(3) 可用作生产安全的保护措施。

4. 分程控制系统的设计

分程控制系统属于简单控制系统，它与简单控制系统的主要区别是分程控制系统的控制器输出信号需要分程，控制阀较多。

(1) 确定分程信号。

在分程控制的过程中，控制器输出信号分段是由生产工艺要求决定的。

(2) 选择控制阀特性。

① 根据工艺需求选择控制阀同向动作或异向动作。

② 不能忽视控制阀的泄漏量。必须保证在控制阀完全关闭时不发生泄漏或泄漏量极小。当大阀和小阀并联时，大阀的泄漏量一定要小，否则小阀不能充分发挥扩大可调范围的作用。

③ 正确选择控制阀流量特性。

(3) 选择控制器控制规律和参数整定。

分程控制系统属于简单控制系统，其控制器控制规律的选择和参数整定，可参考简单控制系统。但在分程控制系统中，当两个控制通道特性不完全相同，控制器参数不能同时满足两个对象特性的要求时，只能确保在正常情况下满足被控对象的特性，从而完成控制器参数的整定；而对另一个阀的操作要求，只需在工艺允许的范围内即可。

综上所述，分程控制系统可以扩大控制阀的可调范围，但必须注意由此产生的问题。由于组成分程控制系统的两个控制阀的流通能力一般不同，导致了其总流量特性在分程交接及分程点处非平滑过渡，不利于系统的平稳运行，因此在分程控制系统设计过程中，可通过连续分程法或间接分程法合理设置分程点，尽量使总流量特性在分程点处不发生突变。

习题

1. 串级控制系统中的主回路和副回路各起什么作用？分别应用于什么场合？
2. 前馈控制系统的特点是什么？前馈控制系统与反馈控制系统有哪些区别？
3. 什么是比值控制系统？比值控制系统包含哪几种类型？
4. 什么是选择性控制系统？选择性控制系统应用于什么场合？
5. 什么是均匀控制系统？均匀控制系统应用于什么场合？

【在线答题】

第5章

基于S7－1200 PLC的过程装备控制实训项目开发

☞本章教学要求

<table>
<tr><td rowspan="2">教学目标</td><td>知识目标</td><td>1. 掌握利用TIA博途软件对过程装备控制实训系统进行软件、硬件组态和项目开发。
2. 熟悉利用组态王软件开发过程装备控制实训系统的上位机组态界面。
3. 掌握过程装备控制实训设备开车和停车所具备的条件及流程。
4. 掌握过程装备控制实训项目的操作流程和注意事项</td></tr>
<tr><td>能力目标</td><td>1. 熟练运用TIA博途软件对实训项目进行组态、编程和在线仿真。
2. 熟练运用组态王软件开发控制系统上位机组态界面。
3. 熟练操作过程装备控制实训设备，并能解决常见的故障问题</td></tr>
<tr><td colspan="2">教学内容</td><td>1. S7－1200PLC软件、硬件组态。
2. 上位机组态界面开发。
3. 实训开车准备。
4. 进料流量比值控制实训项目操作。
5. 反应釜温度简单控制实训项目操作。
6. 反应釜温度串级控制实训项目操作。
7. 反应釜压力分程控制实训项目操作。
8. 反应釜液位控制实训项目操作。
9. 塔器进料流量简单控制实训项目操作。
10. 塔器液位控制实训项目操作。
11. 塔器进气流量和进气压力控制实训项目操作。
12. 实训停车</td></tr>
<tr><td colspan="2">重点、难点及解决方法</td><td>1. 利用TIA博途软件开发过程装备控制实训项目。设计单个实训项目的控制系统，边讲解边操作，待完成所有实训项目的控制系统开发后，再进行系统集成。
2. 过程装备控制实训项目的PLC操作流程。边讲解边演示单个实训项目操作流程，随后让学生动手操作练习。学生在熟悉所有实训项目的操作流程后，独立进行整套实训设备操作</td></tr>
<tr><td colspan="2">建议学时</td><td>8学时</td></tr>
</table>

【拓展视频】

工艺流程图是用来表达生产工艺流程的。设计并绘制工艺流程图是工艺人员进行工艺设计的主要内容，工艺流程图也是进行工艺安装和指导生产的重要技术文件。过程装备控制实训工艺流程图如图 5.1 所示。

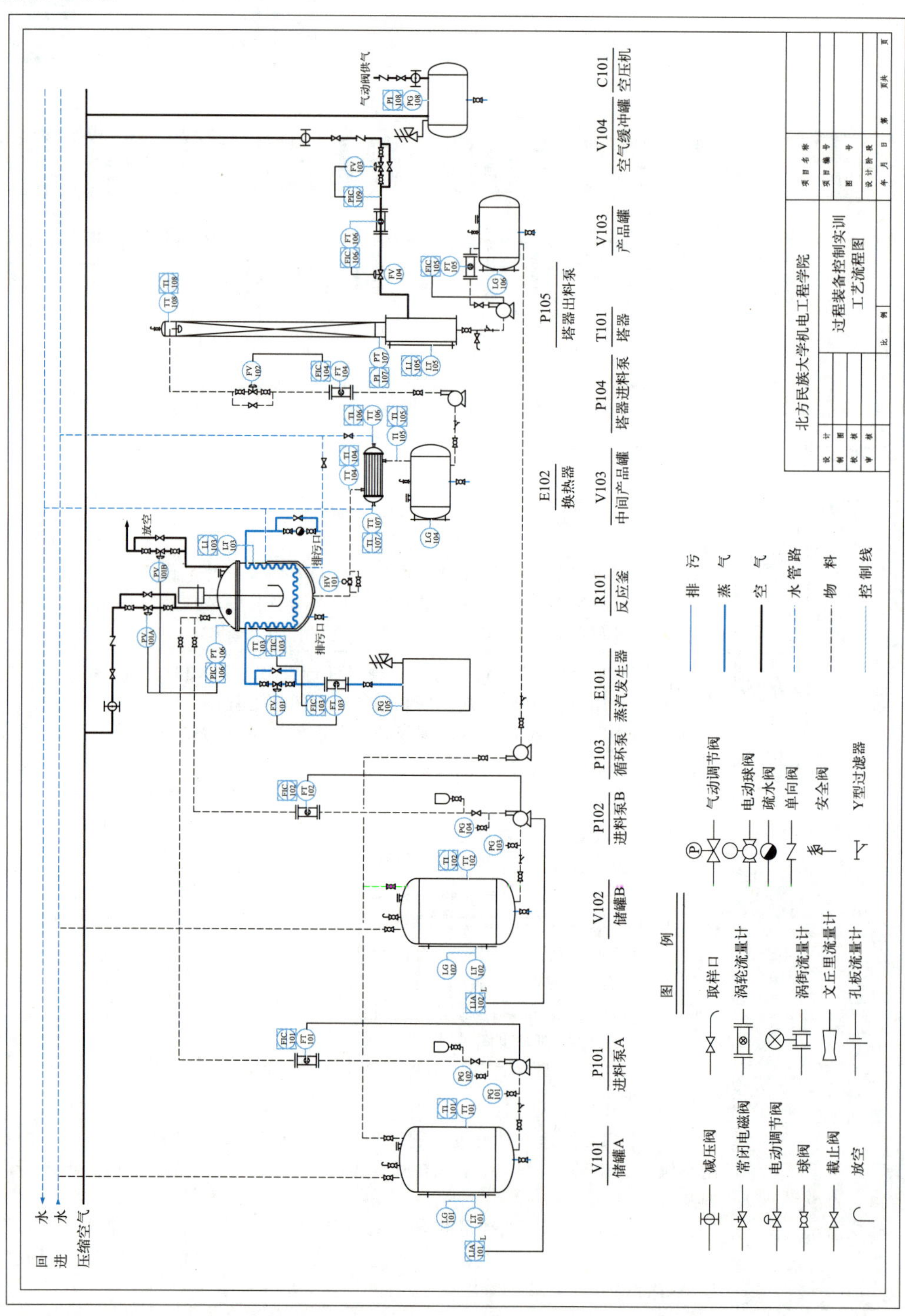

图 5.1　过程装备控制实训工艺流程图（请顺时针转 90°查看）

5.1 S7-1200 PLC软件、硬件组态

在“项目树”的“设备”栏中，选择“添加新设备”→“控制器”→“SIMATIC S7-1200”选项，CPU选择“CPU 1214C AC/DC/Rly”，继续选择“订货号”和“版本”，单击“确定”按钮，得到PLC主机组态视图（图5.2）。

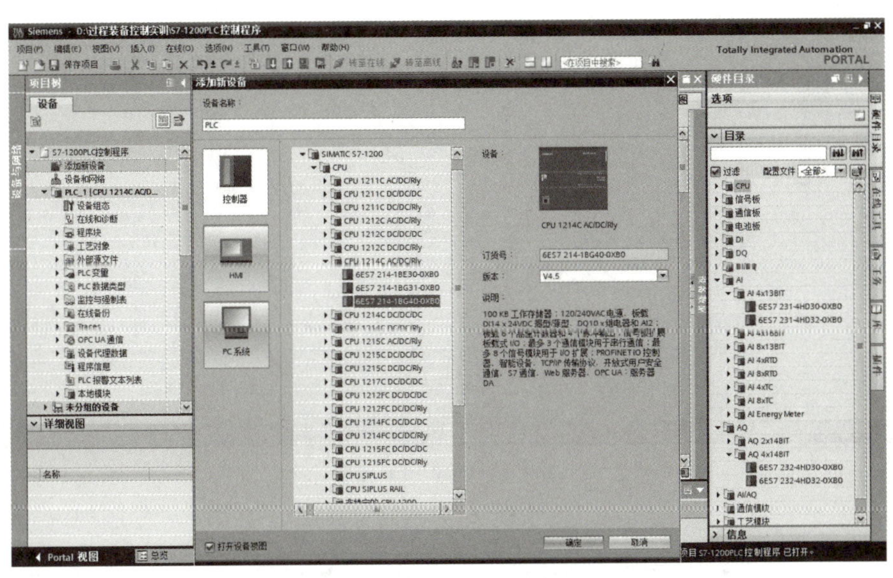

图5.2 PLC主机组态视图

在硬件目录的“目录”栏中，选择三个模拟量输入模块“AI 4×13BIT”和三个模拟量输出模块“AQ 4×14BIT”，构成PLC控制系统硬件，其设备组态视图如图5.3所示。

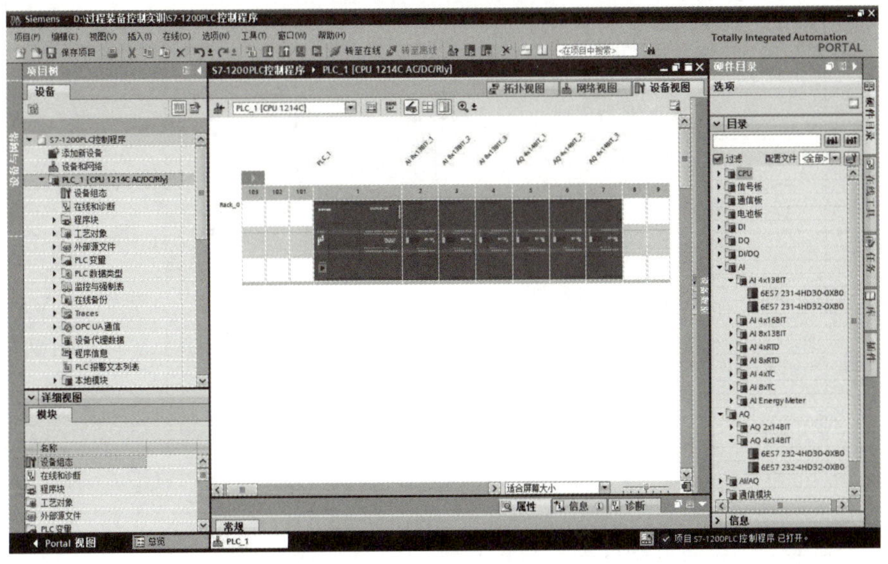

图5.3 PLC控制系统硬件的设备组态视图

在“项目树”的“设备”栏中，选择“PLC 变量”→“添加新变量表”选项，逐个添加程序中能用到的变量（图 5.4）。PLC 输入变量见表 5－1，PLC 输出变量见表 5－2。

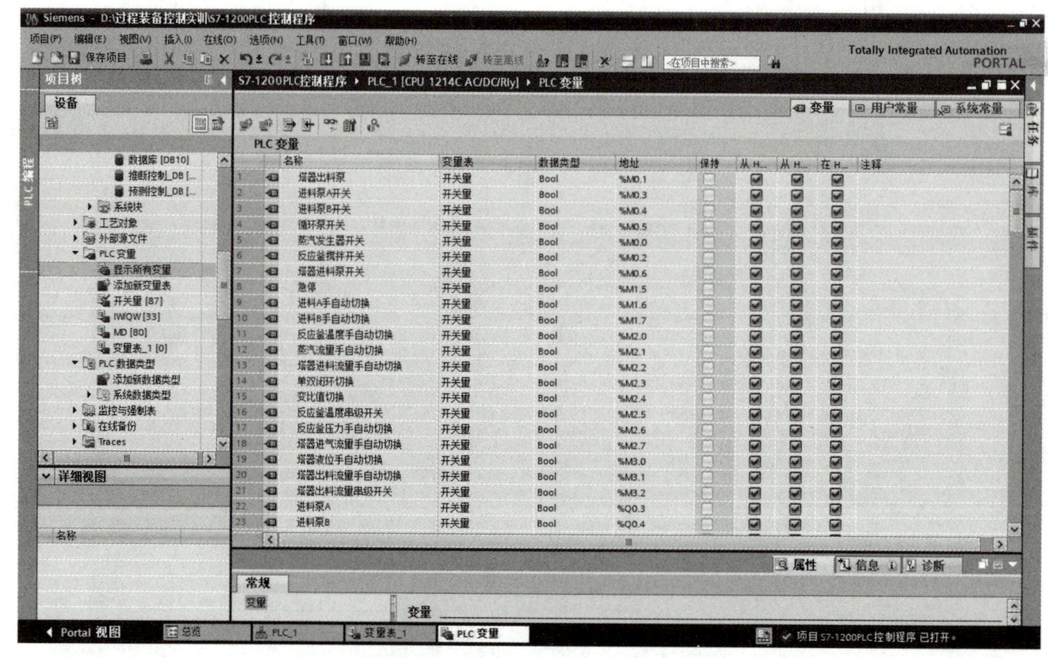

图 5.4　新建 PLC 变量

表 5－1　PLC 输入变量

序号	名称	类型	地址
1	进料 A 流量码值	Int	%IW96
2	进料 B 流量码值	Int	%IW98
3	塔器进料流量码值	Int	%IW100
4	塔器出料流量码值	Int	%IW102
5	塔器进气流量码值	Int	%IW104
6	塔器液位码值	Int	%IW106
7	原料 A 液位码值	Int	%IW108
8	原料 B 液位码值	Int	%IW110
9	反应釜压力码值	Int	%IW112
10	反应釜温度码值	Int	%IW114
11	热流体出口温度码值	Int	%IW116
12	热流体进口温度码值	Int	%IW118
13	冷流体出口温度码值	Int	%IW120
14	冷流体进口温度码值	Int	%IW122
15	蒸汽流量码值	Int	%IW124

续表

序号	名称	类型	地址
16	塔器温度码值	Int	%IW126
17	原料 B 温度码值	Int	%IW128
18	原料 A 温度码值	Int	%IW130
19	塔器压差码值	Int	%IW132
20	缓冲罐压力码值	Int	%IW134
21	反应釜液位码值	Int	%IW136
22	塔器空气压力控制码值	Int	%IW138

表 5-2　PLC 输出变量

序号	名称	类型	地址
1	蒸汽发生器	Bool	%Q0.0
2	出口辅助泵	Bool	%Q0.1
3	反应釜搅拌	Bool	%Q0.2
4	进料泵 A	Bool	%Q0.3
5	进料泵 B	Bool	%Q0.4
6	循环泵	Bool	%Q0.5
7	塔器进料泵	Bool	%Q0.6
8	进料 A 流量控制输出	Int	%QW144
9	进料 B 流量控制输出	Int	%QW146
10	塔器进料流量控制	Int	%QW148
11	塔器出料流量控制	Int	%QW150
12	塔器进气压力控制	Int	%QW152
13	充气压力控制	Int	%QW154
14	反应釜温度流量输出	Int	%QW156
15	反应釜液位控制输出	Int	%QW158
16	放空压力控制	Int	%QW160
17	塔器进气流量控制输出	Int	%QW162

在“项目树”的“设备”栏中，选择“程序块”→“添加新块”选项，在弹出的“添加新块”对话框中依次添加反应釜进料控制 OB、反应釜温度控制 OB、反应釜压力控制 OB、反应釜液位控制 OB、空气入塔流量控制 OB、量程换算、吸收塔进料控制 OB 和吸收塔液位控制 OB 八个组织块，如图 5.5 所示。

(1) 反应釜进料控制 OB 程序（部分）。

程序段 1：进料 A 流量 PID 控制（图 5.6）。

图 5.5　添加新块

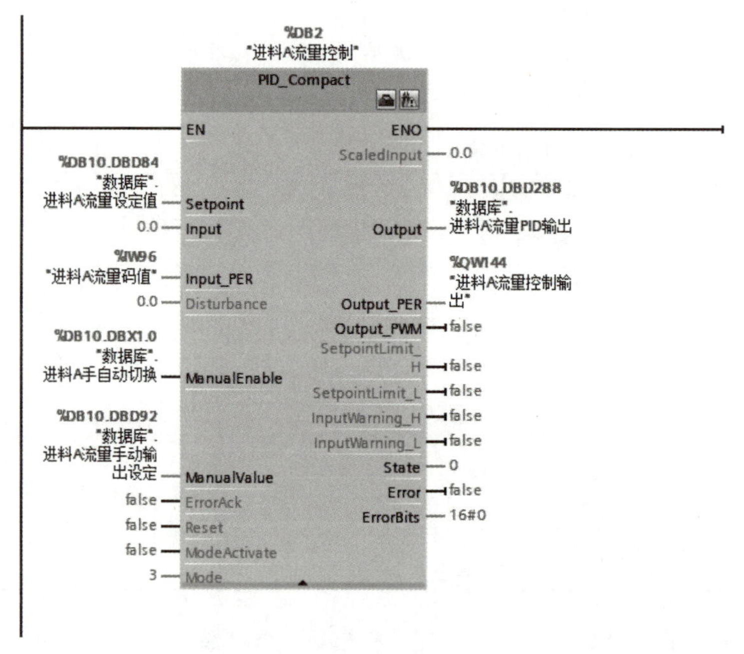

图 5.6　进料 A 流量 PID 控制

程序段 3：进料 B 流量 PID 控制（图 5.7）。

(2) 反应釜温度控制 OB 程序（部分）。

程序段 1：反应釜温度 PID 控制（图 5.8）。

程序段 3：蒸汽流量 PID 控制（图 5.9）。

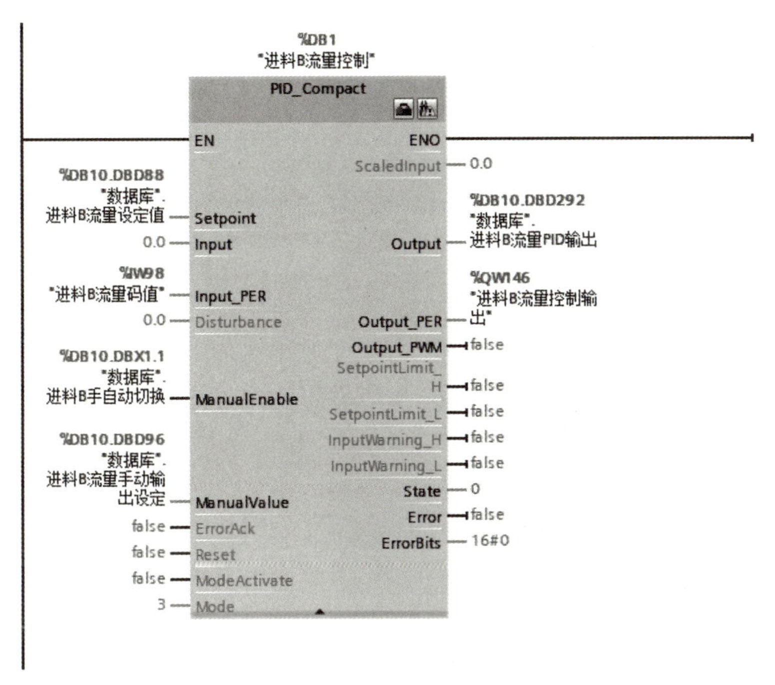

图 5.7 进料 B 流量 PID 控制

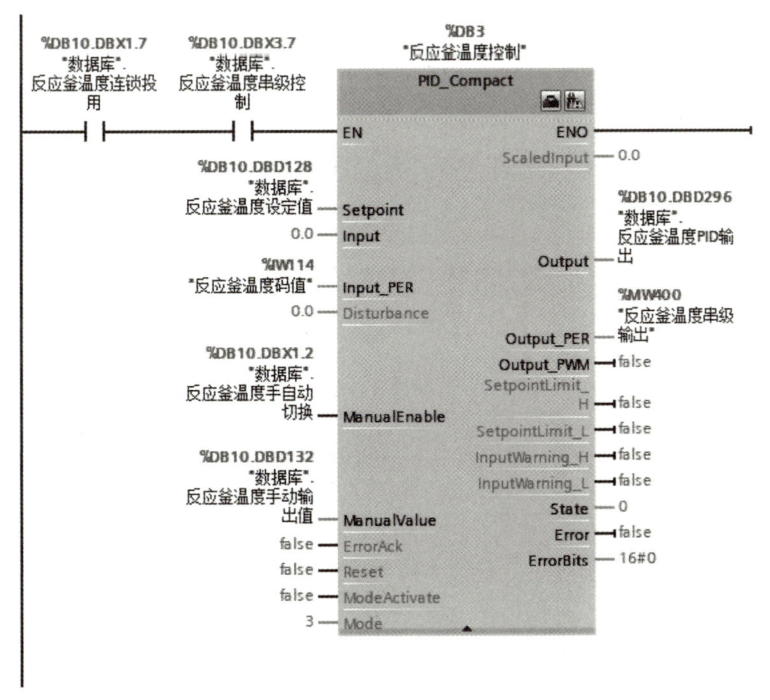

图 5.8 反应釜温度 PID 控制

(3) 反应釜压力控制 OB 程序（部分）。

程序段 1：反应釜进气阀 PID 控制（图 5.10）。

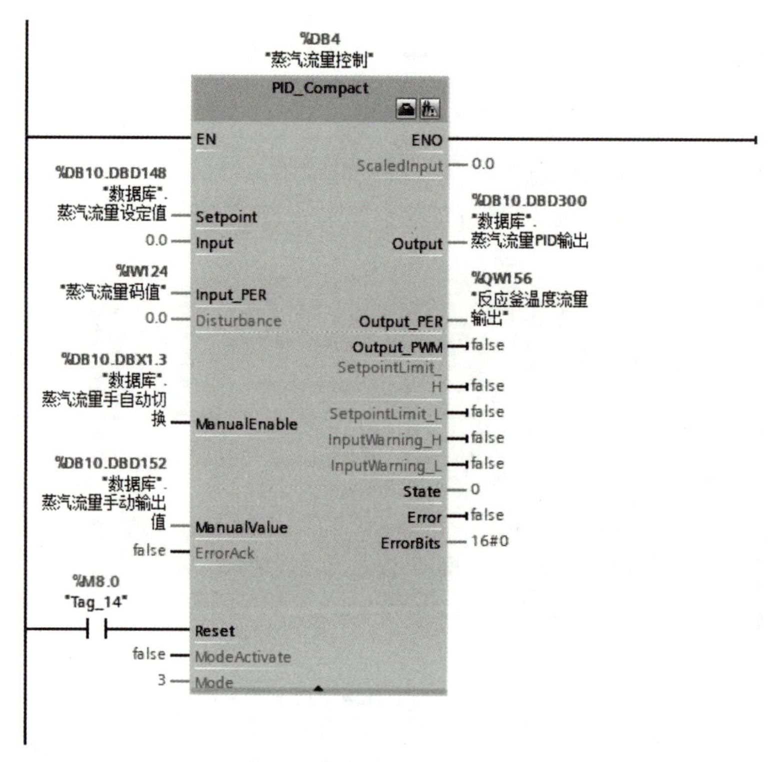

图 5.9　蒸汽流量 PID 控制

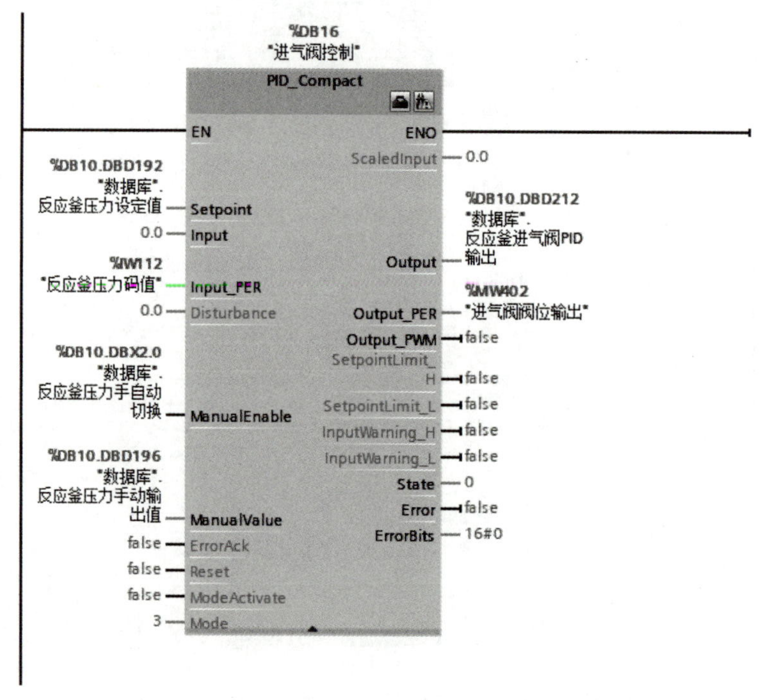

图 5.10　反应釜进气阀 PID 控制

程序段 2：反应釜放空阀 PID 控制（图 5.11）。

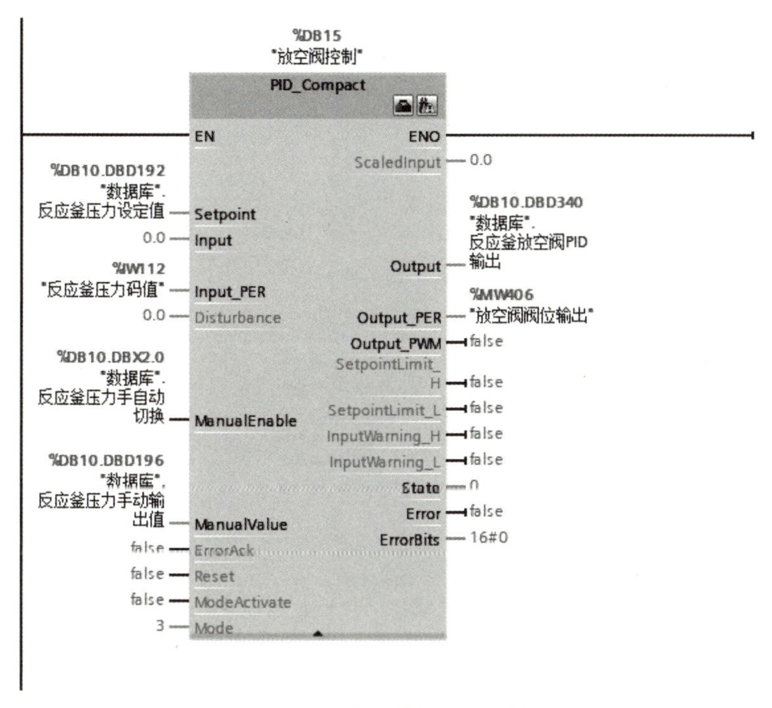

图 5.11　反应釜放空阀 PID 控制

（4）反应釜液位控制 OB 程序（部分）。

程序段 1：反应釜液位控制（图 5.12）。

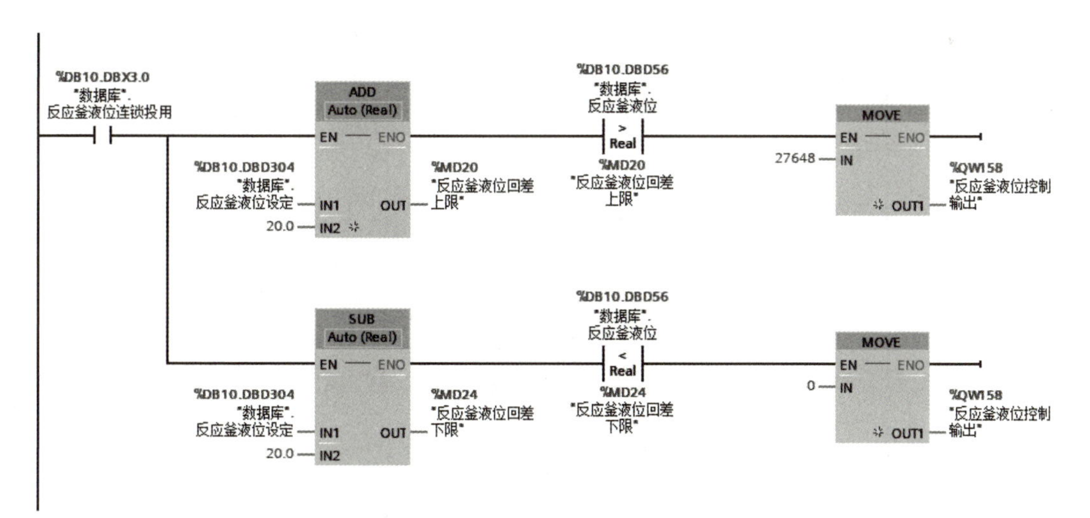

图 5.12　反应釜液位控制

（5）空气入塔流量控制 OB 程序（部分）。

程序段 1：空气入塔流量 PID 控制（图 5.13）。

程序段 3：进气压力 PID 控制（图 5.14）。

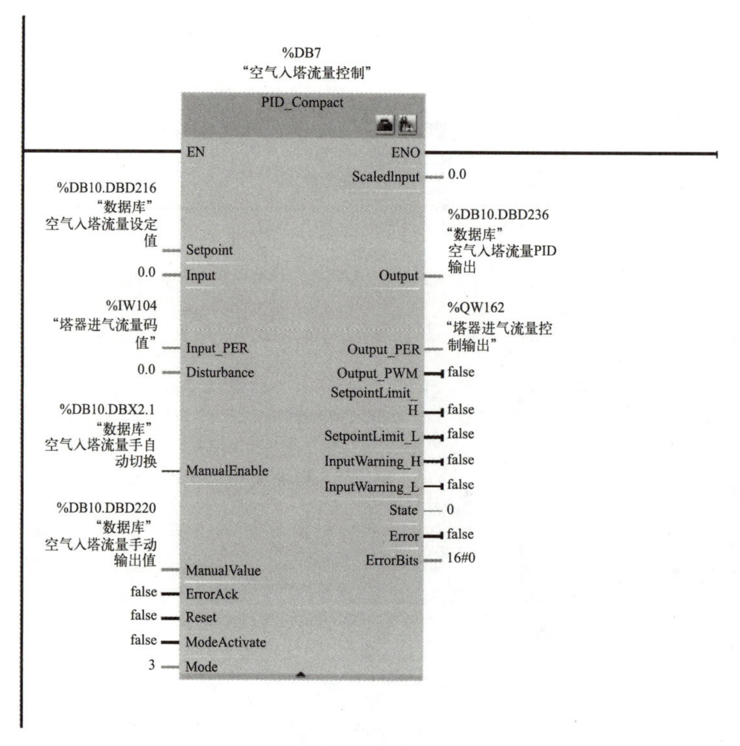

图 5.13　空气入塔流量 PID 控制

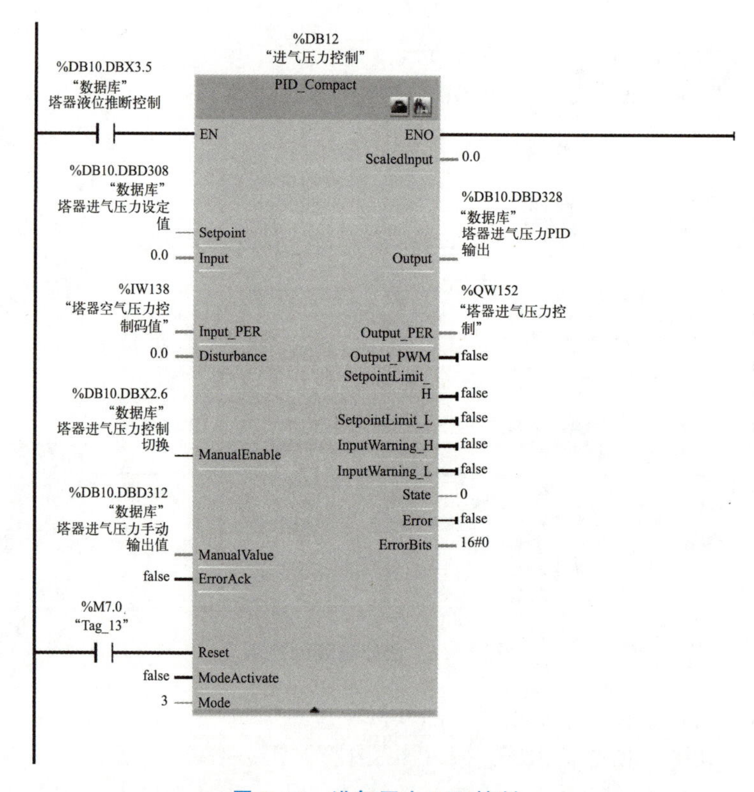

图 5.14　进气压力 PID 控制

(6) 量程换算程序（部分）。

程序段3：量程设定（图5.15）。

(7) 吸收塔进料控制OB程序（部分）。

程序段：入塔流量PID控制（图5.16）。

(8) 吸收塔液位控制OB程序（部分）。

程序段1：塔器液位PID控制（图5.17）。

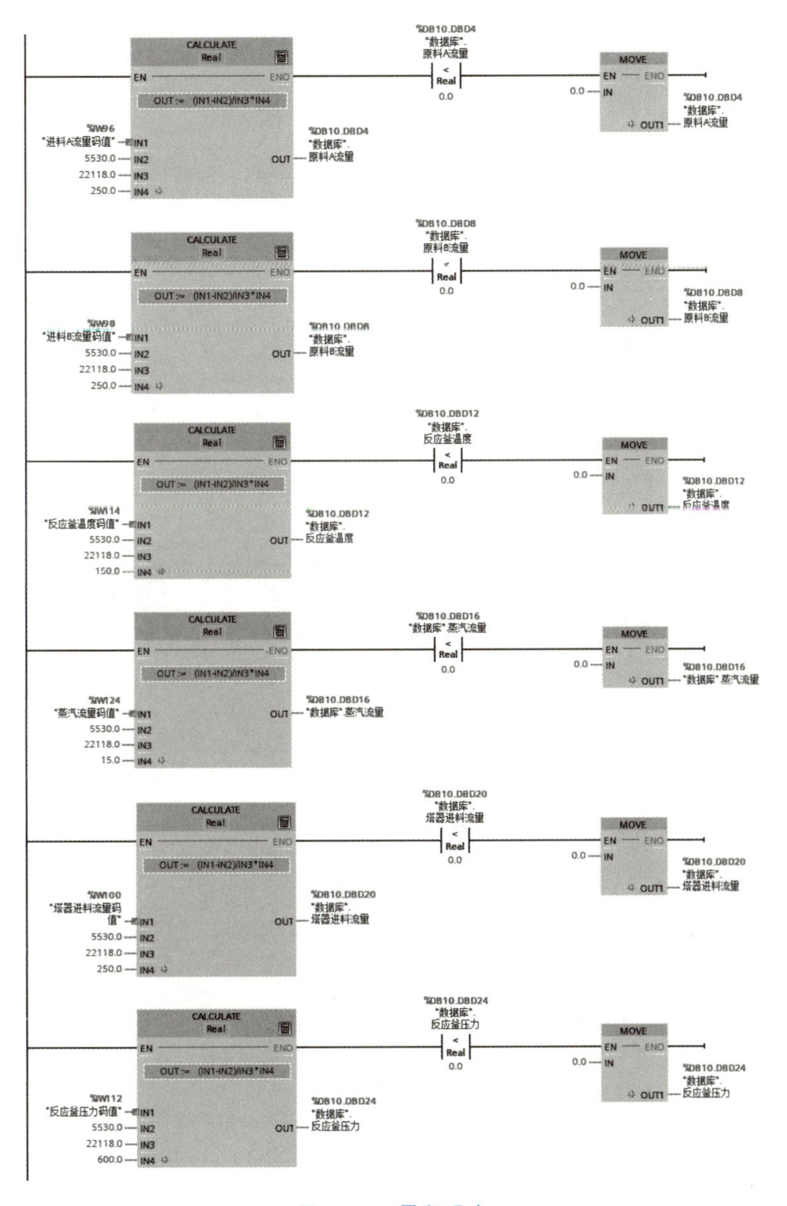

图5.15 量程设定

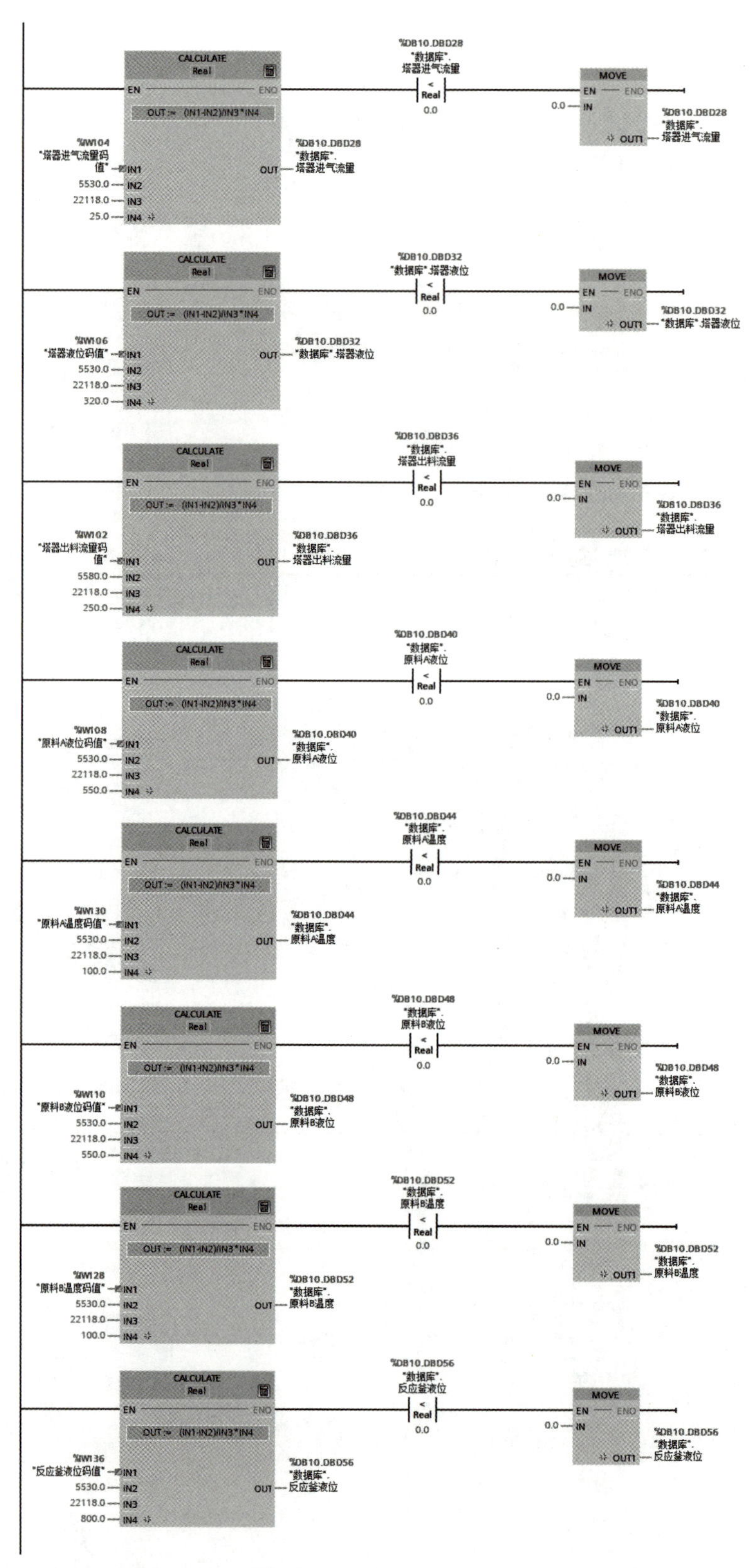
CALCULATE
Real
EN
ENO
OUT := (IN1-IN2)/IN3*IN4
%IW104
"塔器进气流量码值"
IN1
5530.0
IN2
22118.0
IN3
25.0
IN4
OUT
%DB10.DBD28
"数据库".
塔器进气流量
<
Real
0.0
MOVE
IN
OUT1
%IW106
"塔器液位码值"
320.0
%DB10.DBD32
"数据库".塔器液位
%IW102
"塔器出料流量码值"
5580.0
250.0
%DB10.DBD36
"数据库".
塔器出料流量
%IW108
"原料A液位码值"
550.0
%DB10.DBD40
"数据库".
原料A液位
%IW130
"原料A温度码值"
100.0
%DB10.DBD44
"数据库".
原料A温度
%IW110
"原料B液位码值"
%DB10.DBD48
"数据库".
原料B液位
%IW128
"原料B温度码值"
%DB10.DBD52
"数据库".
原料B温度
%IW136
"反应釜液位码值"
800.0
%DB10.DBD56
"数据库".
反应釜液位

图 5.15 量程设定（续）

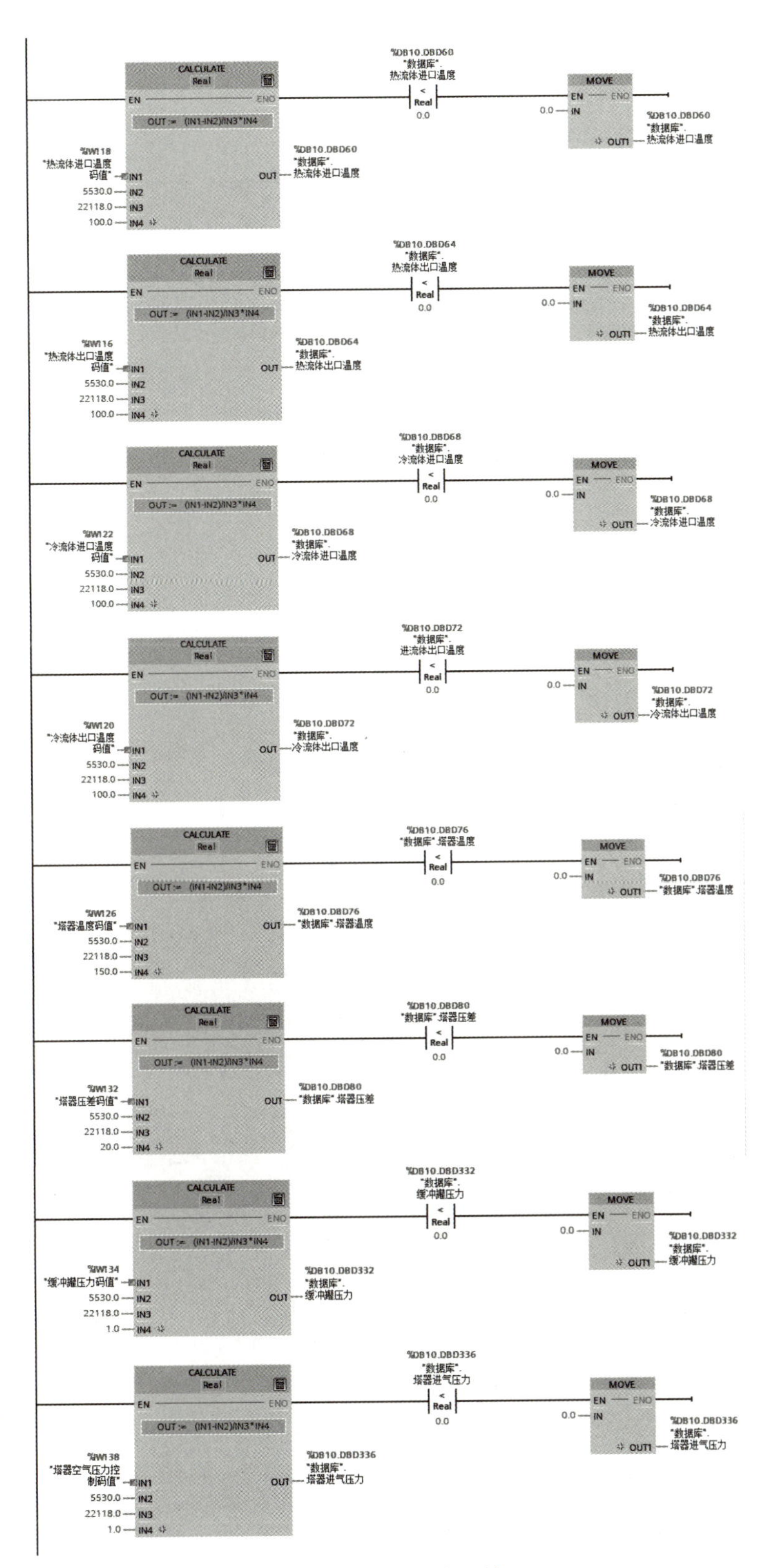

图 5.15 量程设定（续）

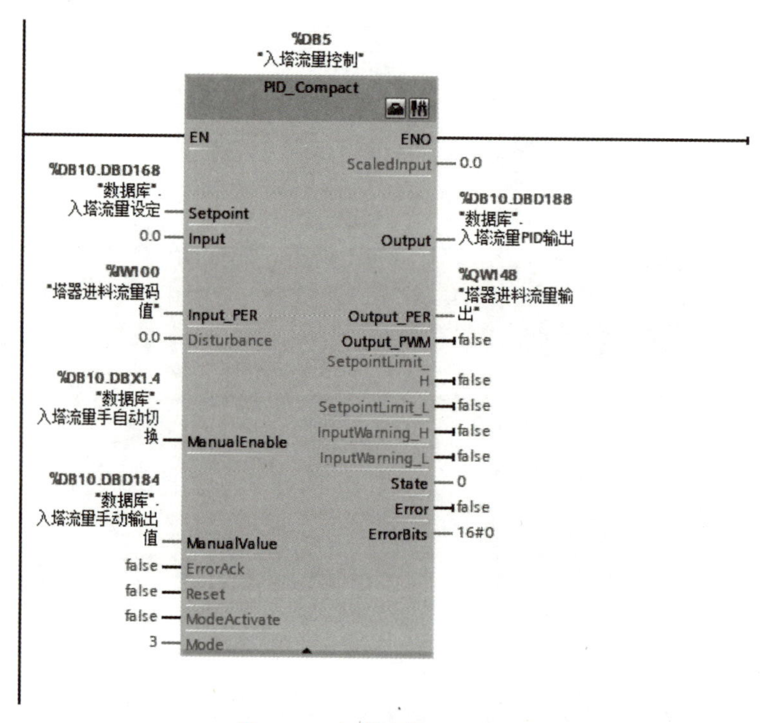

图 5.16　入塔流量 PID 控制

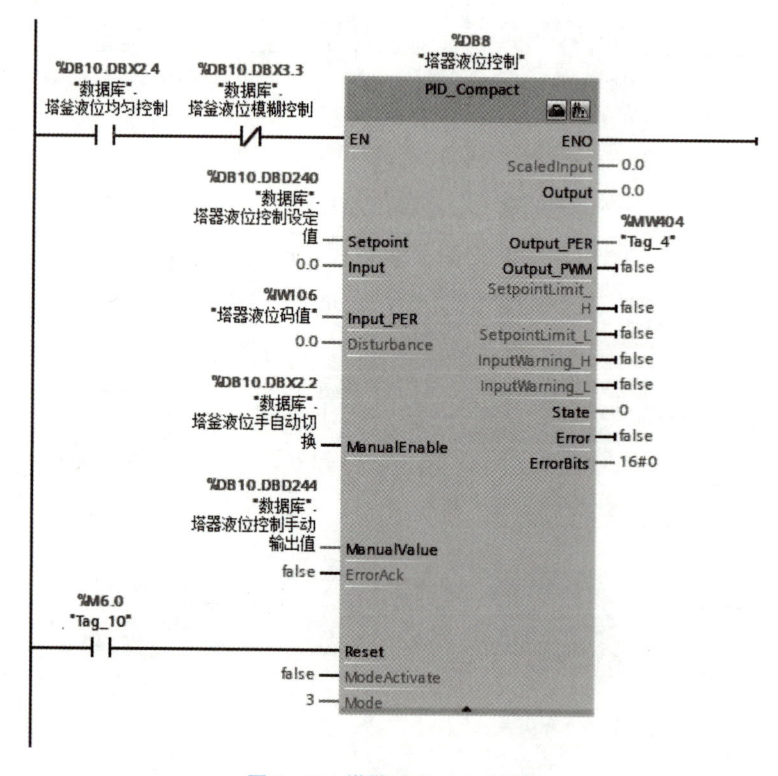

图 5.17　塔器液位 PID 控制

程序段 2：出口流量 PID 控制（图 5.18）。

PLC 硬件接线图（输入部分）如图 5.19 所示，PLC 硬件接线图（输出部分）如图 5.20 所示。

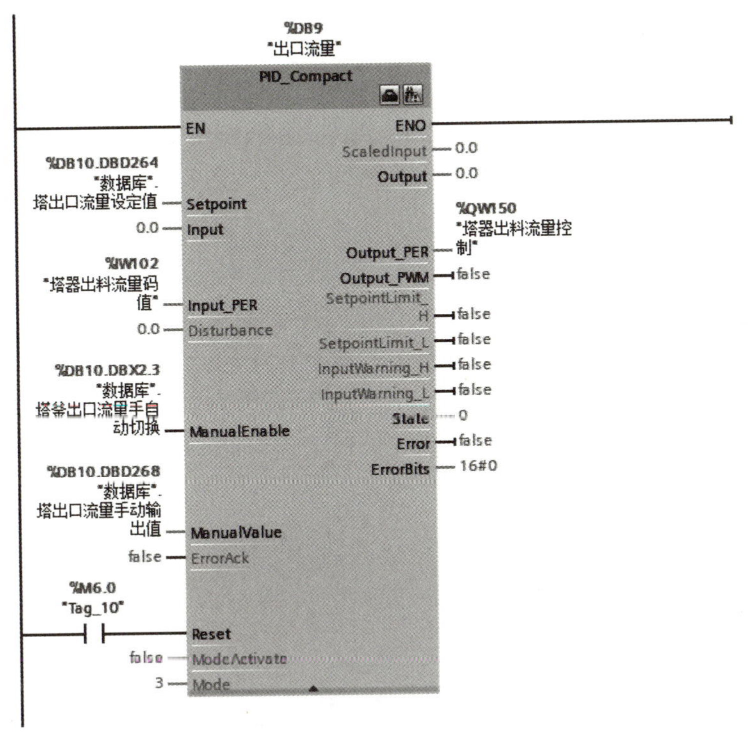

图 5.18　出口流量 PID 控制

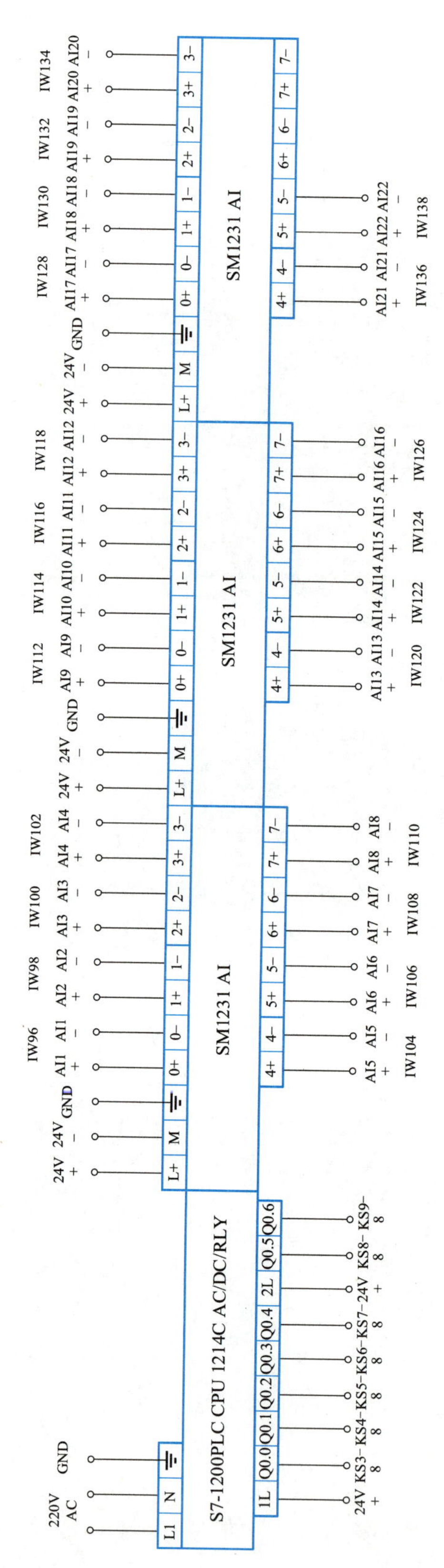

图 5.19 PLC 硬件接线图（输入部分）

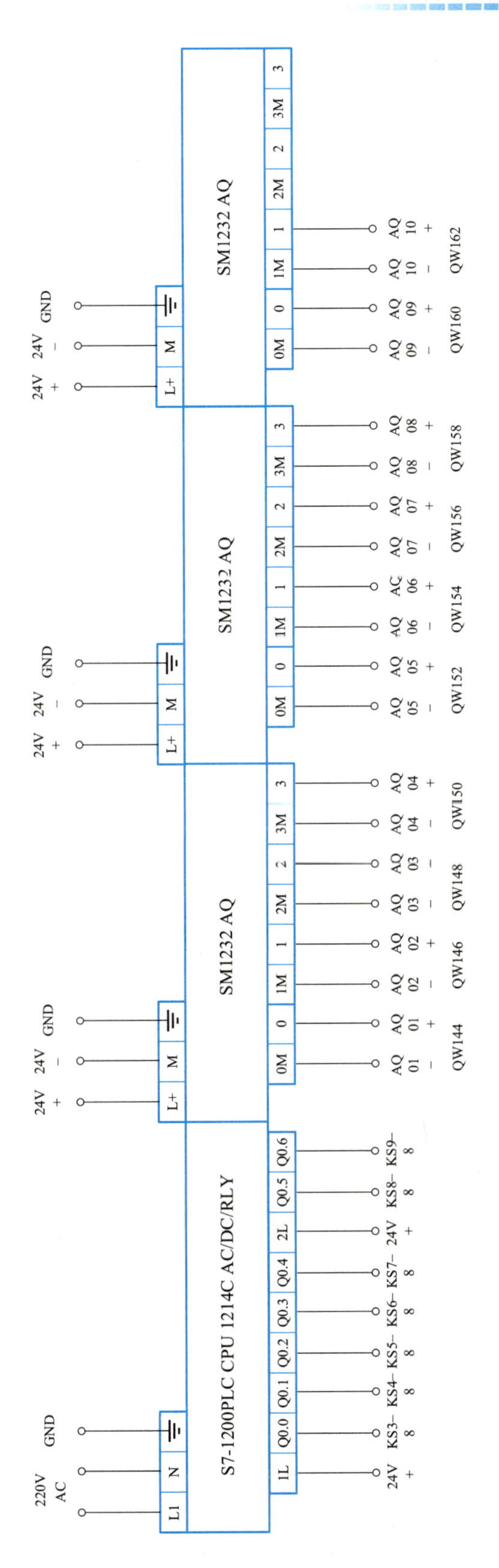

图 5.20 PLC 硬件接线图（输出部分）

5.2 上位机组态界面开发

利用组态王软件（版本 6.60）开发上位机组态界面。打开“工程管理器”窗口，在“工程名称”列，选择“过程装备控制实训”选项，单击菜单栏“文件”→“设为当前工程”选项，或通过快捷菜单的“设为当前工程”命令，设置该工程为当前工程。此后，当进入组态王开发系统或运行系统时，系统将默认打开该工程。被设置为当前工程的项目，在“工程管理器”窗口信息显示区的第一列中，会有一个小红旗图标，如图 5.21 所示。

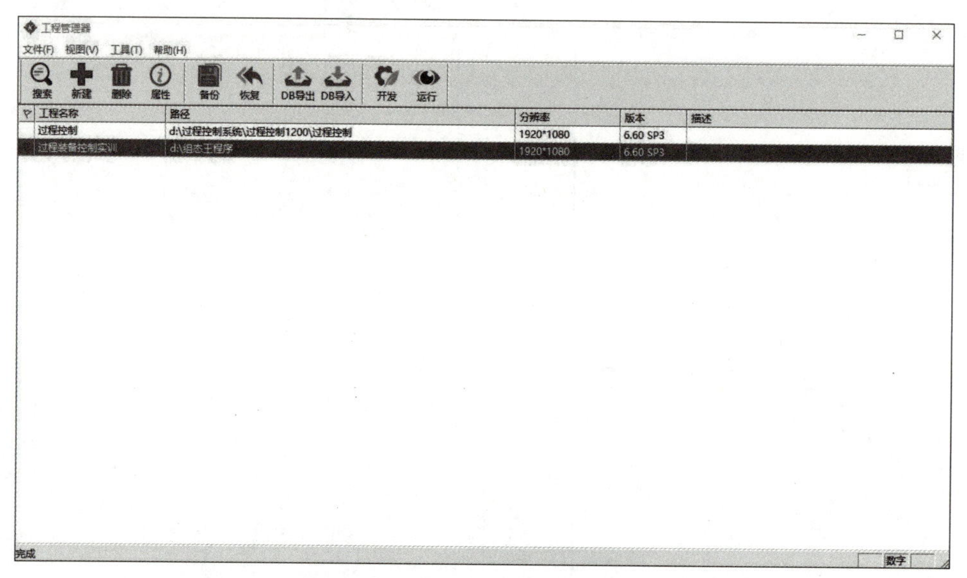

图 5.21 “工程管理器”窗口

双击“过程装备控制实训”选项，进入“工程浏览器——过程装备控制实训”窗口，如图 5.22 所示。

“工程浏览器”窗口由标签条、菜单栏、工具栏、工程目录显示区、目录内容显示区和状态栏组成。工程目录显示区以树形结构图显示功能节点，用户可以扩展或收缩工程浏览器中所列的功能项。“工程浏览器”窗口左侧是工程目录显示区，展示了工程的各组成部分，主要包括系统、变量、站点和画面四部分，可通过最左侧的标签条进行切换。

系统部分由文件、数据库、设备、系统配置、SQL 访问管理器和 Web 六项组成。

变量部分用于管理变量，其中包括变量组。

站点部分用于显示定义的远程站点的详细信息。

画面部分用于对画面进行分组管理，创建和管理画面组。

画面开发系统内嵌于工程浏览器中，又称界面开发系统，它是应用程序的集成开发环境，工程人员可在此进行系统开发。过程装备控制实训工艺流程图界面如图 5.23 所示，过程装备控制实训系统监控表界面如图 5.24 所示，过程装备控制实训系统数据表界面如图 5.25 所示。

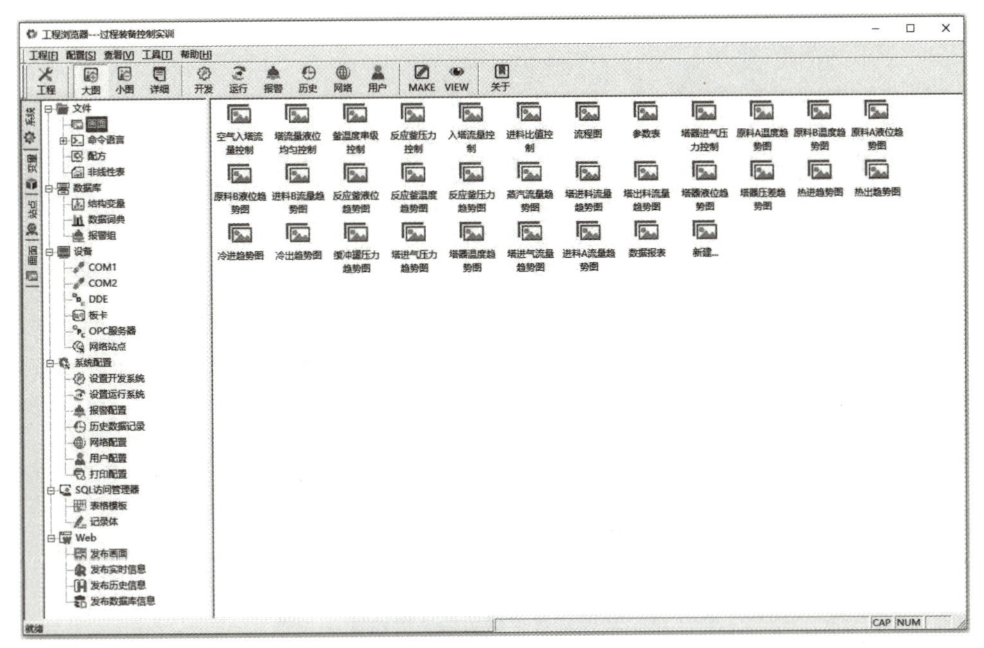

图 5.22 “工程浏览器——过程装备控制实训”窗口

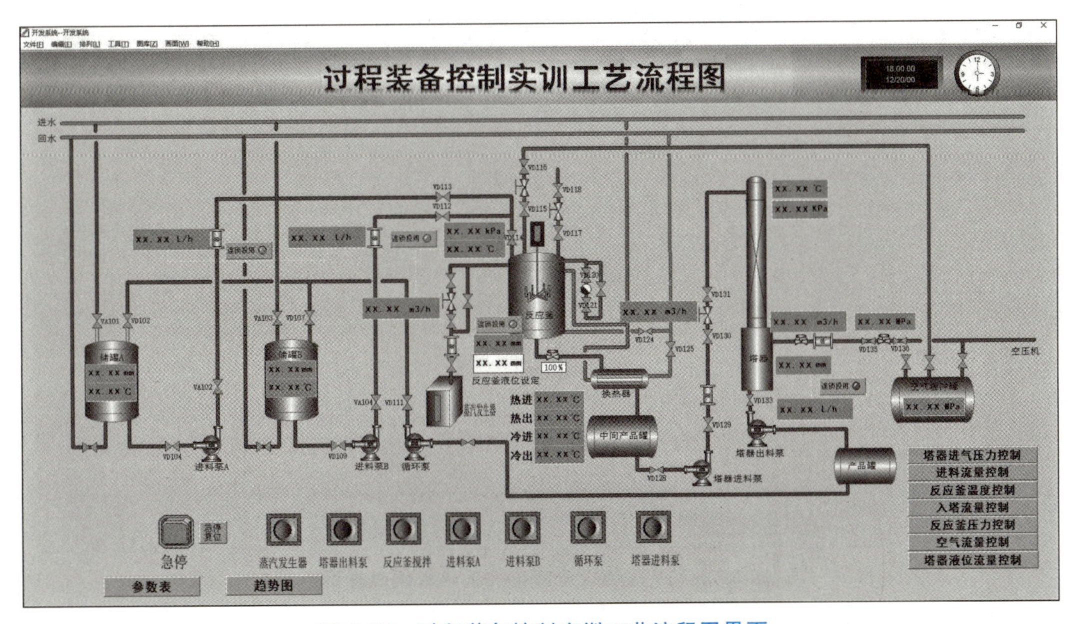

图 5.23 过程装备控制实训工艺流程图界面

数据库是组态王软件的核心部分。组态王软件运行时，工业现场的生产状况以动画的形式反映在屏幕上；同时，工程人员在计算机前发布的指令也需快速送至生产现场。而这一切的实现，都依赖于数据库作为中间环节，数据库是联系上位机和下位机的桥梁。

数据库中存储的是变量（包括系统变量和用户定义的变量）的当前值。变量的集合被形象地称为数据词典，数据词典记录了所有用户可使用的数据变量的详细信息。

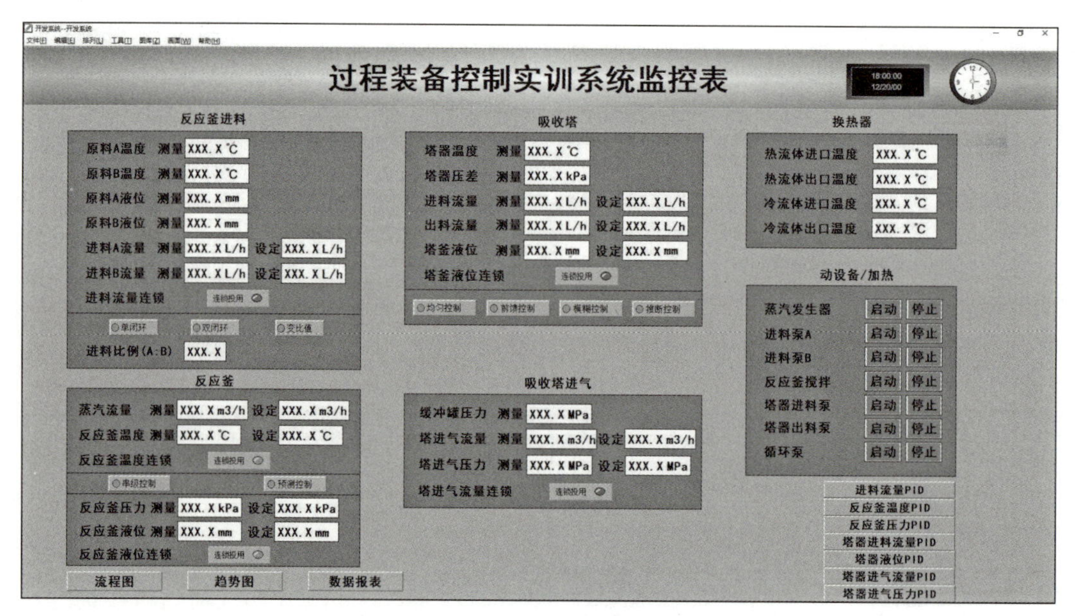

图 5.24 过程装备控制实训系统监控表界面

图 5.25 过程装备控制实训系统数据表界面

变量分为基本变量类型、变量的数据类型和特殊变量类型三种。

基本变量类型有内存变量和 I/O 变量两种，包括内存离散型变量、内存实型变量、内存长整型变量、内存字符串型变量、I/O 离散型变量、I/O 实型变量、I/O 长整型变量、I/O 字符串型变量八种。

变量的数据类型主要有实型变量、离散型变量、字符串型变量、整型变量和结构变量五种。

特殊变量类型主要有报警窗口变量、历史趋势曲线变量和系统预设变量三种。

工程建立的数据词典如图 5.26 所示。

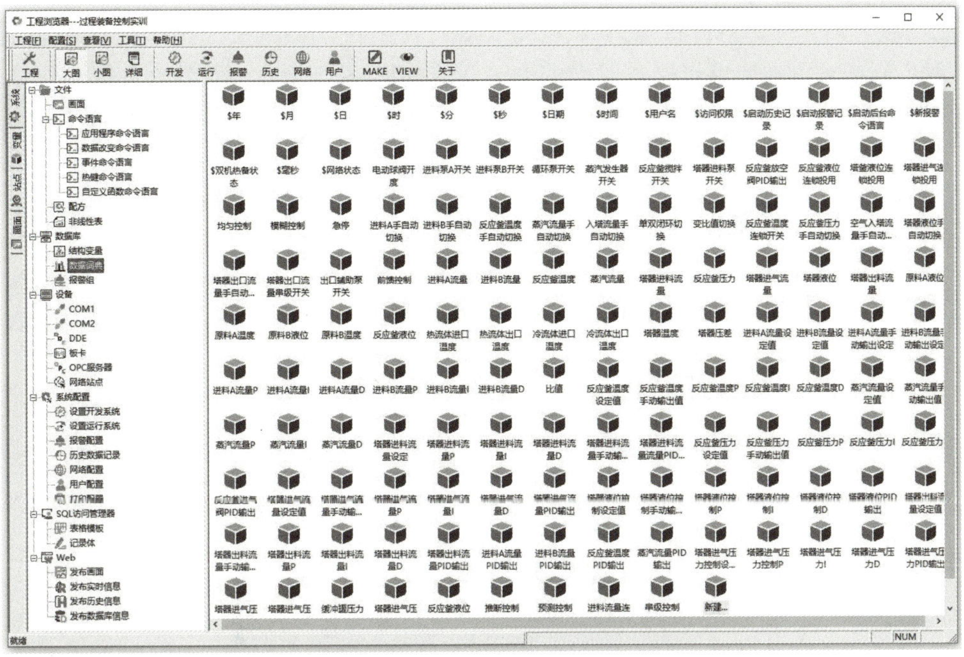

工程浏览器---过程装备控制实训

工程[F] 配置[S] 查看[V] 工具[T] 帮助[H]

工程 大图 小图 详细 开发 运行 报警 历史 网络 用户 MAKE VIEW 关于

系统 变量 站点 画面

文件
画面
命令语言
应用程序命令语言
数据改变命令语言
事件命令语言
热键命令语言
自定义函数命令语言
配方
非线性表
数据库
结构变量
数据词典
报警组
设备
COM1
COM2
DDE
板卡
OPC服务器
网络站点
系统配置
设置开发系统
设置运行系统
报警配置
历史数据记录
网络配置
用户配置
打印配置
SQL访问管理器
表格模板
记录体
Web
发布画面
发布实时信息
发布历史信息
发布数据库信息

$年 $月 $日 $时 $分 $秒 $日期 $时间 $用户名 $访问权限 $启动历史记录 $启动报警记录 $启动后台命令语言 $新报警

$双机热备状态 $毫秒 $网络状态 电动球阀开度 进料泵A开关 进料泵B开关 循环泵开关 蒸汽发生器开关 反应釜搅拌开关 塔器进料泵开关 反应釜放空阀PID输出 反应釜液位连锁投用 塔釜液位连锁投用 塔器进气连锁投用

均匀控制 模糊控制 急停 进料A手自动切换 进料B手自动切换 反应釜温度手自动切换 蒸汽流量手自动切换 入塔流量手自动切换 单双闭环切换 变比值切换 反应釜温度连锁开关 反应釜压力手自动切换 空气入塔流量手自动... 塔器液位手自动切换

塔器出口流量手自动... 塔器出口流量串级开关 出口辅助泵开关 前馈控制 进料A流量 进料B流量 反应釜温度 蒸汽流量 塔器进料流量 反应釜压力 塔器进气流量 塔器液位 塔器出料流量 原料A液位

原料A温度 原料B液位 原料B温度 反应釜液位 热流体进口温度 热流体出口温度 冷流体进口温度 冷流体出口温度 塔器温度 塔器压差 进料A流量设定值 进料B流量设定值 进料A流量手动输出设定 进料B流量手动输出设定

进料A流量P 进料A流量I 进料A流量D 进料B流量P 进料B流量I 进料B流量D 比值 反应釜温度设定值 反应釜温度手动输出值 反应釜温度P 反应釜温度I 反应釜温度D 蒸汽流量设定值 蒸汽流量手动输出值

蒸汽流量P 蒸汽流量I 蒸汽流量D 塔器进料流量设定 塔器进料流量P 塔器进料流量I 塔器进料流量D 塔器进料流量手动输... 塔器进料流量流量PID... 反应釜压力设定值 反应釜压力手动输出值 反应釜压力P 反应釜压力I 反应釜压力

反应釜进气阀PID输出 塔器进气流量设定值 塔器进气流量手动输... 塔器进气流量P 塔器进气流量I 塔器进气流量D 塔器进气流量PID输出 塔器液位控制设定值 塔器液位控制手动输... 塔器液位控制P 塔器液位控制I 塔器液位控制D 塔器液位PID输出 塔器出料流量设定值

塔器出料流量手动输... 塔器出料流量P 塔器出料流量I 塔器出料流量D 塔器出料流量PID输出 进料A流量PID输出 进料B流量PID输出 反应釜温度PID输出 蒸汽流量PID输出 塔器进气压力控制设... 塔器进气压力控制P 塔器进气压力I 塔器进气压力D 塔器进气压力PID输出

塔器进气压 塔器进气压 缓冲罐压力 塔器进气压 反应釜液位 推断控制 预测控制 进料流量连 串级控制 新建...

就绪 NUM

图 5.26 工程建立的数据词典

组态工软件与最终工程人员使用的 PLC 和现场部件无关。对于不同的硬件设施，只需为组态王软件配置相应的通信驱动程序即可。组态王软件通信驱动程序采用最新技术，使通信程序和组态王软件构成一个完整的系统。这种方式既保证了系统的高效运行，又能扩大系统的规模。

组态王软件支持的硬件设备有 PLC、智能模块、数据采集板卡、智能仪表、变频器等；通信方式有串口通信、数据采集板、DDE 通信、人机界面卡、网络模块和 OPC 等。

OPC（OLE for Process Control）是把 OLE 应用于工业控制领域。OLE 原意是对象链接和嵌入，随着 OLE 2 的发行，其范围远远超出了这个概念。如今 OLE 具有许多新的特征，如统一数据传输、结构化存储和自动化。OLE 已经成为独立于计算机语言、操作系统，甚至独立于硬件平台的一种规范，是面向对象程序设计概念的进一步推广。OPC 建立在 OLE 规范之上，它为工业控制领域提供了一种标准的数据访问机制。

OPC 包括 OPC 服务器和 OPC 客户两个部分，其实质是在硬件供应商和软件开发商之间建立了一套完整的规则。只要遵循这套规则，数据交互对两者来说就是透明的，硬件供应商无须考虑应用程序的多种需求和传输协议，软件开发商也无须了解硬件的实质和操作过程。

（1）OPC 的优点。

OPC 具有以下优点。

① 硬件供应商只需提供一套符合 OPC Server 规范的程序组，而无须考虑工程人员的需求。

② 软件开发商无须重写大量设备驱动程序。

③ 在设备选型上，工程人员有了更多选择。

④ OPC 扩展了设备的概念，只要符合 OPC 服务器的规范，OPC 客户就可与设备进行数据交互，而无须了解设备是 PLC 还是仪表；甚至在数据库系统建立了 OPC 规范后，OPC 客户同样可以方便地与设备实现数据交互。OPC 客户作为一个独立的应用程序，可由硬件制造商、软件开发商或其他第三方提供，因此数据项定义的方法和界面都有可能有所差异。

(2) OPC 规范涉及的内容。

现有的 OPC 规范涉及如下内容。

① 在线数据监测。OPC 实现了应用程序和工业控制设备之间高效、灵活的数据读写。

② 报警和事件处理。OPC 提供了服务器发生异常及服务器设定事件到来时，向用户发送通知的一种机制。

③ 历史数据访问。OPC 可读取、编辑历史数据库。

④ 远程数据访问。借助 Microsoft 的 DCOM 技术，OPC 具备了高性能远程数据访问功能。

⑤ OPC 还具有批处理功能，同时还支持历史报警事件数据访问等功能。

(3) 设计 OPC 时的原则。

OPC 设计者在设计 OPC 时应遵循如下原则。

① 易实现。

② 可灵活满足多种用户需求。

③ 功能强大。

④ 操作高效。

组态王软件充分利用了 OPC 服务器的强大性能，为工程人员提供方便、高效的数据访问功能。组态王软件可以同时挂接多个 OPC 服务器，每个 OPC 服务器都可被视为一个外部设备，工程人员可以定义、增加或删除 OPC 服务器。工程人员在 OPC 服务器中定义通信的物理参数及需要采集的下位机变量，然后在组态王软件中定义组态王变量和下位机变量的对应关系。在运行系统中，组态王软件与每个 OPC 服务器都建立连接，以实现自动与 OPC 服务器之间的数据交换。同时，组态王软件本身可以充当 OPC 服务器，向其他符合 OPC 规范的厂商的控制系统提供数据。在作为 OPC 服务器的组态王软件中定义相关变量，并与采集数据的硬件进行连接，然后在充当客户端的其他应用程序中与 OPC 服务器建立连接，同时添加数据项目。当应用程序运行时，客户端按照制定的采集频率采集组态王软件的数据。

组态王软件支持多 OPC 服务器，在使用 OPC 服务器之前，需要在组态王软件中建立 OPC 服务器设备。在“工程浏览器”窗口的“设备”栏中，选择“OPC 服务器”选项，右侧目录内容显示区显示当前工程定义的“OPC 设备”和“新建 OPC”图标。双击“新建 OPC”图标，自动搜索当前计算机系统中已经安装的所有 OPC 服务器，弹出“查看 OPC 服务器”对话框（图 5.27），用户可以在“OPC 服务器”列表中选择所需 OPC 服务器，单击“确定”按钮，成功建立 OPC 设备。

OPC 服务器与组态王数据词典的连接如同 PLC 或数据采集板卡等外部设备与组态王数据词典的连接。组态王软件可以与各种标准的 OPC 服务器进行数据交换。组态王软件在原有 OPC 客户端的基础上增加了 OPC 服务器的功能，实现了组态王软件对 OPC 服务

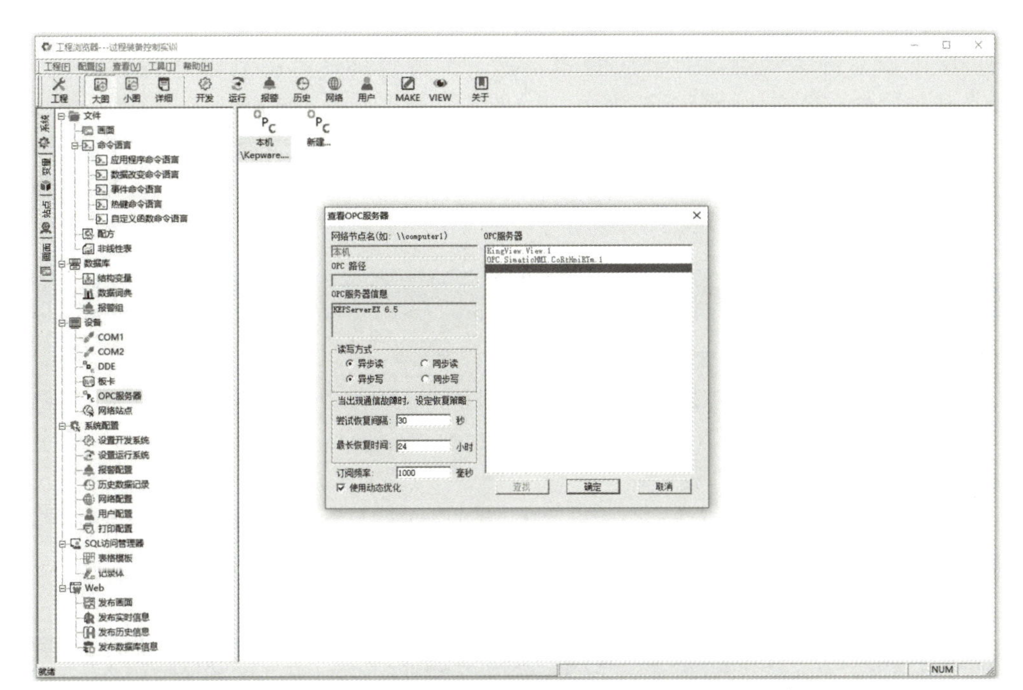

图 5.27 “查看 OPC 服务器”对话框

器和客户端的统一。借助组态王软件的 OPC 服务器功能，用户可以方便地实现其他支持 OPC 客户的应用程序与组态王软件之间的数据调用。

工程人员在组态王软件开发系统中制作的画面都是静态的，只有数据库中的变量是与现场状况同步变化的。通过动画连接，建立画面图素与数据变量的对应关系。当工业现场的数据发生变化时，数据会经由 I/O 接口，使实时数据库中的变量发生变化，从而引起画面图素的变化，实现实时动态的监控画面。

5.3 实训项目操作

5.3.1 实训开车准备

(1) 实训准备工作。

① 熟悉实训工艺流程及反应釜、塔器、换热器和储罐等主要设备的基本构造。

② 熟悉温度、压力、流量和液位的测量方法，掌握控制点的位置。

③ 检查公用工程（水、电）是否处于正常供应状态。

④ 为设备上电，检查流程中的设备、仪表是否处于正常状态。

⑤ 在储罐 A 和储罐 B 中加水至储罐容积的 2/3，向蒸汽发生器内加满水。

⑥ 检查流程中的阀门是否处于正常开车状态，其中 VA106、VA107、VA108、VA109、VA110、VA111 和 VA122 应关闭。

⑦ 按照控制要求制定合理的操作方案。

(2) 正常开车。

① 将电源总开关闭合，打开工控机、仪表和触摸屏，将控制选择按钮开关调至“PLC”挡位，检查仪表显示是否正常。

② 打开空气压缩机出口阀门，给缓冲罐充气，打开各气动调节阀进气阀门。

③ 确认 VA105 处于关闭状态，检查蒸汽发生器内是否有充足的水以提供实验所需蒸汽。

5.3.2 进料流量单闭环比值控制

进料流量单闭环比值控制的操作步骤如下。

(1) 检查阀门 VD101、VD104、VD106、VD109、VD112、VD113、VD114 是否处于打开状态，关闭阀门 VA101、VA102、VA103、VA104、VD103、VD108、VD102、VD107、VD119。

(2) 双击工控机桌面上的“过程控制系统”图标，进入过程装备控制实训系统监控表界面，如图 5.28 所示。若在触摸屏上操作控制设备，则可忽略此步骤。

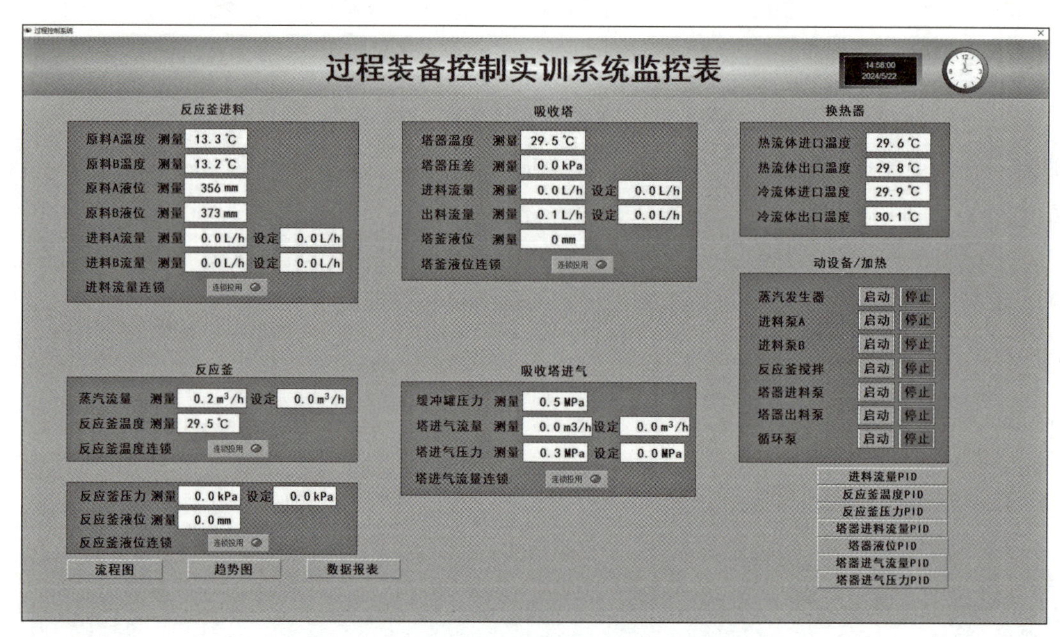

图 5.28 过程装备控制实训系统监控表界面

【拓展视频】

(3) 启动进料泵 A 和进料泵 B。当操作台上的变频器界面停止闪烁时，按下操作台上进料泵 A 变频器和进料泵 B 变频器的启动按钮“RUN”。当进料泵 A 和进料泵 B 开始动作时，观察 PG102 和 PG104 的压力示数。压力正常后，打开阀门 VA102 和 VA104。

(4) 单击“进料流量 PID”按钮，打开“进料流量控制”面板，进行控制进料流量操作。

(5) 单击“连锁投用”按钮，若指示灯变绿，则表示连锁已投用。

(6) 选择“单闭环”比值控制模式，此时进料 A 流量（FIC101）切换至“手动”模式，进料B流量（FIC102）切换至“自动”模式，如图5.29所示。

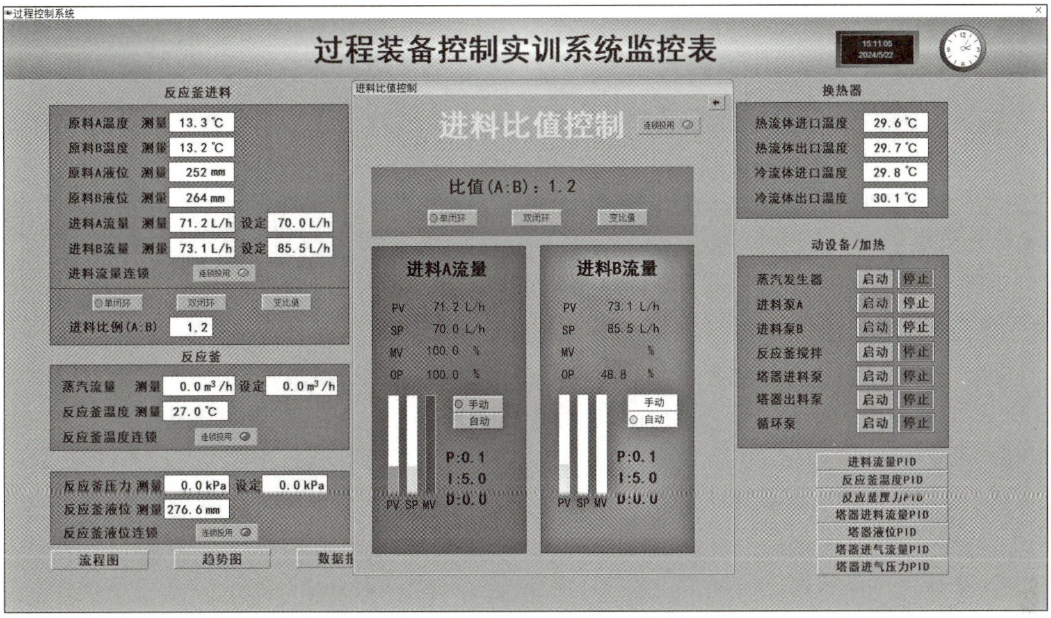

图5.29 “单闭环”比值控制模式

（7）在比值输入区输入进料A与进料B的比值，如进料比例（A∶B）为1.2。打开阀门VD101、VD104、VD113、VD106、VD109、VD112、VD114，关闭阀门VA101、VA102、VA103、VA104。打开阀门VD105和VD110灌泵，灌泵结束后，关闭阀门VD105和VD110。

（8）调节MV值，控制进料A的流量，进料B的流量会根据进料A的实际流量与输入的比值变化。调节进料B流量中的P、I、D三个参数，观察进料B的流量实际值（PV值）是否稳定在设定值（SP值）附近（如流量设定值为100L/h，观察流量实际值是否稳定在100L/h附近）；若不能，则继续调节P、I、D三个参数，直至流量实际值符合要求。

具体操作如下。

① 在进料A流量PID面板区的MV值处手动输入输出值。例如，输入50，变频器的输出频率为50%，即25Hz。按下操作台上进料泵A变频器面板的“RUN”按钮，启动进料泵A。

② 进料A流量FIC101稳定后，打开进料流量PID面板，在进料B流量PID面板区的P、I、D值处输入比例、积分和微分系数，如P为0.1，I为5.0，D为0.0。

③ 观察进料B流量的SP值、PV值和OP值（输出值）。其中，SP值与进料A流量的PV值成一定的比例，比例系数为比值区设定的比值；OP值可通过PID参数进行计算，OP值影响进料泵B变频器的变频输出，从而影响进料B流量，即PV值。

④ 若PV值不能长时间稳定在SP值附近，则可尝试修改不同的PID参数，使PV值稳定在SP值附近。

（9）完成进料流量单闭环比值控制实验。关闭阀门VA102和VA104，按下操作台上

进料泵 A 变频器和进料泵 B 变频器的停止按钮“STOP”；当变频器不产生嗡鸣声时，在“过程装备控制实训系统监控表”界面，关闭进料泵 A 和进料泵 B。

5.3.3 进料流量双闭环比值控制

进料流量双闭环比值控制操作步骤如下。

(1) 检查阀门 VD101、VD104、VD106、VD109、VD112、VD113、VD114 是否处于打开状态，关闭阀门 VA101、VA102、VA103、VA104、VD103、VD108、VD102、VD107、VD119。

(2) 双击工控机桌面上的“过程控制系统”图标，打开“过程装备控制实训系统监控表”界面，如图 5.28 所示。若在触摸屏上操作控制设备，则可忽略此步骤。

(3) 启动进料泵 A 和进料泵 B。当操作台上的变频器界面停止闪烁时，按下操作台上进料泵 A 变频器和进料泵 B 变频器的启动按钮“RUN”。当进料泵 A 和进料泵 B 开始动作时，观察 PG102 和 PG104 的压力示数。压力正常后，打开阀门 VA102 和 VA104。

(4) 单击“进料流量 PID”按钮，打开“进料流量控制”面板，进行控制进料流量操作。

(5) 单击“连锁投用”按钮，若指示灯变绿，则表示连锁已投用。

(6) 选择“双闭环”比值控制模式，此时进料 A 流量切换至“自动”模式，进料 B 流量切换至“自动”模式，如图 5.30 所示。

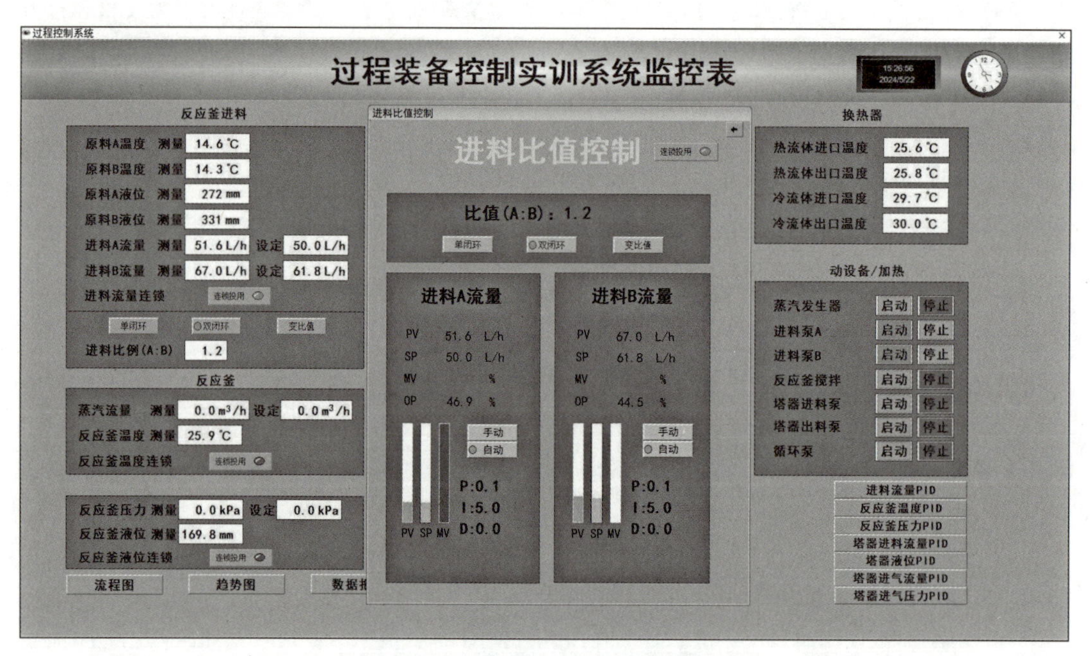

图 5.30 “双闭环”比值控制模式

(7) 在比值输入区输入进料 A 与进料 B 的比值，如进料比例（A∶B）为 1.2。打开阀门 VD101、VD104、VD113、VD106、VD109、VD112、VD114，关闭阀门 VA101、VA102、VA103、VA104。打开阀门 VD105 和 VD110 灌泵，灌泵结束后，关闭阀门 VD105 和 VD110。

(8) 通过调节SP值改变进料A流量设定值(0～250L/h)，调节进料A流量中的P、I、D三个参数，观察进料A流量的PV值是否稳定在SP值附近。例如，流量SP值为100L/h，观察进料A流量的PV值是否稳定在100L/h附近；若不能，则继续调节P、I、D三个参数，直至PV值符合要求。进料B的SP值会根据进料A的实际流量与输入的比值变化，调节进料B流量中的P、I、D三个参数，观察进料B流量的PV值是否稳定在SP值附近。例如，SP值为100L/h，观察PV值是否稳定在100L/h附近。若不能，则继续调节P、I、D三个参数，直至PV值符合要求。

具体操作如下。

① 在进料A流量PID面板区的SP值处输入进料A流量的PV值。例如，输入100，是指需要控制进料A流量为100L/h。在进料A流量PID面板的P、I、D值处分别输入比例、积分和微分系数，如P为0.1，I为5.0，D为0.0。按下操作台上进料泵A变频器面板的“RUN”按钮，启动进料泵A。

② 进料泵A出口压力表征值稳定后，缓慢打开阀门VA102至完全打开状态。

③ 观察进料A流量的PV值和OP值，OP值可通过PID参数进行计算，OP值影响进料泵A变频器的频率输出，从而影响进料A流量，即PV值。若PV值不能长时间稳定在SP值附近，则尝试修改不同的PID参数，最终使PV值稳定在SP值附近。

④ 进料A流量稳定后，在进料B流量PID面板的P、I、D值处分别输入比例、积分和微分系数，如P为0.1，I为5.0，D为0.0。按下操作台上进料B变频器面板的“RUN”按钮，启动进料泵B。

⑤ 进料泵B出口压力表征值稳定后，缓慢打开阀门VA104至完全打开状态。

⑥ 观察进料B流量的SP值、PV值和OP值。其中，SP值与进料A流量的PV值成一定的比例，比例系数为比值区内设定的比值；OP值可通过PID参数进行计算，OP值会影响进料泵B变频器的频率输出，从而影响进料B流量，即PV值。若PV值不能长时间稳定在SP值附近，则可通过尝试修改不同的PID参数，最终使PV值稳定在SP值附近。

(9) 完成进料流量双闭环比值控制实验。关闭阀门VA102和VA104，按下操作台上进料泵A变频器和进料泵B变频器的停止按钮“STOP”；当变频器不产生嗡鸣声时，在“过程装备控制实训系统监控表”界面，关闭进料泵A和进料泵B。

5.3.4 进料流量变比值控制

进料流量变比值控制操作步骤如下。

(1) 检查阀门VD101、VD104、VD106、VD109、VD112、VD113、VD114是否处于打开状态，关闭阀门VA101、VA102、VA103、VA104、VD103、VD108、VD102、VD107、VD119。

(2) 双击工控机桌面上的“过程控制系统”图标，打开“过程装备控制实训系统监控表”界面，如图5.28所示。若在触摸屏上操作控制设备，则可忽略此步骤。

(3) 启动进料泵A和进料泵B。当操作台上的变频器界面停止闪烁时，按下操作台上进料泵A变频器和进料泵B变频器的启动按钮“RUN”。当进料泵A和进料泵B开始动作时，观察PG102和PG104的压力示数；压力正常后，打开阀门VA102和VA104。

（4）单击控制系统“进料流量 PID”按钮，打开“进料流量控制”面板，控制进料流量。

（5）单击“连锁投用”按钮，若指示灯变绿，则表示连锁已投用。

（6）选择“变比值”控制模式，此时进料 A 流量切换至“自动”模式，进料 B 流量切换至“自动”模式，如图 5.31 所示。

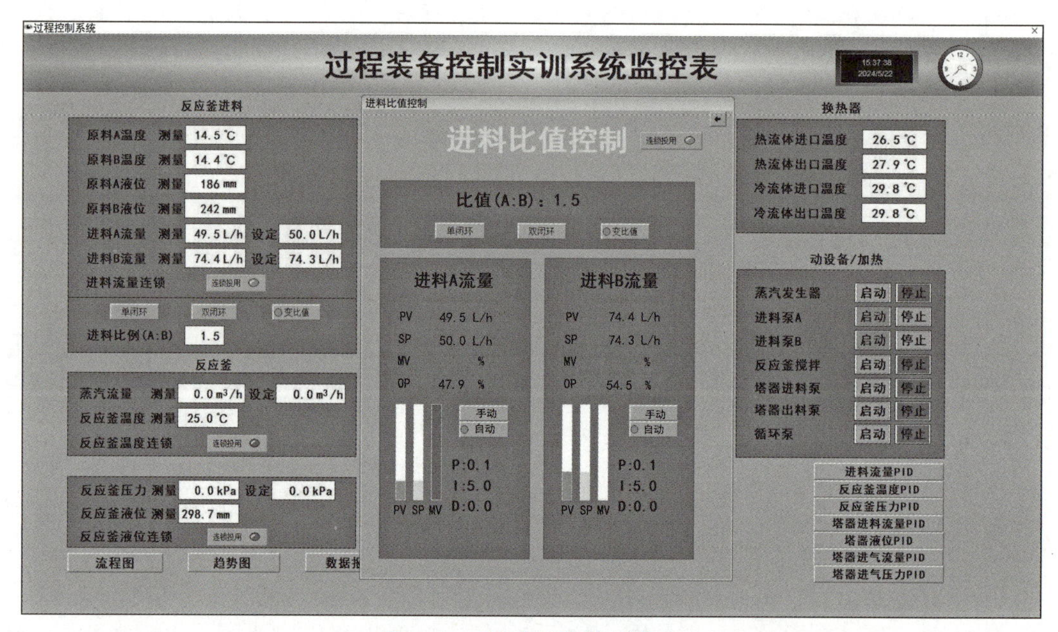

图 5.31 “变比值”控制模式

（7）观察比值的变化情况。比值系数会不停地变化，变化规律与设备的相关参数有关。可以在 PLC 程序中修改相关变量及算法，来调整比值系数的变化规律。

（8）通过调节 SP 值来改变进料 A 流量的设定值，设定值为 0～250L/h。调节进料 A 流量中的 P、I、D 三个参数，观察进料 A 流量的 PV 值是否稳定在 SP 值附近。例如，流量 SP 值为 100L/h，观察进料 A 流量的 PV 值是否稳定在 100L/h 附近。若不能，则继续调节 P、I、D 三个参数，直至 PV 值符合要求。进料 B 流量的 SP 值会根据进料 A 的实际流量和输入的比值变化。调节进料 B 流量中的 P、I、D 三个参数，等待 5min，观察进料 B 流量的 PV 值是否稳定在 SP 值附近。例如，流量 SP 值为 100L/h，观察进料 B 流量的 PV 值是否稳定在 100L/h 附近；若不能，则继续调节 P、I、D 三个参数，直至 PV 值符合要求。

（9）完成进料流量变比值控制实验。关闭阀门 VA102 和 VA104，按下操作台上进料泵 A 变频器和进料泵 B 变频器的停止按钮“STOP”，当变频器不产生嗡鸣声时，在“过程装备控制实训系统监控表”界面，关闭进料泵 A 和进料泵 B。

5.3.5 反应釜温度单回路控制

反应釜温度单回路控制操作步骤如下。

（1）双击工控机桌面上的“过程控制系统”图标，打开“过程装备控制实训系统监控表”界面，如图 5.28 所示。若在触摸屏上操作控制设备，则可忽略此步骤。

(2) 关闭反应釜出料旁路阀门 VD122；通过进料，反应釜液位保持在 50～450mm 之间，关闭蒸汽发生器出口阀门 VD105。

(3) 检查阀门 VD141、VD142、VD120、VD121 是否处于打开状态，关闭阀门 VA106、VA109、VA119。

(4) 打开蒸汽发生器，当蒸汽发生器上的压力表数值达到 0.4MPa 时，缓慢打开阀门 VA105。在实验开始时，观察阀门 VD143 处是否有蒸汽喷出；若有蒸汽喷出，则关闭阀门 VD143。

(5) 单击“反应釜温度 PID”按钮，打开“反应釜温度控制”面板，如图 5.32 所示。

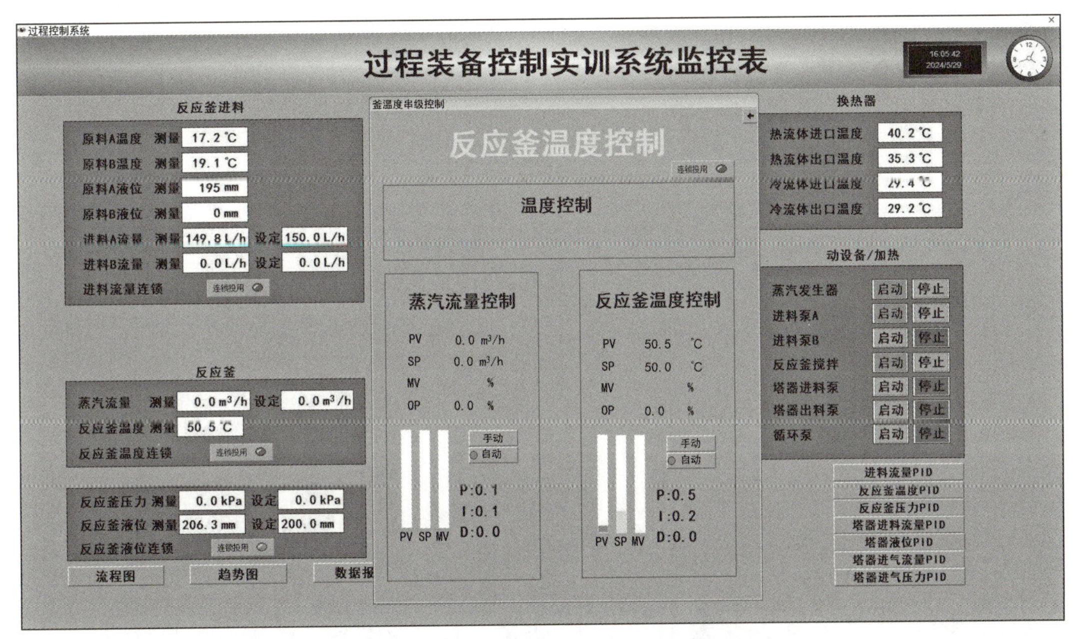

图 5.32 反应釜温度单回路控制模式

(6) 单击“串级不投用”按钮，串级不投用指示灯变绿。

(7) 设定蒸汽流量（FIC103），使反应釜温度发生变化。在蒸汽流量控制手动状态下，调节手动输出（0～100%）控制气动调节阀的开度，使蒸汽流量发生变化，从而使反应釜温度发生变化。在蒸汽流量控制自动状态下，设定蒸汽流量，调节蒸汽流量 P、I、D 三个参数，观察蒸汽流量的 PV 值是否稳定在 SP 值附近；若不能，则继续调节 PID 的三个参数，直至蒸汽流量符合要求。在蒸汽流量稳定状态下，观察反应釜温度示数，记录不同蒸汽流量下的反应釜温度。

具体操作：确认控制模式为“自动”模式；在蒸汽流量 PID 控制面板的 SP 值处，输入蒸汽流量控制值（如 $1m^3/h$）；调节蒸汽流量控制的 P、I、D 三个参数，如 P 为 0.1，I 为 0.1，D 为 0.0；直至蒸汽流量 PV 值稳定在 SP 值附近；若不能，则尝试调整 PID 参数，直至蒸汽流量符合要求。

(8) 完成反应釜温度单回路控制实验后，通过蒸汽管道阀门 VA105 和 VD143，放空蒸汽发生器内的蒸汽，关闭蒸汽发生器。

5.3.6 反应釜温度串级控制

反应釜温度串级控制操作步骤如下。

(1) 双击工控机桌面上的“过程控制系统”图标，打开“过程装备控制实训系统监控表”界面，如图 5.28 所示。若在触摸屏上操作控制设备，则可忽略此步骤。

(2) 关闭反应釜出料旁路阀门 VD122；通过进料，反应釜液位保持在 50～450mm 之间，关闭蒸汽发生器出口阀门 VD105。

(3) 检查阀门 VD141、VD142、VD120、VD121 是否处于打开状态，关闭阀门 VA106、VA109、VA119。

(4) 打开蒸汽发生器，当蒸汽发生器上的压力表数值达到 0.4MPa 时，缓慢打开阀门 VA105。在实验开始时，观察阀门 VD143 处是否有蒸汽喷出，若有蒸汽喷出，则关闭阀门 VD143。

(5) 单击“反应釜温度 PID”按钮，打开“反应釜温度控制”面板，如图 5.33 所示。

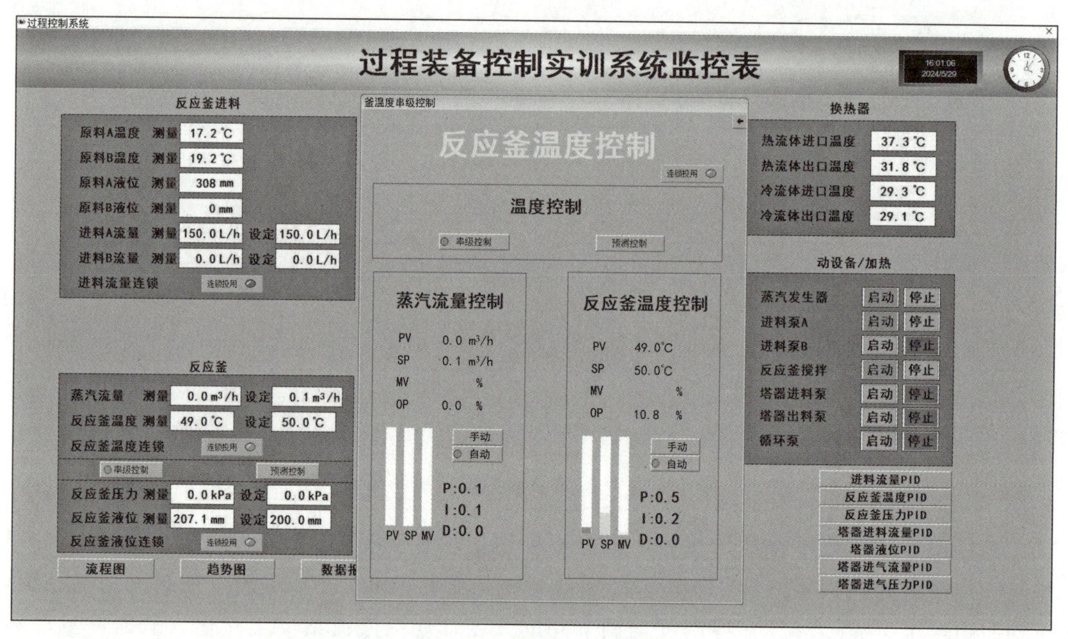

图 5.33 反应釜温度串级控制模式

(6) 单击“串级控制”控制，串级控制指示灯变绿。

(7) 反应釜温度控制和蒸汽流量控制都切换为自动状态；在反应釜温度控制中输入反应所需温度值，调节 P、I、D 三个参数，此时蒸汽流量控制的流量设定值，根据反应釜温度控制的输出变化。调节蒸汽流量控制的 P、I、D 三个参数，观察蒸汽流量的 PV 值是否稳定在 SP 值附近；若不能，则继续调节 P、I、D 三个参数，直至流量的 PV 值符合要求。当蒸汽流量稳定时，观察反应釜温度的 PV 值是否稳定在 SP 值附近。

具体操作：等待 PV 值稳定后，单击“串级控制”按钮，投用反应釜温度串级控制；在反应釜温度控制 PID 面板区的 SP 值处，输入温度控制值 50℃；调节反应釜温度控制的 P、I、D 三个参数，如 P 为 0.5，I 为 0.2，D 为 0.0；单击“反应釜搅拌启动”按钮，启动搅拌电机变频器；通过操作台上变频器面板旋钮，控制搅拌电机的运行频率（进行频率通常控制在10Hz左右）；按下“RUN”按钮，启动搅拌电机；观察蒸汽流量SP值、蒸汽流量PV值、反应釜温度PV值与反应釜温度OP值。蒸汽流量SP值与反应釜温度OP值关联，通过调节蒸汽流量控制反应釜的温度。

（8）完成反应釜温度串级控制实验后，通过蒸汽管道阀门VA105和VD143，放空蒸汽发生器内的蒸汽，关闭蒸汽发生器。

5.3.7 反应釜压力分程控制

反应釜压力分程控制操作步骤如下。

（1）双击工控机桌面上的“过程控制系统”图标，打开“过程装备控制实训系统监控表”界面，如图5.28所示。若在触摸屏上操作控制设备，则可忽略此步骤。

（2）检查阀门VA113、VD115、VD116、VD117、VD118是否处于打开状态，关闭阀门VA107、VA108、VD114，将空气缓冲罐V104上的减压阀数值调至0.4MPa，检查气动调节阀的充气阀门是否打开。

（3）单击“反应釜压力PID”按钮，打开“反应釜压力控制”面板，进入控制操作界面，确认控制模式为自动控制，如图5.34所示。

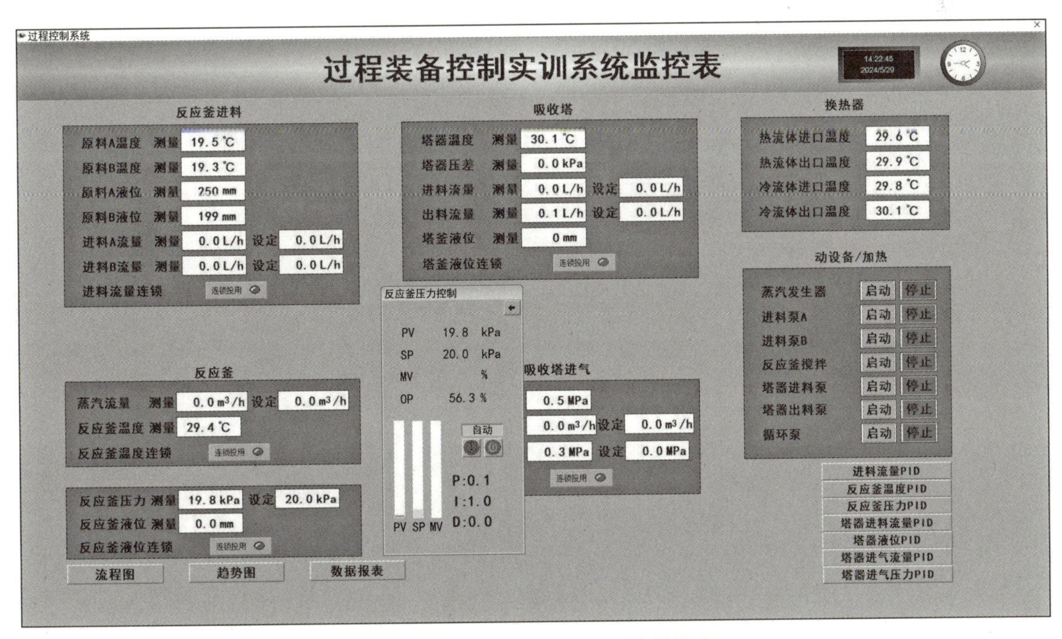

图5.34 反应釜压力分程控制模式

（4）设定反应需要的压力值，调节P、I、D三个参数，观察反应釜压力的PV值是否稳定在SP值附近；当反应釜压力的PV值小于SP值时，输出控制充气阀为反应釜充压；当反应釜压力的PV值大于SP值时，输出控制放气阀为反应釜放压。

具体操作：在反应釜压力PID控制面板上的SP值处，输入控制压力值（如20kPa）；输入反应釜压力值，控制P、I、D三个参数，如P为0.1，I为1.0，D为0.0，观察PV值、反应釜充气阀门和放空阀门的动作。当PV值低于SP值时，充气阀门开启；当PV

值高于 SP 值时，放空阀门开启。

（5）完成反应釜压力分程控制实验后，关闭阀门 VA113。

5.3.8 反应釜液位控制

反应釜液位控制操作步骤如下。

（1）双击工控机桌面上的“过程控制系统”图标，打开“过程装备控制实训系统监控表”界面，如图 5.28 所示。若在触摸屏上操作控制设备，则可忽略此步骤。

（2）单击界面上的“反应釜液位连锁”右侧的“连锁投用”按钮，若指示灯变绿，则表示连锁已投用。

（3）将“进料比值控制”面板上进料 A 流量的 SP 值设置为 100L/h；输入进料 A 流量的 P、I、D 三个参数，如 P 为 0.1，I 为 5.0，D 为 0.0；切换为“自动”控制模式。

（4）在文本框内输入需要控制的液位值。具体操作：在反应釜液位设定栏中输入需要控制的液位值，如 200mm。关闭反应釜底部出料旁路阀门 VD122，并打开反应釜进料相关阀门。任选一路（A 路或 B 路）给反应釜进料，观察反应釜出料电动球阀的动作，当反应釜液位的实际值高于设定值 20mm 时，出料电动球阀完全打开，反应釜开始出料；当反应釜液位的实际值低于设定值 20mm 时，出料电动球阀完全关闭，反应釜停止出料，如图 5.35 所示。

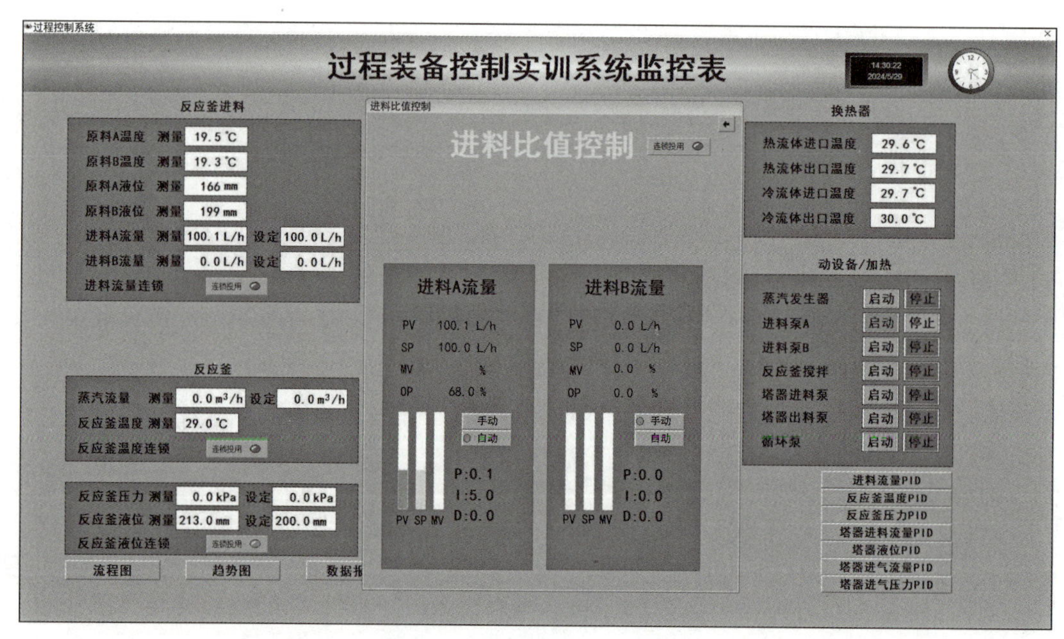

图 5.35 反应釜液位控制模式

5.3.9 塔器进料流量单回路控制

塔器进料流量单回路控制操作步骤如下。

（1）双击工控机桌面上的“过程控制系统”图标，打开“过程装备控制实训系统监控表”界面，如图 5.28 所示。若在触摸屏上操作控制设备，则可忽略此步骤。

（2）检查阀门 VD126、VD128、VD129、VD130、VD131、VD132、VD133、VD135、

VD136、VD137是否处于打开状态，关闭阀门VA110和VD134。

(3) 启动塔器进料泵P104。当操作台上进料泵变频器停止闪烁时，按下进料泵变频器的启动按钮“RUN”。

(4) 单击监控表界面上的“塔器进料流量PID”按钮，打开“塔器进料流量控制”面板，如图5.36所示。

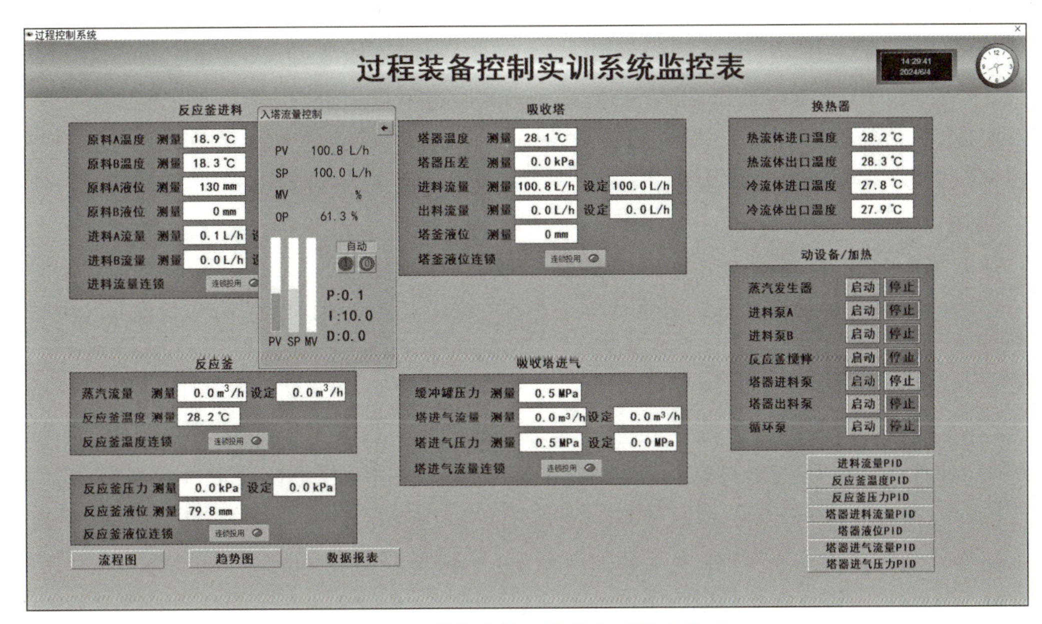

图5.36 塔器进料流量单回路控制模式

(5) 设定塔器进料流量SP值(0～250L/h)，调节P、I、D三个参数，观察入塔流量的PV值能否稳定在SP值附近；若不能，则继续调节P、I、D三个参数，直至流量PV值符合要求。

具体操作：确认控制模式为“自动”控制，输入需要控制的塔器进料流量值(如100L/h)；输入塔器进料流量控制的P、I、D三个参数，如P为0.1，I为10.0，D为0.0；确认中间产品罐V103内有物料；打开阀门VD126、VD128、VD129、VD130、VD131、VD132；关闭阀门VA110和VD134；单击“塔器进料泵”按钮，启动塔器进料泵变频器；按下操作台上塔器进料变频器面板上的“RUN”按钮，启动塔器进料泵；观察塔器进料流量PV值、OP值与塔器进料调节阀门FV102的动作，观察PV值能否稳定在SP值附近；调节PID参数并观察PV值的变化，最终使PV值稳定在SP值附近；尝试修改SP值，使塔器进料流量随之变化，并观察PV值和OP值的变化情况。

5.3.10 塔器液位控制

塔器液位控制操作步骤如下。

(1) 双击工控机桌面上的“过程控制系统”图标，打开“过程装备控制实训系统监控表”界面，如图5.28所示。若在触摸屏上操作控制设备，则可忽略此步骤。

(2) 检查阀门VD133、VD135、VD136、VD137是否处于打开状态，关闭阀门VA111。

(3) 将塔器进料流量调至稳定状态，单击“塔器液位 PID”按钮，打开“塔器液位控制”面板。

(4) 单击“连锁投用”按钮，若指示灯变绿，则表示连锁已投用。

(5) 单击“前馈控制”按钮，切换至前馈控制模式，塔器出口流量 FIC105 控制切换至“自动”状态。

(6) 启动塔器出料泵 P105。当操作台上的塔器出料泵变频器界面闪烁停止时，按下变频器启动按钮“RUN”。

(7) 设定实验所需的塔器液位 SP 值，调节塔器液位控制的 P、I、D 三个参数。塔器出口流量 SP 值随塔器进料流量的变化而变化，调节 P、I、D 三个参数，观察塔器出口流量的 PV 值是否稳定在 SP 值附近；在流量稳定状态下，观察塔器液位的 PV 值是否稳定在 SP 值附近。

具体操作：单击“塔器液位 PID”按钮，打开“塔器液位控制”面板；单击“连锁投用”按钮，投用塔器液位连锁，如图 5.37 所示；单击“均匀控制”“前馈控制”“模糊控制”或“推断控制”按钮，在“塔器液位控制”面板的 SP 值处，设定需要控制的液位（如 200mm），分别设定塔器液位控制的 PID 参数和塔器出口流量控制的 PID 参数；单击“塔器出料泵”按钮，启动塔器出料泵变频器；按下操作台上塔器出料泵变频器的“RUN”按钮，启动塔器出料泵；观察塔器出口流量 PV 值、塔器出料流量的 SP 值与塔器液位控制的 PV 值、SP 值之间的关系；液位稳定后，尝试改变液位的 SP 值和控制模式（均匀控制、前馈控制、模糊控制或推断控制），观察塔器出料流量 SP 值的变化，对比当前模式与其他模式下 SP 值变化的不同。

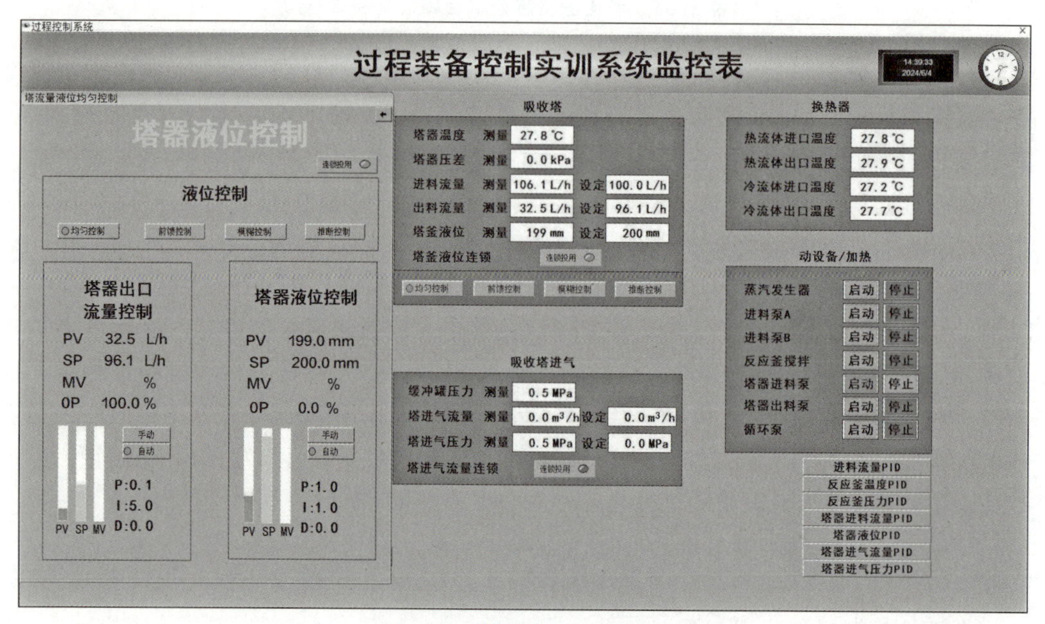

图 5.37 塔器液位控制模式

(8) 观察产品罐 V103 的液位，当罐内液位达到最大值时，打开阀门 VD111、VD144、VD107 和 VD102；在主界面启动循环泵 P103，将产品 V103 罐内的液体抽入储罐A和储罐B；当产品罐V103液位较低，或储罐A和储罐B液位达到最大值时，关闭循环泵。

5.3.11 塔器进气流量和进气压力控制

塔器进气流量和进气压力控制操作步骤如下。

(1) 双击工控机桌面上的“过程控制系统”图标，打开“过程装备控制实训系统监控表”界面，如图5.28所示。若在触摸屏上操作控制设备，则可忽略此步骤。

(2) 打开阀门VD135和VD136，关闭阀门VA111。

(3) 单击“塔器进气流量PID”按钮，打开“塔器进气流量控制”面板；塔器进气流量稳定后，单击“塔器进气压力PID”按钮，打开“塔器进气压力控制”面板，如图5.38所示。

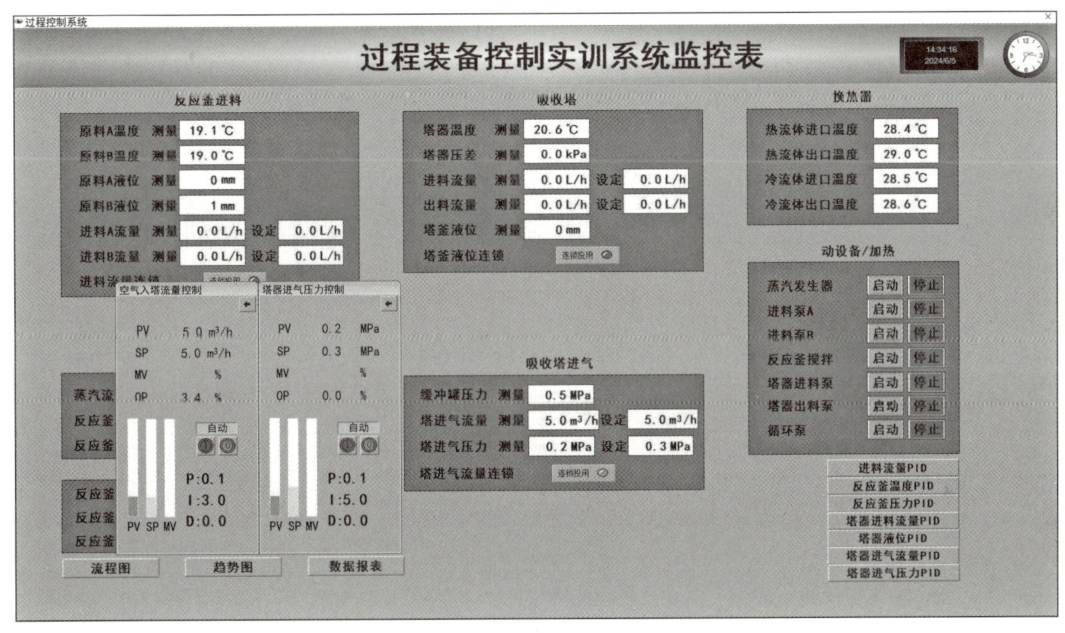

图5.38 塔器进气流量和进气压力控制模式

(4) 在“手动”模式下，调节输出功率MV（0～100%）；改变气动阀阀门开度，从而调节空气流速。不同阀门开度下，空气流速不同。在“自动”模式下，设置空气流速SP值，调节P、I、D三个参数，等待5min，观察空气入塔流量的PV值能否稳定在SP值附近；若不能，则继续调节P、I、D三个参数，直到空气入塔流量的PV值稳定。塔器进气流量稳定后，设置进气压力SP值，调节P、I、D三个参数，单击“塔器进气流量连锁投用”按钮，观察塔器进气流量与塔器进气压力的变化。

具体操作：在“塔器进气流量PID”面板上的SP值设定处，输入需要控制的空气流量（如$5m^3/s$）；输入塔器进气流量控制的P、I、D三个参数，如P为0.1，I为3.0，D为0.0；观察塔器进气调节阀动作、塔器进气PV值和OP值的变化，直至塔器进气流量稳定；若长时间无法稳定，则尝试调整PID参数，控制塔器进气流量；在“塔器进气压力PID”面板上的SP值设定处，输入压力值（如0.3MPa）；输入P、I、D三个参数，如P

为0.1，I为5.0，D为0.0；返回“过程装备控制实训系统监控表”界面，单击“塔器进气流量连锁投用”按钮，观察塔器进气流量与塔器进气压力的变化，直至塔器进气流量与进气压力稳定。由于塔器进气流量与塔器进气压力相互耦合，因此需要多次调整PID参数，使得塔器进气流量与塔器进气压力更快稳定。

5.3.12 实训停车

(1) 检查实验数据。实验数据合理后，结束实验。
(2) 关闭进料泵A、进料泵B、塔器进料泵、循环泵、蒸汽发生器和空气压缩机。
(3) 待塔釜温度冷却至室温后，放空塔釜内的残液，关闭所有阀门和电源。
(4) 擦拭设备，打扫卫生，保持洁净。

5.4 线路通道表

设备的线路通道表见表5-3至表5-10。

表5-3 1#AI6210

通道	名称	位号	工程下限	工程上限	单位	备注
1	进料A入反应釜流量	FI101	0	250	L/h	两线制
2	进料B入反应釜流量	FI102	0	250	L/h	两线制
3	空气入反应釜流量	FI103	0	15	m^3/h	两线制
4	中间产品罐入塔流量	FI104	0	250	L/h	两线制
5	塔底产品出料流量	FI105	0	250	L/h	两线制
6	空气缓冲罐入塔流量	FI106	0	250	L/h	两线制
7	反应釜压力	PI106	0	100	kPa	两线制
8	空气缓冲罐压力	PI108	0	1	MPa	两线制

表5-4 2#AI6210

通道	名称	位号	工程下限	工程上限	单位	备注
1	塔压差	PI107	0	20	MPa	两线制
2	储罐A液位	LIA101	0	100	%	两线制
3	储罐B液位	LIA102	0	100	%	两线制
4	反应釜液位	LI103	0	100	%	两线制
5	塔底液位	LI105	0	100	%	两线制
6	储罐A温度	TI101	0	150	℃	两线制
7	储罐B温度	TI102	0	150	℃	两线制
8	反应釜温度	TIC103	0	150	℃	两线制

表 5-5 3#AI6210

通道	名称	位号	工程下限	工程上限	单位	备注
1	塔顶温度	TI108	0	150	℃	两线制
2	换热器进料温度	TI104	0	150	℃	四线制
3	换热器出料温度	TI105	0	150	℃	四线制
4	换热器冷却水进水温度	TI106	0	150	℃	四线制
5	换热器冷却水回水温度	TI107	0	150	℃	四线制
6	蒸汽管道气动调节阀开度	FV101_status	0	100	%	四线制
7	反应釜进气调节阀开度	PV101A_status	0	100	%	四线制
8	反应釜出气调节阀开度	PV101B_status	0	100	%	四线制

表 5-6 4#AI6210

通道	名称	位号	工程下限	工程上限	单位	备注
1	中间产品进塔调节阀开度	FV102_status	0	100	%	四线制
2	塔底产品出料调节阀开度	FV103_status	0	100	%	四线制
3	塔底进气阀开度	FV104_status	0	100	%	四线制
4	釜底出料球阀开度	HV101_status	0	100	%	四线制

表 5-7 1#AO6210

通道	名称	位号	工程下限	工程上限	单位	备注
1	蒸汽管道气动调节阀	FIC103	0	100	%	
2	反应釜进气阀	PIC101A	0	100	%	
3	反应釜出气调节阀	PIC101B	0	100	%	
4	中间产品进塔调节阀	FIC104A	0	100	%	
5	塔底产品出料调节阀	FIC105	0	100	%	
6	塔底进气调节阀	FIC106	0	100	%	
7	釜底出料球阀	HV101_manu	0	100	%	

表 5-8 2#AO6210

通道	名称	位号	工程下限	工程上限	单位	备注
1	进料泵 A 变频器	FIC101	0	100	%	
2	进料泵 B 变频器	FIC102	0	100	%	
3	塔器进料泵变频器	P104_manu	0	100	%	
4	反应釜搅拌变频器	A101_manu	0	100	%	
5	塔底出料泵变频器	P105_manu	0	100	%	

表 5-9 1#DI6211

通道	名称	位号	工程下限	工程上限	单位	备注
1	蒸汽发生器开关状态	E101_status	—	—	—	
2	空气压缩机开关状态	C101_status	—	—	—	
3	搅拌电机开关状态	A101_status	—	—	—	

续表

通道	名称	位号	工程下限	工程上限	单位	备注
4	进料泵 A 开关状态	P101_status	—	—	—	
5	进料泵 B 开关状态	P101_status	—	—	—	
6	循环泵开关状态	P103_status	—	—	—	
7	塔器进料泵开关状态	P104_status	—	—	—	
8	塔器出料泵开关状态	P105_status	—	—	—	

表 5-10　1#DO6211

通道	名称	位号	工程下限	工程上限	单位	备注
1	蒸汽发生器启停	E101	—	—	—	
2	空气压缩机启停	C101	—	—	—	
3	搅拌电机启停	A101	—	—	—	
4	进料泵 A 启停	P101	—	—	—	
5	进料泵 B 启停	P101	—	—	—	
6	循环泵启停	P103	—	—	—	
7	塔器进料泵启停	P104	—	—	—	
8	塔器出料泵启停	P105	—	—	—	
9	搅拌电机变频器启停	A101_TR	—	—	—	
10	进料泵 A 变频器启停	P101_TR	—	—	—	
11	进料泵 B 变频器启停	P101_TR	—	—	—	
12	循环泵变频器启停	P103_TR	—	—	—	
13	塔器进料泵变频器启停	P104_TR	—	—	—	
14	塔器出料泵变频器启停	P105_TR	—	—	—	

习题

1. 根据工艺流程图，简述实训设备中物料的流动方式。

2. 实训设备在正常开车之前，需要具备什么条件？

3. 在上位机组态王软件的监控表界面中，控制参数温度、压力、流量，以及液位的P、I、D三个参数是通过什么方式调整达到最终控制效果的？

4. 在反应釜温度控制系统中，通过什么方式升温？通过什么方式降温？

5. 实训设备的控制阀有哪几种类型？分别应用在哪些控制回路中？

【在线答题】

第6章

基于和利时K系列DCS的过程装备控制实训项目开发

☞本章教学要求

<table>
<tr><td rowspan="2">教学目标</td><td>知识目标</td><td>1. 利用MACS V6.5软件对过程装备控制实训系统进行软件、硬件组态和项目开发。
2. 掌握过程装备控制实训设备开车和停车应具备的条件。
3. 掌握过程装备控制实训项目的操作流程和注意事项</td></tr>
<tr><td>能力目标</td><td>1. 熟练运用MACS V6.5软件对创建的实训项目进行组态、编程和在线仿真。
2. 熟练操作过程装备控制实训设备，并能解决常见故障</td></tr>
<tr><td colspan="2">教学内容</td><td>1. 和利时K系列DCS硬件配置。
2. 控制站、控制逻辑和流程图组态。
3. 过程装备控制DCS的组成。
4. 实训开车准备。
5. 进料流量比值控制实训项目操作。
6. 蒸汽出口流量控制实训项目操作。
7. 反应釜压力分程控制实训项目操作。
8. 塔器进料流量控制实训项目操作。
9. 塔器进气流量控制实训项目操作。
10. 塔器出口流量与液位控制实训项目操作。
11. 实训停车</td></tr>
<tr><td colspan="2">重点、难点及解决方法</td><td>1. 利用MACS V6.5软件开发过程装备控制实训控制系统。设计单个实训项目的控制系统，边讲解边操作，待所有实训项目的控制系统都开发完后集成。
2. 过程装备控制实训项目的DCS操作流程。边讲解边操作单个实训项目，学生动手操作练习；待学生熟悉所有实训项目的操作流程后，独立操作整套实训设备</td></tr>
<tr><td colspan="2">建议学时</td><td>8学时</td></tr>
</table>

在工业生产中，只有具备完整的工艺控制方案，才能正常地进行生产。采用工程组态的方式，把控制方案编译成计算机可识别的信息，并将其下载到操作员站、历史站和现场控制站运行。工程组态可以看成按照控制方案编写程序或命令的过程，用于实现对系统和工艺设备的监控。

在进行工程组态之前，需要创建一个工程以存储工程的组态信息。工程组态内容主要分为五种，分别是算法组态、图形组态、报表组态、用户组态和操作组态。

（1）算法组态包含硬件配置、变量定义、用户程序组态，算法组态用于实现对工艺设备的控制。

（2）图形组态是对操作员站运行画面的组态，用于实现对系统和工艺设备的在线监控。

（3）报表组态是利用 Excel 通用制表工具绘制表格，并在表格上添加相应数据信息描述的组态，用于实现在线显示和报表打印。

（4）用户组态用于设置操作员在线的用户名称和密码，并对操作权限和区域信息进行分配，实现安全管理工程。

（5）操作组态用于设置用户级别的权限，并对操作员专用键盘进行组态，为操作员专用键盘上的快捷键关联画面。

每种组态完成后，都需要将组态文件下装到相应的现场控制站、历史站和操作员站，DCS 方可运行。

6.1　硬件配置

（1）模拟量输入模块硬件配置。

模拟量输入模块硬件配置见表 6-1。

表 6-1　模拟量输入模块硬件配置

序号	PN（点名）	DS（点描述）	MU（量程上限）	MD（量程下限）	UT（单位）	SIGTYPE（信号类型）	MT（模块类型）	SN（站号）	DN（模块地址）
1	LIA101	原料罐 A 液位	550	0	mm	4～20mA	K-AI01	10	12
2	TI101	原料罐 A 温度	100	0	℃	4～20mA	K-AI01	10	12
3	FT101	进料泵 A 出口流量	250	0	L/h	4～20mA	K-AI01	10	12
4	LIB102	原料罐 B 液位	550	0	mm	4～20mA	K-AI01	10	12
5	TI102	原料罐 B 温度	100	0	℃	4～20mA	K-AI01	10	12
6	FT102	进料泵 B 出口流量	250	0	L/h	4～20mA	K-AI01	10	12
7	FT103	蒸汽发生器出口流量	15	0	m^3/h	4～20mA	K-AI01	10	12
8	TI103	反应釜温度	150	0	℃	4～20mA	K-AI01	10	12
9	LIC103	反应釜液位	800	0	mm	4～20mA	K-AI01	10	13

续表

序号	PN（点名）	DS（点描述）	MU（量程上限）	MD（量程下限）	UT（单位）	SIGTYPE（信号类型）	MT（模块类型）	SN（站号）	DN（模块地址）
10	PIC106	反应釜压力	600	0	kPa	4～20mA	K-AI01	10	13
11	TI106	换热器冷出温度	100	0	℃	4～20mA	K-AI01	10	13
12	TI107	换热器冷进温度	100	0	℃	4～20mA	K-AI01	10	13
13	TI104	换热器料热出温度	100	0	℃	4～20mA	K-AI01	10	13
14	TI105	换热器料热进温度	100	0	℃	4～20mA	K-AI01	10	13
15	FT104	塔器进料泵进口流量	250	0	L/h	4～20mA	K-AI01	10	13
16	TI108	塔顶温度	150	0	℃	4～20mA	K-AI01	10	13
17	PT107	反应塔差压	20	0	kPa	4～20mA	K-AI01	10	14
18	LIC105	反应塔液位	320	0	mm	4～20mA	K-AI01	10	14
19	FT105	产品罐入口流量	250	0	L/h	4～20mA	K-AI01	10	14
20	FT106	反应塔进气流量	25	0	m^3/h	4～20mA	K-AI01	10	14
21	LIA1011	原料罐 A 液位	550	0	mm	4～20mA	K-AI01	10	14
22	TI1011	原料罐 A 温度	100	0	℃	4～20mA	K-AI01	10	14
23	FT1011	进料泵 A 出口流量	250	0	L/h	4～20mA	K-AI01	10	14
24	LIB1021	原料罐 B 液位	550	0	mm	4～20mA	K-AI01	10	14
25	TI1021	原料罐 B 温度	100	0	℃	4～20mA	K-AI01	10	15
26	FT1021	进料泵 B 出口流量	250	0	L/h	4～20mA	K-AI01	10	15
27	FT1031	蒸汽发生器出口流量	15	0	m^3/h	4～20mA	K-AI01	10	15
28	TI1031	反应釜温度	150	0	℃	4～20mA	K-AI01	10	15
29	LIC1031	反应釜液位	800	0	mm	4～20mA	K-AI01	10	15
30	PIC1061	反应釜压力	600	0	kPa	4～20mA	K-AI01	10	15
31	TI1061	换热器冷出温度	100	0	℃	4～20mA	K-AI01	10	15
32	TI1071	换热器冷进温度	100	0	℃	4～20mA	K-AI01	10	15
33	TI1041	换热器料热出温度	100	0	℃	4～20mA	K-AI01	10	16
34	TI1051	换热器料热进温度	100	0	℃	4～20mA	K-AI01	10	16
35	FT1041	塔器进料泵进口流量	250	0	L/h	4～20mA	K-AI01	10	16
36	TI1081	塔顶温度	150	0	℃	4～20mA	K-AI01	10	16
37	PT1071	反应塔差压	20	0	kPa	4～20mA	K-AI01	10	16
38	LIC1051	反应塔液位	320	0	mm	4～20mA	K-AI01	10	16
39	FT1051	产品罐入口流量	250	0	L/h	4～20mA	K-AI01	10	16
40	FT1061	反应塔进气流量	25	0	m^3/h	4～20mA	K-AI01	10	16

（2）模拟量输出模块硬件配置。

模拟量输出模块硬件配置见表 6－2。

表 6－2　模拟量输出模块硬件配置

序号	PN（点名）	DS（点描述）	MU（量程上限）	MD（量程下限）	UT（单位）	MT（模块类型）	SN（站号）	DN（模块地址）
1	P101KZ	进料泵 A 变频器	100	0	%	K－AO01	10	10
2	P102KZ	进料泵 B 变频器	100	0	%	K－AO01	10	10
3	FV101KZ	蒸汽发生器出口调节阀控制	100	0	%	K－AO01	10	10
4	FV101AKZ	反应釜进气调节阀	100	0	%	K－AO01	10	10
5	FV101BKZ	反应釜放空阀	100	0	%	K－AO01	10	10
6	FV102KZ	塔器进料泵出口调节阀	100	0	%	K－AO01	10	10
7	FV103KZ	塔器出料泵变频器	100	0	%	K－AO01	10	10
8	FV104KZ	塔器进气流量调节阀	100	0	%	K－AO01	10	10
9	P101KZ1	进料泵 A 变频器	100	0	%	K－AO01	10	11
10	P102KZ1	进料泵 B 变频器	100	0	%	K－AO01	10	11
11	FV101KZ1	蒸汽发生器出口调节阀控制	100	0	%	K－AO01	10	11
12	FV101AKZ1	反应釜进气调节阀	100	0	%	K－AO01	10	11
13	FV101BKZ1	反应釜放空阀	100	0	%	K－AO01	10	11
14	FV102KZ1	塔器进料泵出口调节阀	100	0	%	K－AO01	10	11
15	FV103KZ1	塔器出料泵变频器	100	0	%	K－AO01	10	11
16	FV104KZ1	塔器进气流量调节阀	100	0	%	K－AO01	10	11

（3）数字量输出模块硬件配置。

数字量输出模块硬件配置见表 6－3。

表 6－3　数字量输出模块硬件配置

序号	PN（点名）	DS（点描述）	MT（模块类型）	SN（站号）
1	P101QD	启动进料泵 A	K－DO01	10
2	P102QD	启动进料泵 B	K－DO01	10
3	P103QD	启动循环泵	K－DO01	10
4	P104QD	启动塔器进料泵	K－DO01	10
5	C101QD	启动塔器出料泵	K－DO01	10
6	M101QD	启动搅拌器	K－DO01	10
7	FV101QD	启动蒸汽发生器	K－DO01	10

续表

序号	PN（点名）	DS（点描述）	MT（模块类型）	SN（站号）
8	P101QD1	启动进料泵 A	K－DO01	10
9	P102QD1	启动进料泵 B	K－DO01	10
10	P103QD1	启动循环泵	K－DO01	10
11	P104QD1	启动塔器进料泵	K－DO01	10
12	M101QD1	启动塔器出料泵	K－DO01	10
13	FV101QD1	启动搅拌器	K－DO01	10
14	C101QD1	启动蒸汽发生器	K－DO01	10

（4）现场控制站硬件配置。

现场控制站硬件配置见表 6－4。

表 6－4　现场控制站硬件配置

序号	设备	名称	型号	数量	单位
1	机柜	控制柜	＃10	1	套
2	主控制器单元	4 槽主控制器背板	K－CUT01	1	块
		控制器模块	K－CU01	2	块
3	通信模块	IO－BUS 模块	K－BUS02	2	块
		终端匹配器	K－BUST02	2	块
		交换机	GM010－ISW－8L	2	块
4	底座	8 通道 AI 与 AO 底座	K－AT01	7	块
		16 通道 DI 底座	K－DIT01	1	块
		16 通道 DO 底座	K－DOT01	2	块
		继电器端子板	K－DOR01	2	块
5	I/O 模块	8 路模拟量输入模块	K－AI01	5	块
		8 路模拟量输出模块	K－AO01	2	块
		16 通道触点型开关量输入模块	K－DI01	1	块
		16 通道 24VDC 数字量输出模块	K－DO01	2	块
6	电源	交流电源配电板	K－PW01	1	块
		直流电源配电板	K－PW11	1	块
		24V DC（120W）电源模块	HPW2405G	4	块
		24V DC（240W）电源模块	HPW2410G	4	块
		24/48V DC 电源冗余分配模块	HPWR01G	1	块

6.2 控制站组态

在正式进行应用工程组态之前，必须为该应用工程创建一个项目名称和工程名称。项目比域大一个级别，一个域对应一个工程。一旦创建好工程，就代表该工程有了自己的名称，并形成了与该工程相关的组态文件。创建好工程之后，需要根据测点清单及硬件配置表进行数据库组态。数据库组态是后期控制逻辑组态及图形组态的前提，只有添加并完善具体的测点，后期才能调用测点状态，并根据控制方案编写相应的组态逻辑。数据库组态需要按机柜、模块、通道的顺序逐渐进行。

6.2.1 控制站的相关操作

(1) 需要增加控制站时，可右击“控制站”，在弹出的快捷菜单中单击“增加现场控制站”命令；需要删除控制站时，可右击需要删除的控制站，在弹出的快捷菜单中单击“删除现场控制站”命令。

(2) 单击“工程总控”→“工具”→“编译”命令，对整个工程进行编译，生成各控制站对应的控制器算法组态软件（AutoThink），一个控制站对应一个 AutoThink。此外，在检查后期组态中点值合法性的同时，编译刷新了数据库。只有完成编译后，才能打开 AutoThink 界面。在“工程总控”界面，双击“现场控制站”图标，打开该控制站对应的 AutoThink 界面。

6.2.2 模块组态

模块组态的目的是根据统计好的测点清单，按照设置的模块地址、型号和数量，在控制站的机柜中添加相应的模块。模块组态步骤如下。

(1) 添加机柜。

双击工程管理中的“机柜”，从右侧“设备库”列表中，选择对应的 K 系列机柜，并将其拖拽至空白位置，完成机柜添加。在 10 号现场控制站添加一个 K 系列主机柜，如图 6.1 所示。

(2) 添加模块。

单击“设备库”→“K 系列硬件”选项，选择相应的模块，并将其拖拽至硬件配置机柜图中的相应位置。在 10 号现场控制站添加 I/O 模块，如图 6.1 所示。模块组态时添加的模块地址应与测点清单 I/O 模块地址一一对应。

(3) 参数设置。

双击“模块”，弹出模块的设备信息界面。信息界面中的灰色项不可修改，白色项可根据实际工程需求修改。双击 I/O 模块的“K-AI01 模块”，弹出设备信息，可设置模块配置的底座型号及全通道滤波参数。K-AI01 模块配置信息如图 6.2 所示（其他模块配置信息省略）。

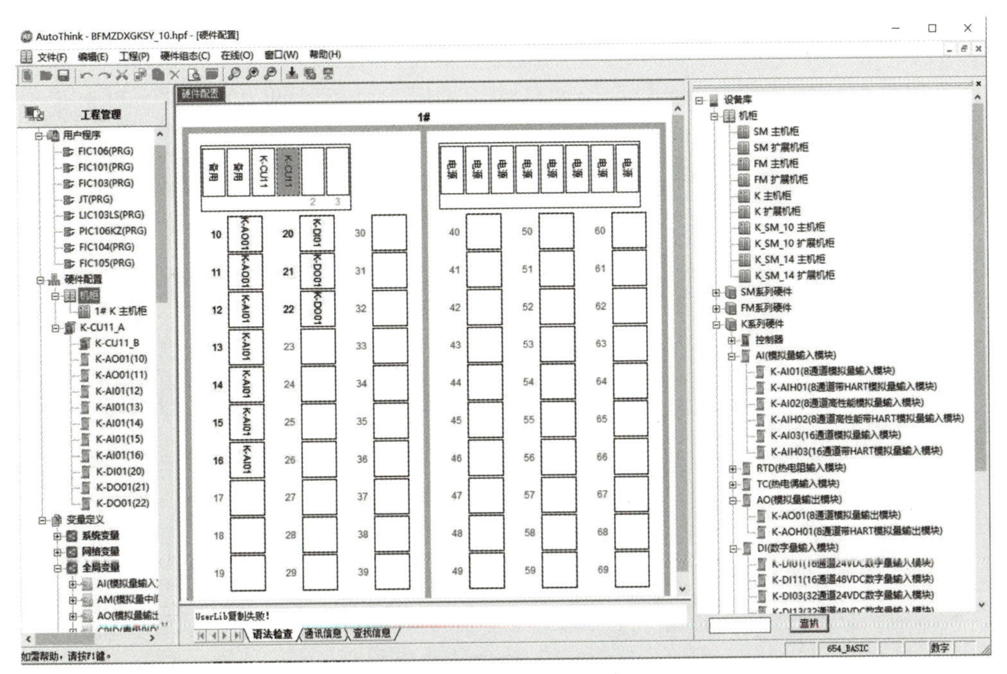

图 6.1 在 10 号现场控制站添加 K 系列主机柜和 I/O 模块

K-AI01_12

设备信息

项目	内容
模块型号	K-AI01
GSD文件	K-AI01.gsd
设备描述	8通道模拟量输入模块
控制站号	10
设备地址	12
是否组态冗余	否
机柜位置	1#
底座类型	K-AT01
输入起始地址	IB8
输出起始地址	未配置
通道数	8AI
最大功耗	系统电源：1W Max@24VDC，现场电源：7W Max@24VDC
工作温度	-20~60℃
转换精度	0.1% F.S.（10~45℃）；0.25% F.S.（-20~60℃）
全通道滤波参数	50Hz工频滤波
保留用户参数1(0~255)	0
保留用户参数2(0~255)	0
保留用户参数3(0~255)	0
保留用户参数4(0~255)	0

图 6.2 K－AI01 模块配置信息

6.2.3 I/O 测点组态

I/O 模块的通道是最小单元，一个 I/O 测点占用 I/O 模块的一个通道。I/O 测点组态时，可以逐一添加通道，也可以根据工程量批量添加通道。

（1）单个测点组态。

右击模块的通道号，在弹出的快捷菜单中，选择“增加变量”选项（图 6.3），系统会根据模块型号默认添加测点信息。必要时，结合测点清单里的测点信息，双击参数项进行修改。

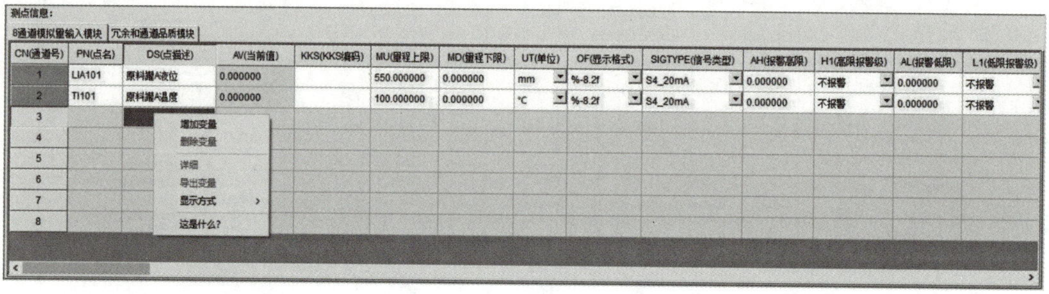

测点信息：

8通道模拟量输入模块 | 冗余和通道品质模块

CN(通道号)	PN(点名)	DS(点描述)	AV(当前值)	KKS(KKS编码)	MU(量程上限)	MD(量程下限)	UT(单位)	OF(显示格式)	SIGTYPE(信号类型)	AH(报警高限)	H1(高限报警级)	AL(报警低限)	L1(低限报警级)
1	LIA101	原料罐A液位	0.000000		550.000000	0.000000	mm	%-8.2f	S4_20mA	0.000000	不报警	0.000000	不报警
2	TI101	原料罐A温度	0.000000		100.000000	0.000000	℃	%-8.2f	S4_20mA	0.000000	不报警	0.000000	不报警
3													
4													
5													
6													
7													
8													

增加变量
删除变量
详细
导出变量
显示方式 ›
这是什么?

图 6.3 “增加变量”选项

（2）批量测点组态。

当 I/O 测点较多时，单个测点组态较烦琐且耗费时间，可采用批量测点组态。批量测点组态需要先将控制站内模块配置的基本信息，以 Excel 表格的形式导出，并将其作为标准的数据库模板；再根据测点清单的具体测点信息，逐步完善数据，并将数据导入数据库。

6.3 控制逻辑组态

建立完整的数据库后，可结合实际的现场控制方案，利用现有的控制器算法组态软件（AutoThink）进行控制逻辑组态。控制逻辑组态必须在 AutoThink 中进行。AutoThink 界面的工程管理有用户程序、硬件配置和变量定义三个功能。

（1）用户程序。

用户程序是用于创建或修改程序的唯一入口。编程需要在特定的环境中进行，这里的环境是指 POU，即程序组织单元，也称用户程序。新建程序必须通过新建 POU 来完成。控制逻辑组态就是按照提前设计的控制方案创建一系列 POU，并在 POU 中用编程语言编写相应的控制算法；同时，用户程序可以添加文件夹，从而对现有 POU 进行分类存储，便于管理。

（2）硬件配置。

硬件配置主要用于在组态前期，根据实际工程的硬件配置清单完成软件配置的功能。测点信息的查看、参数项的修改及通道的更改等，都需要在硬件配置里完成。完成硬件配置后，进行用户程序的组态。

（3）变量定义。

变量定义用于按照数据类型对工程中涉及的变量进行分类或汇总，以便于后期组态时查找和使用。

6.3.1 创建用户程序

（1）POU 名称。

POU 名称应尽可能地直观体现组态的内容。POU 名称中只能包含字母、数字、下划线，不能以“_AT_”开始，且 POU 名称长度不能超过 32 个字符。POU 名称不能与变量名、变量组名、数据类型、关键字、指令库名或功能块名重名，POU 名称不能是 Windows 系统保留的设备名称，如 CON、PRN、AUX、NUL、COM0～COM9 和 LPT0～LPT9。添加 POU 的方法如图 6.4 所示。

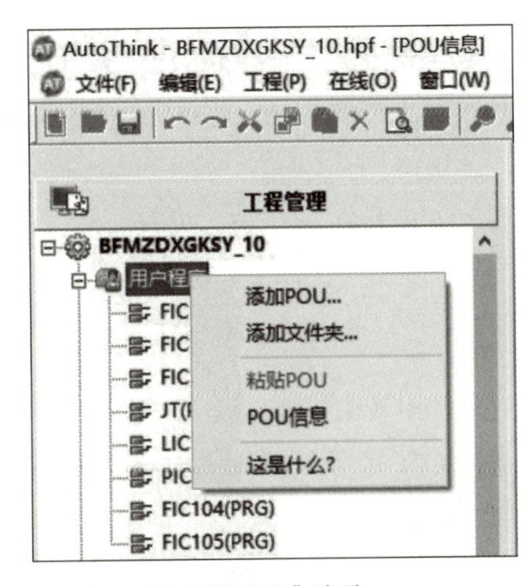

(a) “添加POU”选项

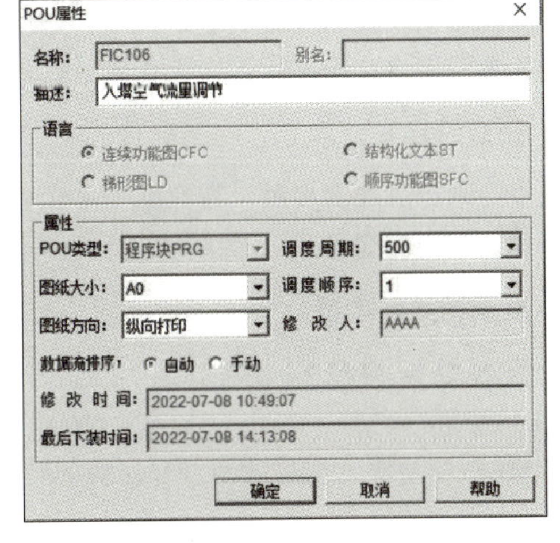

(b) “POU属性”对话框

图 6.4 添加 POU 的方法

（2）编程语言。

控制器算法组态软件可提供四种编程语言，包括 CFC 语言、ST 语言、LD 语言和 SFC 语言。添加 POU 时，可根据组态的实际需要选择一种语言，其中 CFC 语言为和利时 DCS 常用的编程语言。

（3）POU 类型。

POU 分为程序块 PRG、功能块 FB 和函数块 FUN 三种，其中，程序块 PRG 较为常用。使用程序块 PRG 时，需要确定调度周期和调度顺序。开发功能块时可使用功能块 FB。使用函数块 FUN 时，需要设置函数返回值的数据类型。

（4）调度周期和调度顺序。

调度周期和调度顺序是针对程序块 PRG 而言的。调度周期是指某个 POU 第 N 次和第（$N+1$）次开始执行的时间间隔，即多长时间被调度一次，单位是 ms。对于 K 系列的控制器来说，调度周期分为 100ms、200ms、500ms、1000ms 和禁止调度。调度顺序是指 POU 被调用的顺序。

6.3.2 变量的定义和使用

变量可用来保存和表示具体的数据值。在运行过程中，变量是一个实时变化的量，可通过变量名识别。变量需要先声明，再使用，故需要了解变量的命名规则、变量的划分及变量的数据类型，以正确地进行变量声明。

1. 变量的命名规则

(1) 变量名由数字、字母和下划线组成，变量名不超过 32 个字符。
(2) 变量名识别下划线。
(3) 变量名不区分大小写。
(4) 变量名不能为空，且不能包含空格。
(5) 变量名不能包含特殊字符。
(6) 变量名不能与类型名、POU 名、枚举名、任务名或类型转换函数名重名。
(7) 变量名在整个工程中应保证唯一，不能与关键字相同。

2. 变量的划分

变量的划分方式有多种，按照结构形式可以分为点型和功能块型，点型变量又可以分为物理变量和中间变量。

3. 变量的数据类型

变量的数据类型有多种，常用的有布尔型（BOOL）变量，实数型（REAL、LREAL）变量，整型（INT、BYTE、WORD）变量，字符串型（STRING）变量，时间型（TIME）变量等。变量的划分和对应的数据类型如图 6.5 所示。

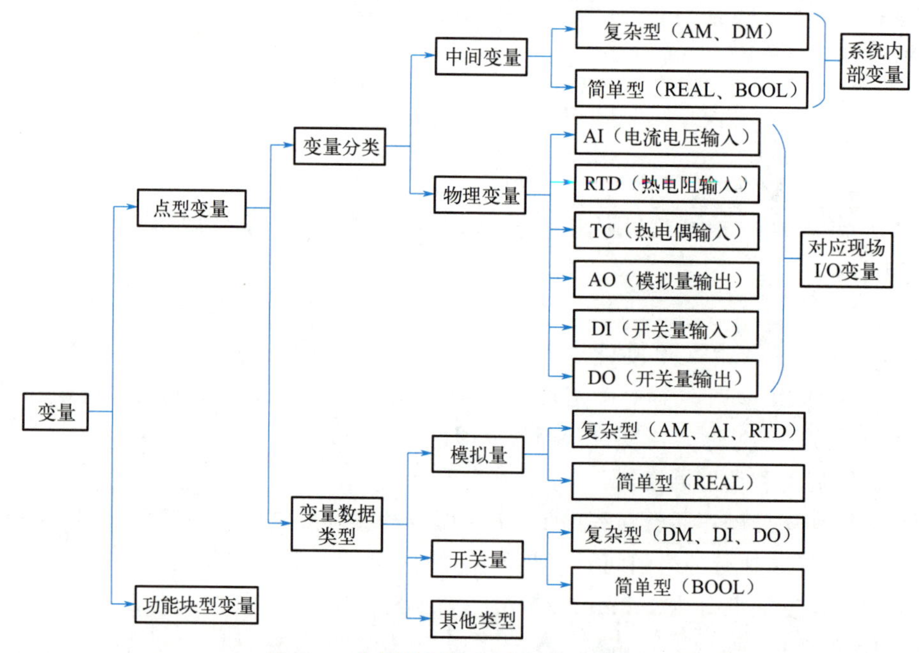

图 6.5 变量的划分和对应的数据类型

4. 定义变量

定义变量方法有两种，一种是通过变量声明定义变量，另一种是通过变量列表定义变量。

（1）变量声明。

对于 CFC 语言，在 POU 的编辑区，可以通过输入元件、输出元件或块元件输入变量名称，弹出“变量声明”对话框（图 6.6），从而定义变量。

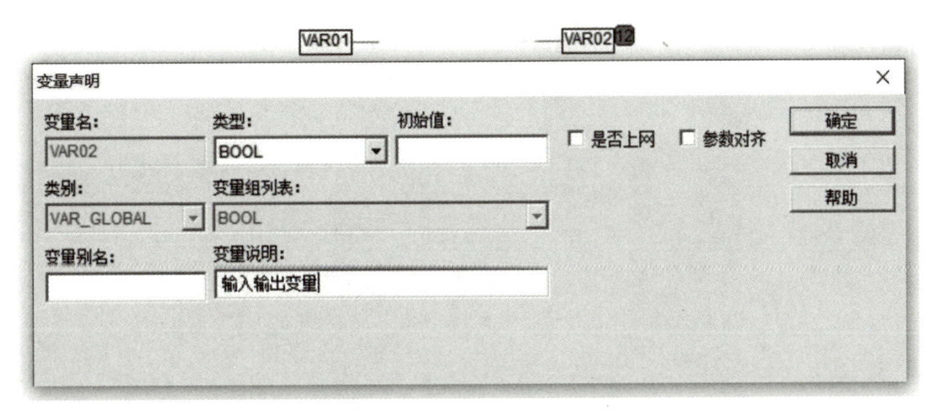

图 6.6 “变量声明”对话框

（2）变量列表。

采用变量列表单独定义中间变量时，可打开“变量定义”中的“全局变量”，双击需要添加的变量类型文件，在右侧变量组态区域右击，在弹出的快捷菜单中选择“增加变量”选项，如图 6.7 所示。

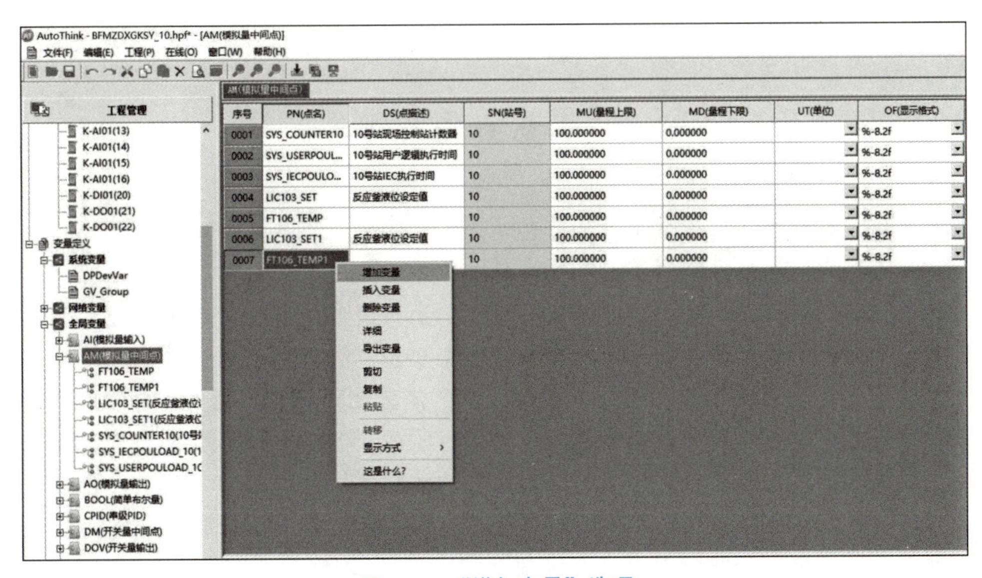

图 6.7 “增加变量”选项

5. 删除变量

在定义变量的过程中，如果变量的数据类型定义错误，可删除变量后重新定义。删除变量的方法：双击全局变量对应的数据类型，弹出全局变量列表，右击要删除的变量，在弹出的快捷菜单中，选择“删除变量”选项，如图 6.8 所示。

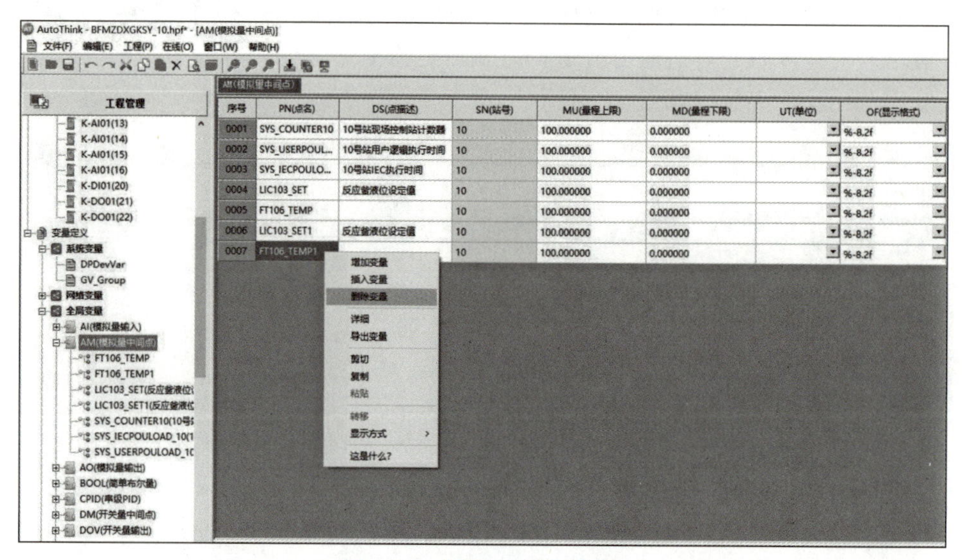

图 6.8 “删除变量”选项

6. 使用变量

在程序中使用简单型变量时，直接输入变量名称，即可调用引用的变量数值来参加程序运算。但在调用复杂型变量、I/O 物理变量、功能块变量时，不仅要输入变量名称，而且要选择变量参加程序运算的项信息。

6.4 工艺流程图组态

工艺流程图可直接体现生产工艺的设备布局、介质流向、测点的显示和设备的运行状态等，它是人机交互的唯一窗口。一个完整的工艺流程图，既包括静态设备，又包括动态设备。静态设备在离线和在线运行时的状态相同。动态设备在运行过程中的状态可能发生改变，或改变工作方式、调整参数等。动态设备需要通过组态添加相应的特性，来实时反映设备的运行状态或下发命令、修改参数等。工艺流程图组态就是根据实际的工艺流程，使用图形编辑软件，将对现场工艺参数和设备进行监视及操作的画面绘制成工艺流程图。

一个完整的图形组态包含静态属性、动态特性和交互特性三部分。其中，静态属性介绍了设备的基本属性；动态特性是指通过不同的方式读取设备的运行状态，例如变色、闪烁、填充颜色等；交互特性用于通过人机交互的方式下发命令、弹出面板或修改参数等。组态的顺序：首先，新建图形；其次，根据工艺要求对图形添加相应的特性；最后，保存并下装到操作员站和历史站。

6.4.1 图形分类介绍

按照组态的生成方式图形可以分为系统画面和工艺流程图。系统画面包含系统状态图和I/O设备图。系统画面在工程创建并编译后，由系统根据工程的体系结构自动生成。工艺流程图是根据实际的工艺流程和测点清单，利用图形编辑软件手动绘制的图像。系统画面中的系统状态图如图6.9所示。

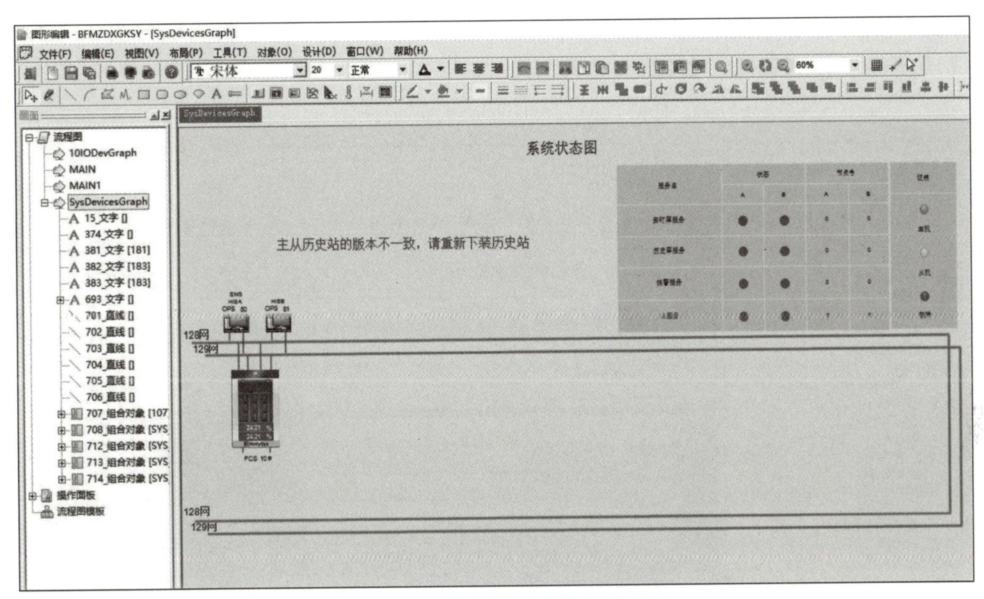

图6.9 系统画面中的系统状态图

按照页面的功能图形可以分为普通视图（系统画面和工艺流程图）、操作面板及流程图模板。操作面板可用于对某个设备状态进行监视、下发命令，也可用于集中显示某个设备的所有相关参数并确认状态。操作面板通常以小窗口的形式出现，不会布满整个屏幕。工艺流程图模板是以模板的形式绘制的图形，可以被工程中的所有图形调用。PID操作面板如图6.10所示，手操器面板如图6.11所示。

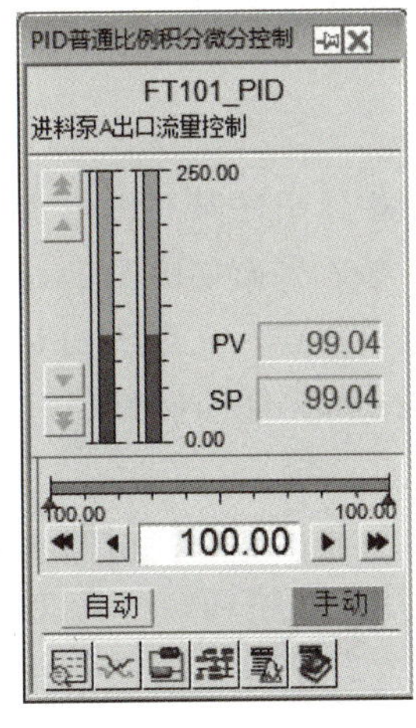

图6.10 PID操作面板

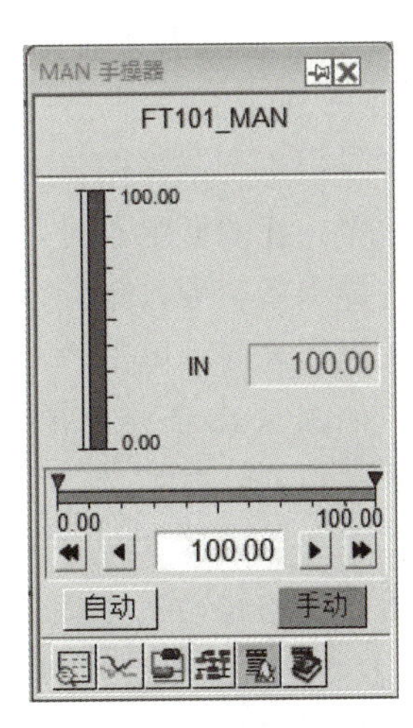

图6.11 手操器面板

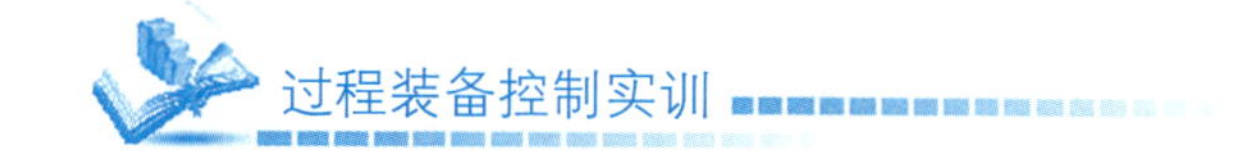

6.4.2 创建与管理工艺流程图

通过新建图形创建相关图形文件，创建相关图形文件有利于后期编辑、管理和下装。

（1）创建工艺流程图。

在“工程总控”界面左侧，选择“操作组态”→“工艺流程图”选项并右击；在弹出的“工艺流程图”栏，单击“新建”按钮。弹出“新建画面”对话框，单击“确定”按钮，成功创建工艺流程图，如图 6.12 所示。

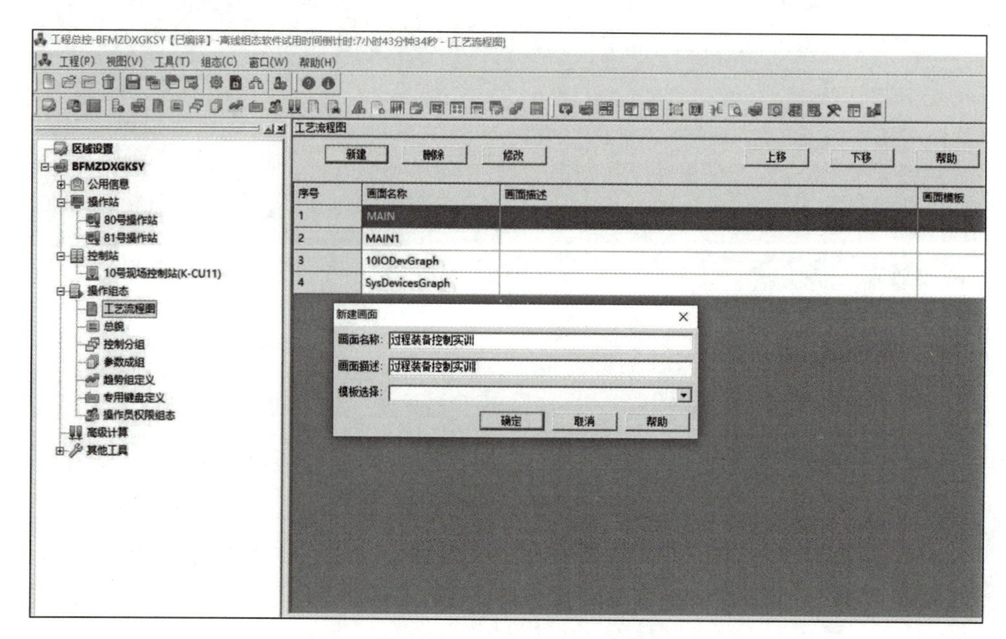

图 6.12　创建工艺流程图

成功创建工艺流程图后，系统会弹出相应的图形编辑界面，双击图形工作区弹出的“画面属性”对话框，修改图形名称、画面大小、背景等基本参数。过程装备控制实训工艺流程图如图 6.13 所示。

（2）导入、导出工艺流程图。

为了提高效率，在图形组态时，可以在不同工程中相互引用某些图形文件，将该图形文件从原工程中导出后，导入另一个工程。图形导出、导入界面如图 6.14 所示。

在“图形编辑”界面，单击“文件”→“导出画面”命令，在弹出的对话框中勾选需要导出的画面，如图 6.15 所示，单击“导出”按钮，选择文件存储路径，在相应的路径下生成 .mgp 格式的图形文件。

在“图形编辑”界面，单击“文件”→“导入画面”命令；在弹出的对话框中，选择要导入的图形文件的路径；选中图形文件后，单击“打开”按钮，导入工艺流程图，如图 6.16 所示。若要导入此图形文件，且不想覆盖原文件，则可以选择重命名，使导入文件以其他名字存储到工程中。

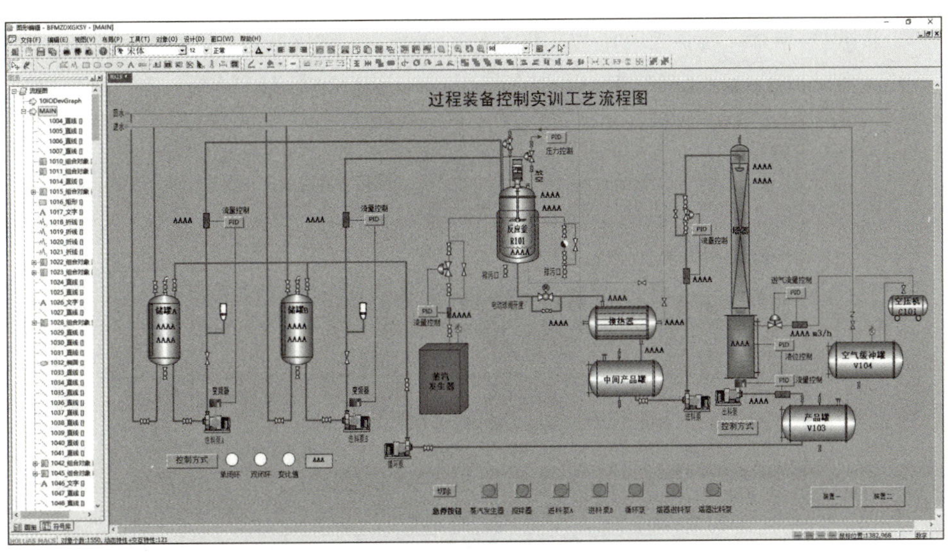

图 6.13　过程装备控制实训工艺流程图

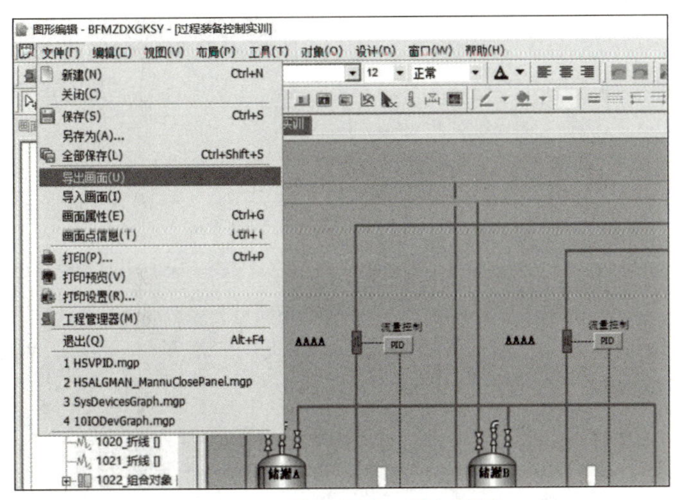

图 6.14　图形导出、导入界面

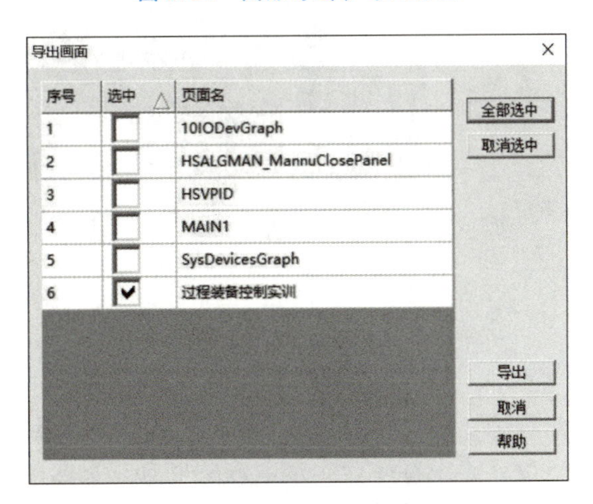

图 6.15　勾选需要导出的画面

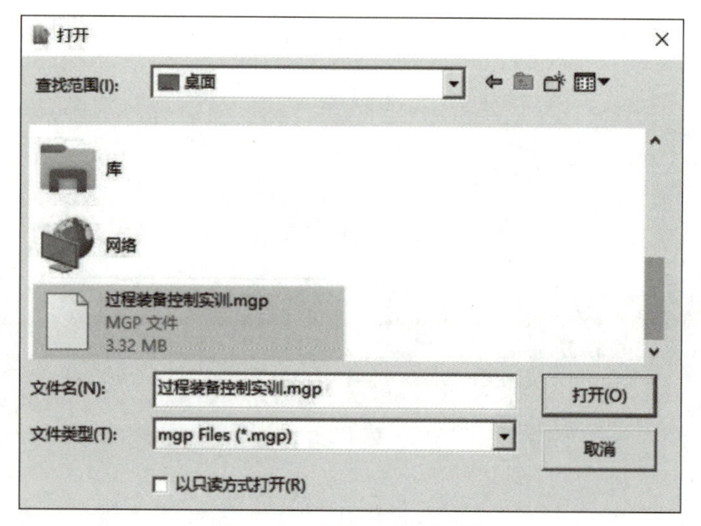

图 6.16　导入工艺流程图

(3) 删除工艺流程图。

若要删除工程中的某个工艺流程图，则应关闭该工艺流程图的图形编辑窗口，在图形编辑界面，选中需要删除的工艺流程图名称并右击，在弹出的快捷菜单中选择“删除画面”选项，如图 6.17 所示。删除工艺流程图后，该工艺流程图文件也会从工程文件夹中被同步删除，故删除工艺流程图应慎重。

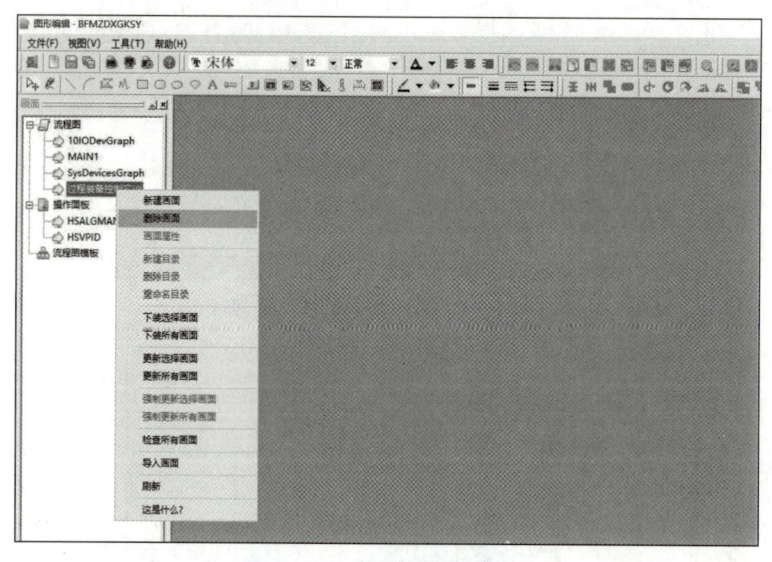

图 6.17　“删除画面”选项

6.4.3　绘制静态图形

在绘制静态图形的过程中，可以利用“图形编辑”界面中工具栏里的主要工具和辅助工具绘制基本图形，也可以从系统符号库中调取现有图形，如图 6.18 所示，从而提高绘图效率。

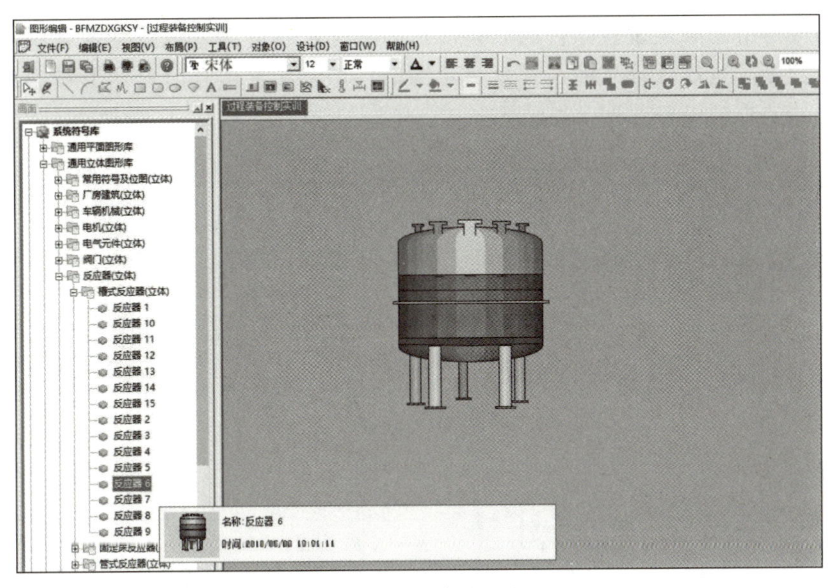

图 6.18　系统符号库

6.4.4　动态图形设置

绘制完静态图形后，可以添加动态特性，使一些设备在线运行时，显示数据库中点值的变化或运行状态的变化。动态特性可用于读取数据库中的点值，从而以不同的方式反映设备状态。常用的动态特性有模拟量值特性、变色特性、隐藏特性、文字特性、闪烁特性、填充特性、旋转特性及移动特性等。

下面主要介绍工艺流程图中常用的模拟量值特性、变色特性和隐藏特性。

（1）模拟量值特性。

模拟量值特性是指按照数据库或设置的格式，显示模拟量的数值和单位。模拟量值特性仅对文字对象有效。借助该特性，系统能够同时显示模拟量数值和单位，并可分别设置文字颜色、恢复颜色及报警颜色等。模拟量值特性多用于现场，以显示实时点值。模拟量值特性的参数设置如图 6.19 所示。

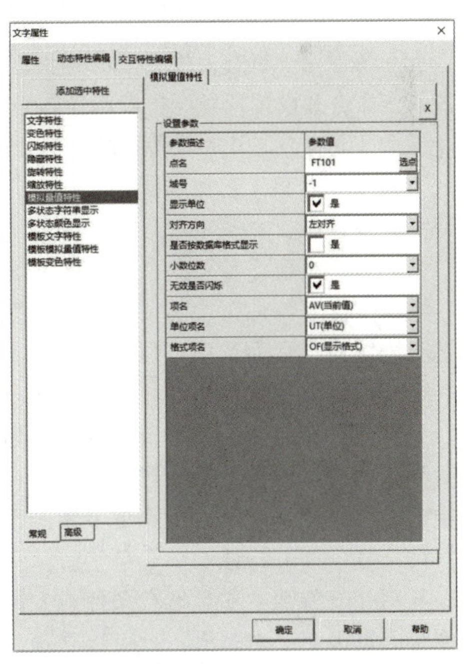

图 6.19　模拟量值特性的参数设置

（2）变色特性。

变色特性是指通过条件触发，设备在线运行时，图形进行相应的条件变色。该特性通常用于显示开关量设备运行状态，如阀门的开关到位、故障情况等。变色特性的参数设置如图 6.20 所示。

(3) 隐藏特性。

隐藏特性是指当满足设置条件时，将图形隐藏起来不可见。该特性通常用于设置故障信号或报警信号。当触发信号时，正常显示图形；当未触发信号时，图形被隐藏起来不可见。隐藏特性的参数设置如图 6.21 所示。

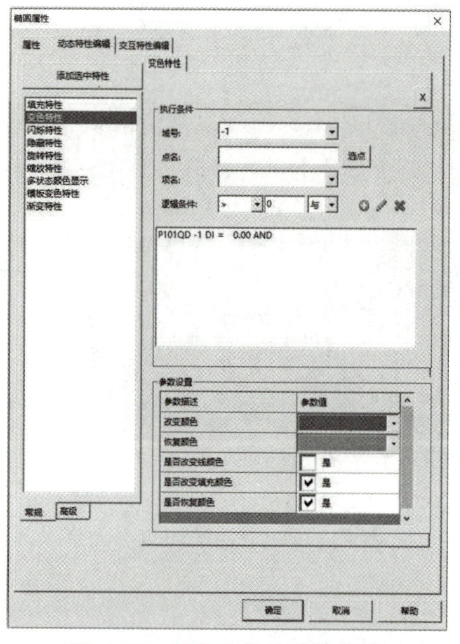

图 6.20 变色特性的参数设置

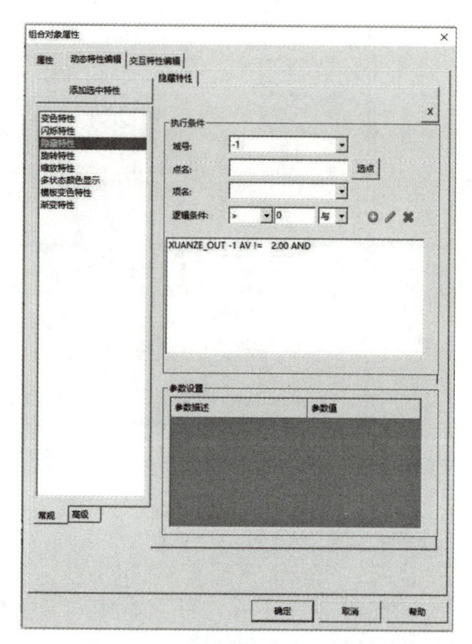

图 6.21 隐藏特性的参数设置

6.4.5 设置交互图形

交互特性用于组态人机交互的各类操作功能，如切换工艺流程图、弹出设备控制窗口、下发操作命令和设置现场设备控制参数等。工业现场常用的交互特性有打开页面、设定值特性、显示 Tip 特性、开关反转特性、打开模板、置位特性、增减值特性和弹出操作面板等。

下面主要介绍工艺流程图中常用的打开页面、设定值特性、显示 Tip 特性、开关反转特性和打开模板。

(1) 打开页面。

单击"交互特性"中的"打开页面"，以及"响应事件"中的"鼠标左键抬起"按钮，工艺流程图对应页面选项可以呈现按下状态。打开页面的参数设置如图 6.22 所示。

(2) 设定值特性。

设定值特性的功能是单击对象，可通过数字键盘对某变量对象发出写值命令，且可以在量程范围内对变量下发任意写值命令。因此，对于执行机构开度指令的调节或一些运行参数的调节来说，设定值特性更灵活。设定值特性的参数设置如图 6.23 所示。

(3) 显示 Tip 特性。

显示 Tip 特性主要是指在条件触发时用于显示变量的相关提示说明。这些说明可以是该变量的点说明、实时值，也可以是预先设置的提示内容，以便用户在线查看。显示 Tip 特性的参数设置如图 6.24 所示。

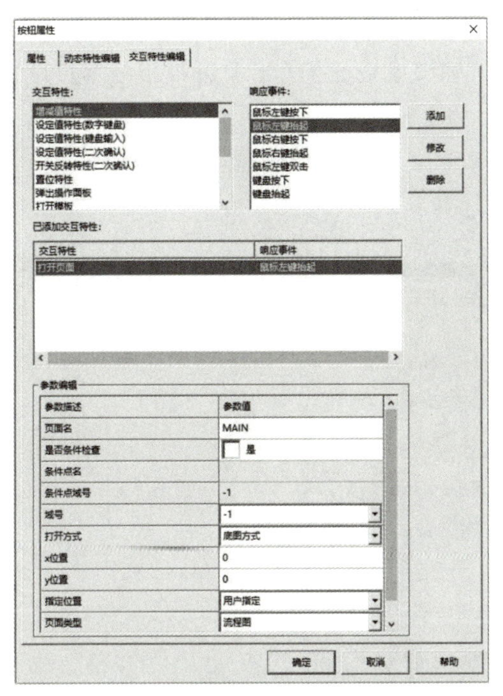

图 6.22　打开页面的参数设置

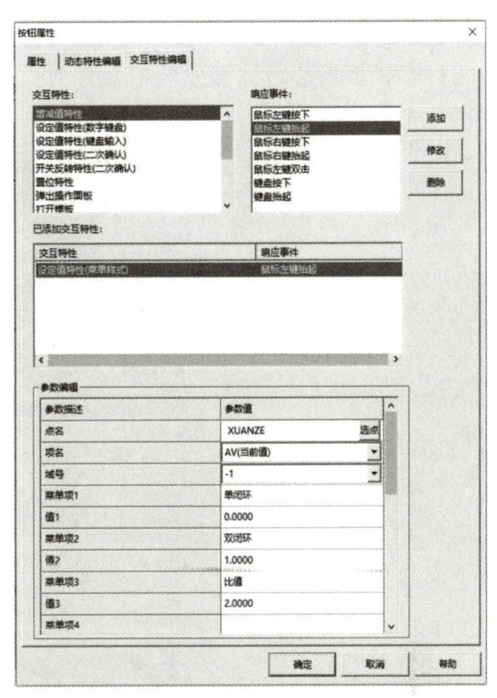

图 6.23　设定值特性的参数设置

（4）开关反转特性。

开关反转特性可实现单击同一图形发出 1 信号或 0 信号并相互切换，还具有二次确认功能。开关反转特性的参数设置如图 6.25 所示。

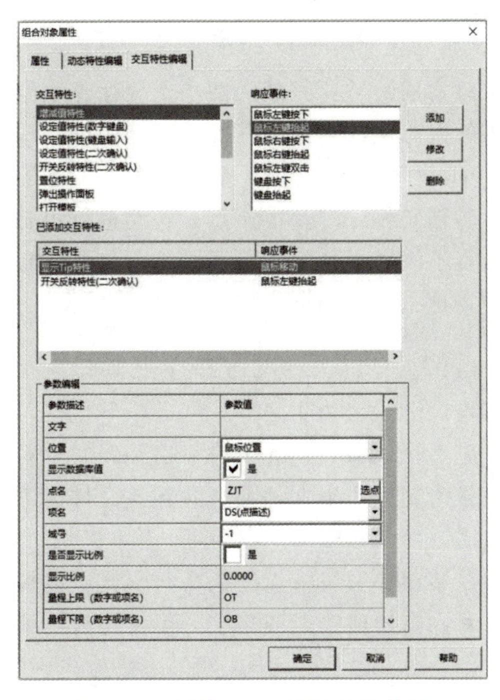

图 6.24　显示 Tip 特性的参数设置

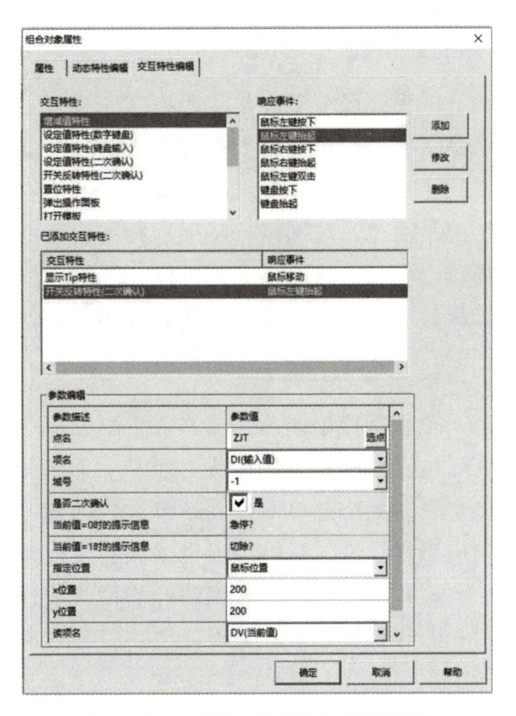

图 6.25　开关反转特性的参数设置

（5）打开模板。

打开模板功能可在触发响应事件时，实现打开窗口模板的操作。打开模板的参数设置如图 6.26 所示。

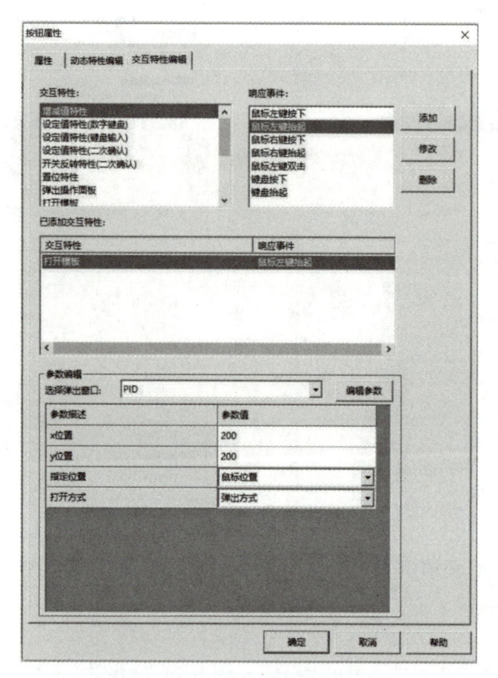

图 6.26　打开模板的参数设置

6.4.6　工程编译与下装

工程编译与下装是工程组态完成之后、在线运行之前经常要完成的两项重要操作。编译是指将用户组态的数据转化为系统在线运行所需的组态文件，检查并提示组态中的语法错误，检查点值的合法性。编译主要包含工程总控编译和 AutoThink 编译两种。下装的作用是通过系统网络，将工程师站组态的离线文件传输到相应的其他站点。若要进行组态修改，只有完成下装，才可以在线运行。修改的内容不同，下装的站点不同。下装主要有操作员站下装、历史站下装和现场控制站下装三种，这三种下装没有顺序限制。

1. 工程总控编译

工程总控编译是一项非常重要的操作，可以实现以下三个功能。

（1）生成控制站算法工程，一个现场控制站对应一个 AutoThink。第一次编译时，系统会根据工程总控中控制站组态的内容，生成以站号为名称的子文件夹，并在该文件夹下生成工程文件。后续编译无须重新生成该文件，只需改变工程中的内容即可。

（2）检查数据库点值的合法性。编译后，若存在错误，系统将以红色字符形式予以提示；若有报警，系统将以蓝色字符形式予以提示；若没有任何错误或报警，系统将显示编译完成。

（3）生成系统状态图和 I/O 设备图。可根据组态选项的内容，选择是否生成系统状态图和所有 DCS 站的 I/O 设备图。

在“工程总控”界面，单击“工具”→“组态选项”命令，在弹出的“组态选项”对话框（图 6.27）中，对系统状态图进行编译设置。

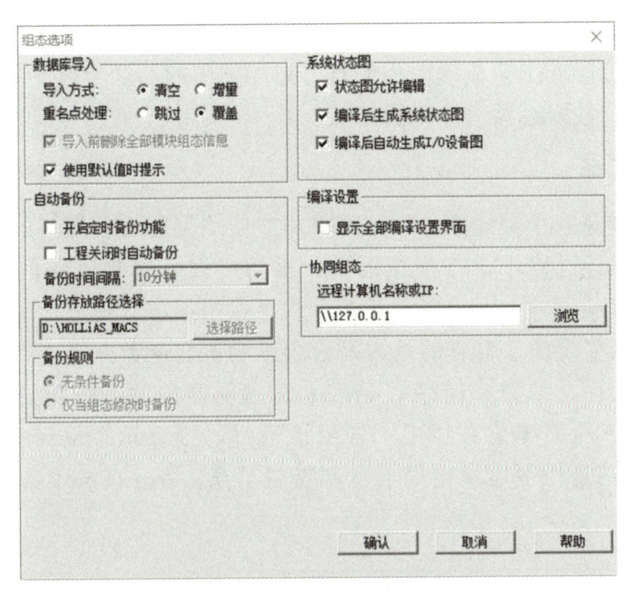

图 6.27 “组态选项”对话框

在“工程总控”界面，单击“工具”→“编译”命令，弹出“是否编译”对话框，单击“是”按钮，开始编译。工程编译的过程及结果如图 6.28 所示。

```
[2024-05-31 18:15:20]生成HistDig.Tab...
[2024-05-31 18:15:20]开关量历史库当前点项为132,可以继续添加59868个开关量点项!
[2024-05-31 18:15:20]生成HistStr.tab...
[2024-05-31 18:15:20]生成SysDev.tab...
[2024-05-31 18:15:20]生成10号站IODevice.tab...
[2024-05-31 18:15:20]生成ServerCanIndex.tab...
[2024-05-31 18:15:20]生成PeriodTrans.tab...
[2024-05-31 18:15:20]生成高级计算点项表...
[2024-05-31 18:15:20]生成图形...
[2024-05-31 18:15:21]编译报表打印组态
[2024-05-31 18:15:21]编译报表组态
[2024-05-31 18:15:24]报表 "AA" 编译成功!
[2024-05-31 18:15:24]编译报警分类
[2024-05-31 18:15:24]编译交换机参数设置
[2024-05-31 18:15:24]编译其他产品信息组态
[2024-05-31 18:15:24]编译自定义报警
[2024-05-31 18:15:24]生成点相关图...
[2024-05-31 18:15:24]正在保存控制器hpf工程!
[2024-05-31 18:15:24]正在部分生成0号站,请等待...
[2024-05-31 18:15:29]编译完成!
信息栏  编辑信息  编译信息  下装信息
```

图 6.28 工程编译的过程及结果

(4) 需要编译工程总控的情况。

① 增加或删除控制站。

② 增加或删除测点、模块和操作员站。

③ 导入数据库。

④ 修改测点参数（如报警、点说明等）。

⑤ 增加自定义功能块。

⑥ 增加域间引用点。

⑦ 修改历史站节点号。

⑧ 修改工程域号。

⑨ 增加、删除、改变工艺流程图中的点，使相关图的功能生效。

⑩ 增加、删除、改变总貌（非电通用版）。

2. AutoThink 编译

AutoThink 编译是一个翻译的过程，可将用户使用编程语言编写的源程序翻译为可执行的目标程序。在编译过程中，若存在语法、语句错误，这些错误信息会显示在信息窗口。AutoThink 自带编译功能，编译完成后，若存在错误，必须进行修改，否则无法正常下装；若有警告，则需要确认警告的内容是否会影响工艺逻辑方案。

单击“保存”图标，编译和保存 AutoThink 编辑器内的工程信息，编译信息会显示在 AutoThink 界面下的编译信息栏中；若编译通过，则显示“编译完成：0 错误，0 警告”，否则会在编译信息栏中显示错误信息和警告信息。AutoThink 编译的过程及结果如图 6.29 所示。

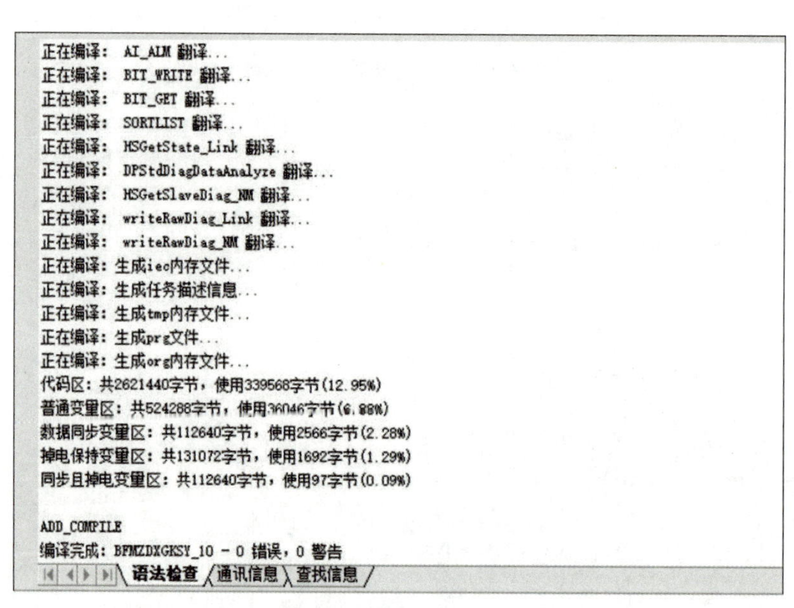

图 6.29　AutoThink 编译的过程及结果

需要 AutoThink 编译的情况。

① 增加或删除测点和模块。

② 导入数据库、修改测点参数。

③ 增加自定义功能块。

④ 修改逻辑。

⑤ 修改工程域号。

3. 控制站下装

控制站下装是将组态并编译完成的控制算法文件，通过系统网络传输到现场相应控制站内的主控制器（将离线组态文件从工程师站下发到现场控制站）的过程。控制站下装分为全下装和增量下装两种，其中全下装也称初始化下装。当首次给控制器下装工程，或者本地工程名与控制器工程名不一致时，需要进行全下装；其他情况的下装都属于增量下装。全下装后，主控制器的所有变量都会被设置为初始值，需要重新计算，故操作要慎重；增量下装只是将修改或追加的部分下装到主控制器单元继续运行，对正在运行的主控制器单元无扰下装，增量下装适用于修改组态逻辑等情况。

（1）需要下装控制站的情况。

① 增加或删除控制站。

② 增加或删除测点和模块。

③ 导入数据库。

④ 修改测点参数（报警、点说明等）。

⑤ 增加自定义功能块。

⑥ 修改逻辑。

⑦ 修改工程域号。

增量下装前，需确认组态修改内容对应的设备运行状况。为防止在下装过程中出现通信异常等情况，必要时可停运相应设备或切换至就地运行，防止发生误动作等事故。

（2）增量下装的步骤。

① 选择要下装的现场控制站，打开对应的 AutoThink 软件。

② 保存、编译当前控制站对应的 AutoThink，确认无错误和无报警。

③ 在“AutoThink”界面，单击“在线”→“下装”命令。

④ 软件自动回读在线值和离线值不一致的变量。

⑤ 在“参数对齐”窗口中，筛选出所有在线值和离线值不一致的变量。若勾选“在线值”复选框，则离线修改的值不生效；若勾选“离线值”复选框，则系统会将工程师站离线修改的变量值下装到控制器。

⑥ 自动生成并校验 SDB 文件。

⑦ 确认下装。若单击“是”按钮，则系统会继续下装；若单击“否”按钮，则系统会退出下装。

⑧ 通过人机交互界面显示文件的下装进度，当确认人机交互界面由屏蔽状态变为可操作状态时，单击“确定”按钮。

⑨ 在“AutoThink”界面，单击“在线”→“在线”命令，可以在线查看运行状态。

4. 操作员站下装

操作员站下装是将工程师站离线修改的图像页面和其他离线组态文件，通过网络下发到相应操作员站的过程。

（1）需要下装操作员站的情况。

① 增加或删除系统节点硬件。

② 修改数据库的内容。

③ 修改公用信息。

④ 修改操作组态。

（2）在下装操作员站之前的注意事项。

① 下装前需确保系统网络正常，并且需确保系统网络地址与操作站 IP 地址一致。

② 下装前需确保节点守护运行正常，否则会下装失败。

（3）操作员站的下装步骤。

① 在“工程总控”界面，单击“工具”→“编译”命令，对工程进行编译，且需确认无错误。

② 在“工程总控”界面，单击“工具”→“下装”命令，弹出“工程师站下装”对话框。

③ 在操作员站列表中勾选要下装的操作员站，选择要下装的工程名称，并选择要下装的文件，单击“下装”按钮。

5. 历史站下装

历史站下装是将工程师站组态后的各种服务所需离线组态文件，通过网络下发到历史站的过程。历史站下装完之后，需要对其进行数据生效操作，重启历史站的服务进程。

（1）需要下装历史站的情况。

① 增加或删除系统节点硬件。

② 修改数据库。

③ 修改操作员站在线用户信息。

④ 增加自定义功能块。

⑤ 增加域间引用点。

⑥ 增加或修改报表打印站。

⑦ 修改历史站节点号。

⑧ 修改工程域号。

⑨ 修改校时方式。

（2）历史站下装步骤。

① 在“工程总控”界面，单击“工具”→“下装”命令，弹出“工程师站下装”对话框。

② 在操作员站列表中勾选要下装的“历史站”，单击“下装”按钮。

③ 下装完成后，单击“数据生效”按钮。

6. 工程仿真

工程仿真所用的仿真软件是系统自带的，用于在组态完成后对组态内容进行模拟下装和调试运行。该软件可以通过启动虚拟 DPU 来仿真控制器运算、仿真历史站和操作员在线。在不具备真实的下装条件或没有真实的现场控制站的环境下，工程仿真可以通过仿真软件提供的便捷调试环境，对控制方案、画面显示效果等进行验证，以便检查组态的正确性、完整性，从而为现场调试提供有力支持。

（1）仿真控制站步骤。

仿真控制站步骤如下。

① 单击“开始”→“HOLLiAS_MACS”→“仿真启动管理”→“仿真启动管理器”命令，弹出“仿真启动管理器”对话框，同时在桌面右下方增加快捷小窗口。

② 在弹出的“仿真启动管理器”对话框中，选择控制器域号及相应的控制器站号，单击“启动”按钮，启动对应的虚拟 DPU。

③ 在“AutoThink”界面，单击“在线”→“仿真模式”命令，进入仿真模式。

④ 在“AutoThink”界面，单击“在线”→“下装”命令，工程自动进行编译。编译完成后，单击“是”按钮，下装组态文件至 VDPU。

⑤ 在“AutoThink”界面，单击“在线”→“在线”命令，通过仿真方式在线调试和查看组态逻辑。

（2）仿真历史站和操作员在线步骤。

仿真历史站和操作员在线步骤如下。

① 按照上述步骤启动 VDPU，并下装组态文件到 VDPU，确保 VDPU 正常运行。若要仿真多个 VDPU，则需要启动多个控制器。

② 对编译完成的工程进行操作员站和历史站的下装。

③ 下装完成后，对历史站进行数据生效操作。数据生效后，自动启动历史站服务进程，相应的“仿真启动管理”对话框中“启动历史站”复选框前面的小方框呈绿色。

④ 在“仿真启动管理”对话框中，单击“启动”按钮，启动操作员在线。

（3）仿真软件使用注意事项。

仿真软件使用注意事项如下。

① 仿真启动前需确保节点守护运行正常。

② 仿真前需确保工控机至少有一个物理网卡；若没有，则需按照操作系统对应的虚拟网卡要求及操作站的 IP 地址要求，设置相应的 IP 地址。

③ 为方便后期调试，在工程总控编译下装前，需确保“操作站用户组态”里至少有一个工程师级别的用户，该用户后期可仿真登录和退出操作员在线。若是操作员及以下级别用户，则后期无法退出操作员在线。

6.5 过程装备控制 DCS 的组成

根据过程装备控制实训控制对象要求，配套和利时 DCS，按照标准工业化控制系统规范进行建设。该系统主要由工程师站、操作员站、控制站等组成。

6.5.1 DCS 的结构

DCS 是由一个 DCS 控制机柜、两台交换机、两台工程师站兼操作员站及过程装备控制实训装置，通过以太网及信号线缆组成的过程装备控制系统。用户可通过旋转操作台上的“系统切换”按钮，切换 DCS 控制站、PLC 控制系统和仪表控制系统，以满足不同控制系统的教学需求。

DCS 网络主要分为系统网络和控制网络两类。系统网络（SNET）由 100/1000MB 高速冗余工业以太网络构成，用于工程师站、操作员站、现场控制站和通信控制站的连接，以完成现场控制站的数据下装。系统网络可快速构建星形、环形和总线型拓扑结构的高速冗余安全网络，基于 TCP/IP 通信协议，通信速率具备 100/1000Mb/s 自适应能力，传输介质为带有 RJ-45 连接器的五类非屏蔽双绞线。控制网络（CNET）采用冗余现场总线与各 I/O 模块及智能设备连接，首次同时支持星形网络和总线型网络。控制网络能够实时、快速、高效地完成与现场通信的任务，传输介质为屏蔽双绞线或光缆。在 MACS-K 系统中，控制网络也被称为 IO-BUS。

系统网络的网络节点主要由工程师站、操作员站、历史站（选配并可兼作系统服务器）和控制站等组成，控制网络的网络节点由控制站和 I/O 模块构成。系统网络和控制网络均采用冗余结构设计，要求工控机配置两个有线网卡，且分别采用不同网段的 IP 地址。DCS 的结构如图 6.30 所示。

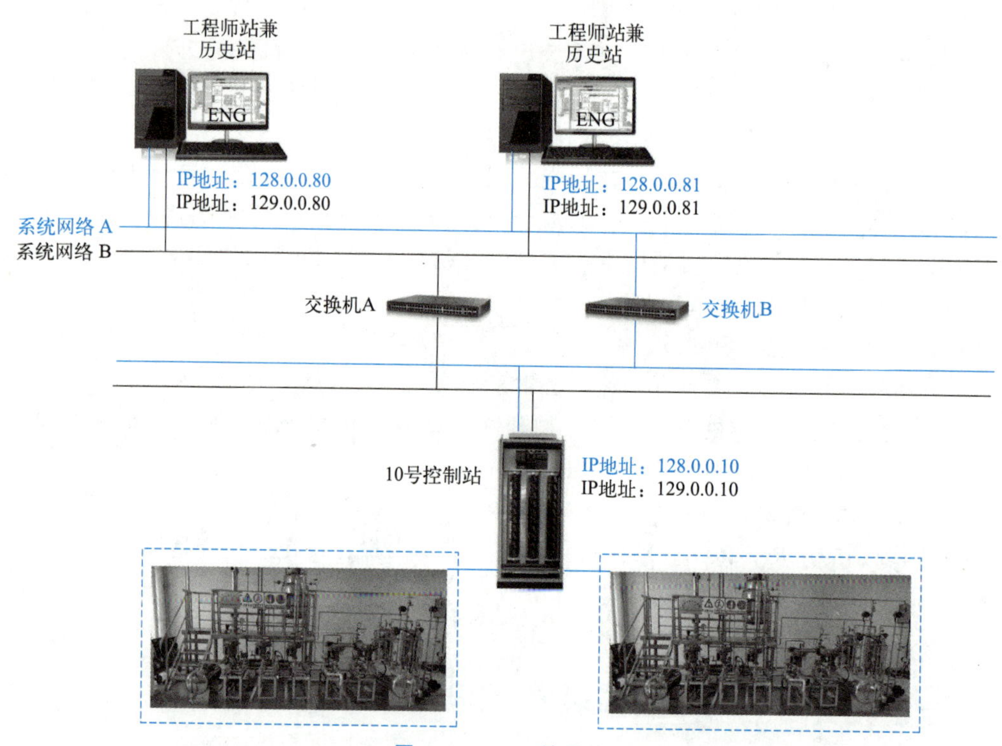

图 6.30　DCS 的结构

6.5.2　工程师站

工程师站采用 Windows 操作系统运行相应的组态管理程序，并对整个系统进行集中控制和管理。工程师站的主要功能如下。

（1）控制策略组态（系统硬件设备、数据库、控制算法）。

（2）人机界面组态（图形、报表）。

（3）设置系统的相关参数。

（4）下装和在线调试现场控制站。

（5）在线修改操作员站的人机界面。

在工程师站运行操作员站实时监控程序后，可以把工程师站作为操作员站。逻辑组态界面如图 6.31 所示，数据库组态界面如图 6.32 所示，数据库管理界面如图 6.33 所示。

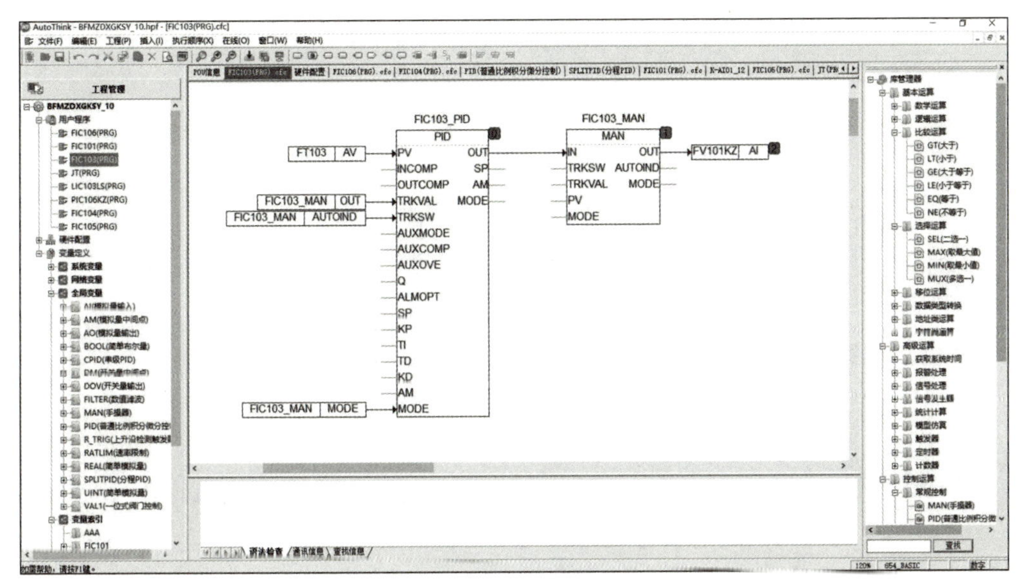

图 6.31　逻辑组态界面

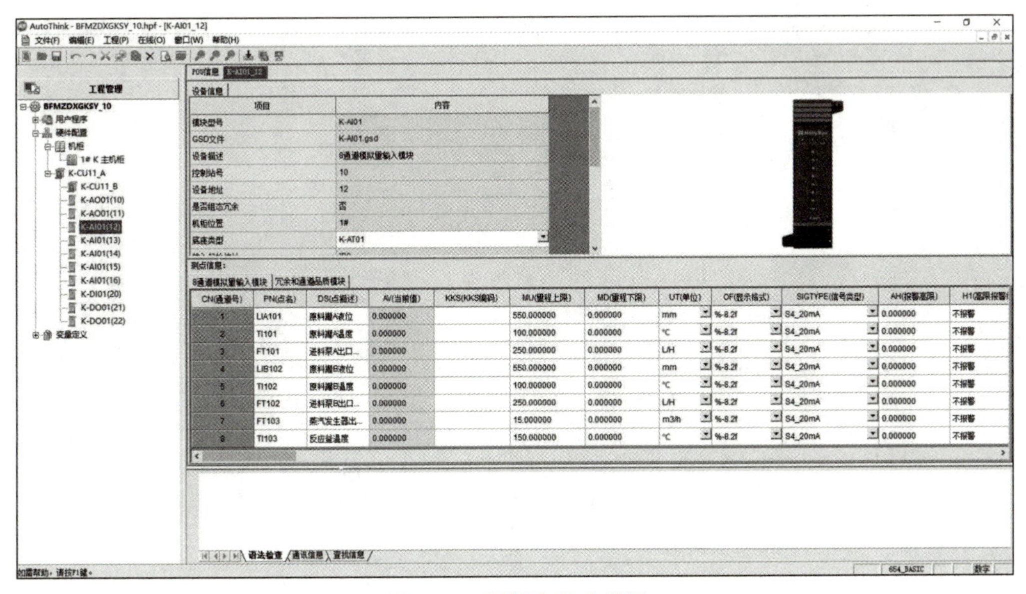

图 6.32　数据库组态界面

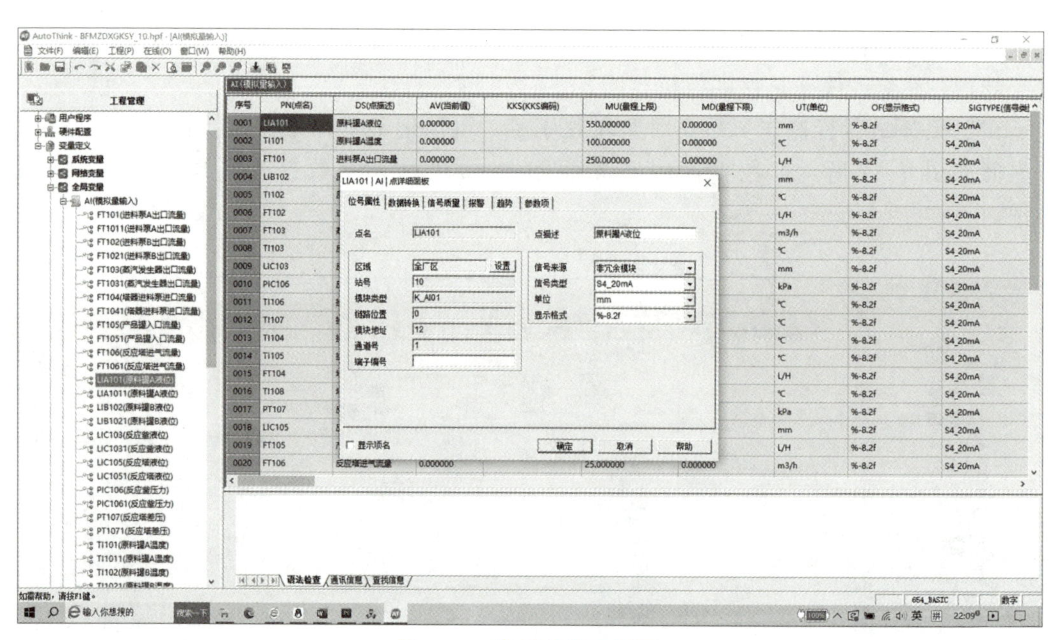

图 6.33　数据库管理界面

6.5.3　操作员站

操作员站采用 Windows 操作系统运行相应的实时监控程序，并对整个系统进行监视和控制，操作员界面如图 6.34 所示。操作员站的主要功能如下。

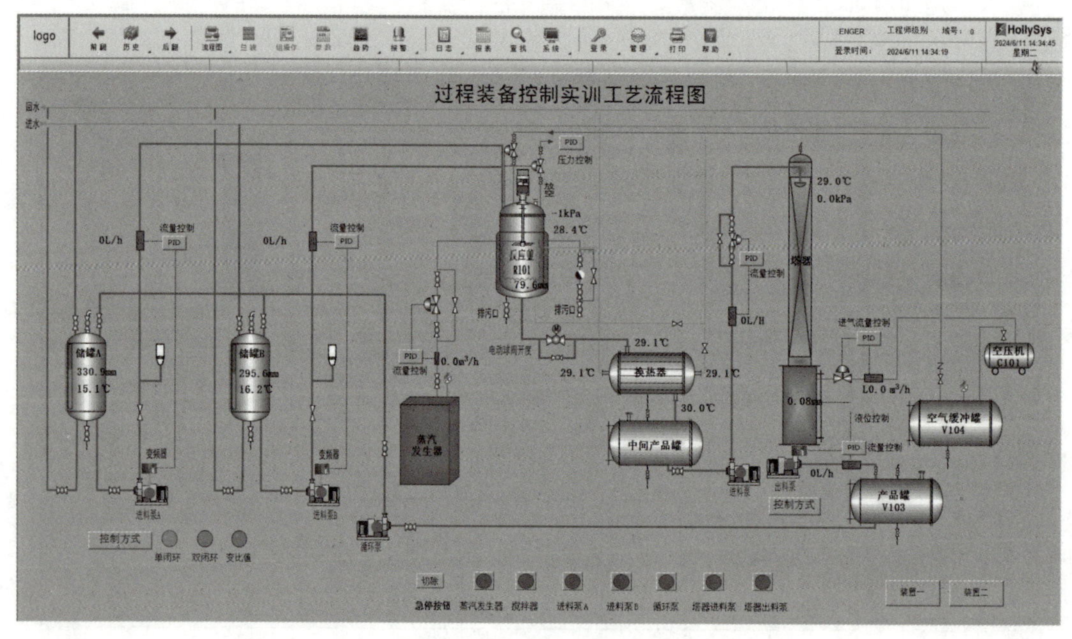

图 6.34　操作员界面

(1) 显示、查询和打印监视信息，主要包括显示工艺流程图、显示趋势、显示参数列表、报警监视、查询日志、监视系统设备等。

(2) 通过键盘、鼠标或触摸屏等人机设备修改命令和参数，实现对系统的人工干预，如修改在线参数、调节控制等。

6.5.4 现场控制站

现场控制站是DCS实现数据采集和过程控制的前端，主要用于完成数据采集、工程单位变换、开闭环策略控制算法、过程量的采集和控制输出，系统网络可将数据和诊断结果传送到系统监控网。同时，现场控制站有完整的表征I/O模块及MCU运行状态提示灯。现场控制站由主控制器单元、I/O模块、电源单元、现场总线和机柜等组成。机柜硬件配置如图6.35所示。

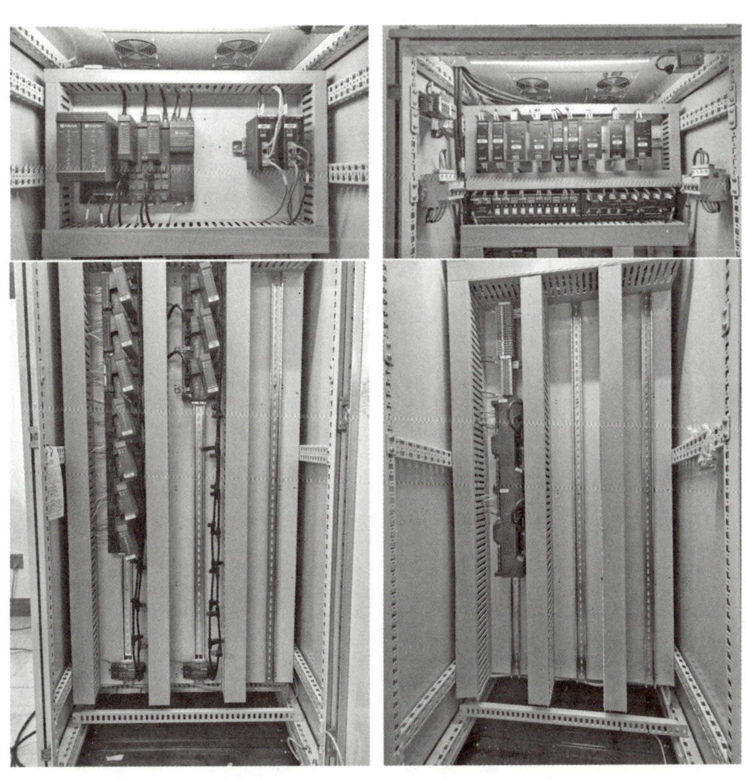

图6.35 机柜硬件配置

6.6 实训项目操作

6.6.1 基本操作说明

DCS可在工控机上进行控制逻辑编写、下装、画面组态和实训操作等。

DCS登录及操作说明如下。

在工控机屏幕的右下角右击节点守护“NodeDaemon”图标，弹出“启用/禁用设备”对话框，单击该对话框，弹出“验证登录”对话框，输入管理员密码HollySys（需要区分

【拓展视频】

大小写）即可启用移动存储设备（如移动硬盘、U盘等）。

若要进行实训教学，仅需运行操作员在线软件；若要改变控制逻辑，在工程师站运行“工程总控”软件即可。工程用户名为AAAA，密码为Hollysys654。操作员在线用户名为ENGER，密码为Hollysys654。操作员在线已设置自动登录，无须再次登录。在“操作员在线”界面，单击“管理”→“退出系统”命令，退出操作员在线软件。

6.6.2 实训开车准备

（1）实训前准备。

① 熟悉实训工艺流程，熟悉反应釜、塔器、换热器和储罐等主要设备的基本构造。

② 熟悉温度、压力、流量和液位等参数的测量步骤，熟悉控制点的位置。

③ 检查公用工程（水、电）是否处于正常供应状态。

④ 设备上电，检查流程中的设备、仪表是否处于正常状态。

⑤ 在储罐A和储罐B中加水至储罐容积的2/3，在蒸汽发生器内加满水。

⑥ 检查流程中的阀门是否处于正常开车状态，关闭VA106、VA107、VA108、VA109、VA110、VA111、VA122阀门。

⑦ 按照控制要求制定合理的操作方案。

（2）正常开车。

① 闭合电源总开关，按下工控机和仪表按钮，将控制选择按钮开关旋至“DCS”挡位，检查仪表显示是否正常。

② 打开空气压缩机出口阀门，给空气缓冲罐充气，打开各气动调节阀进气阀门。

③ 确保VA105阀门处于关闭状态，同时确保蒸汽发生器内有充足的水，以便为实验提供所需蒸汽。

④ 双击工控机桌面上的“操作员在线”图标，打开操作员界面。

6.6.3 进料流量比值控制

1. 进料流量单闭环比值控制

（1）检查阀门VD101、VD104、VD106、VD109、VD112、VD113、VD114是否处于打开状态，关闭阀门VA101、VA102、VA103、VA104、VD103、VD108、VD102、VD107、VD119。

（2）双击工控机桌面上的“操作员在线”图标，打开操作员界面，如图6.34所示。

（3）选择“单闭环”控制方式，单击进料泵A上方的“变频器”图标，弹出“FT101_MAN手操器”面板，如图6.36所示，此时为手动模式，即操作员只能手动输入变频器开度指令控制输出。

（4）单击“进料泵A”按钮，使进料泵A处于准备状态。单击操作台上进料泵A正上方变频器上的“RUN”按钮，即可手动控制出口流量A。

（5）单击进料泵B上方的“变频器”图标，弹出“FT102_MAN手操器”面板，此时为手动模式，单击储罐B对应出口上方的“PID”按钮，弹出“FT102_PID1”面板，如图6.37所示，PID控制由手动模式自动切换至自动模式，设置SP值为100。

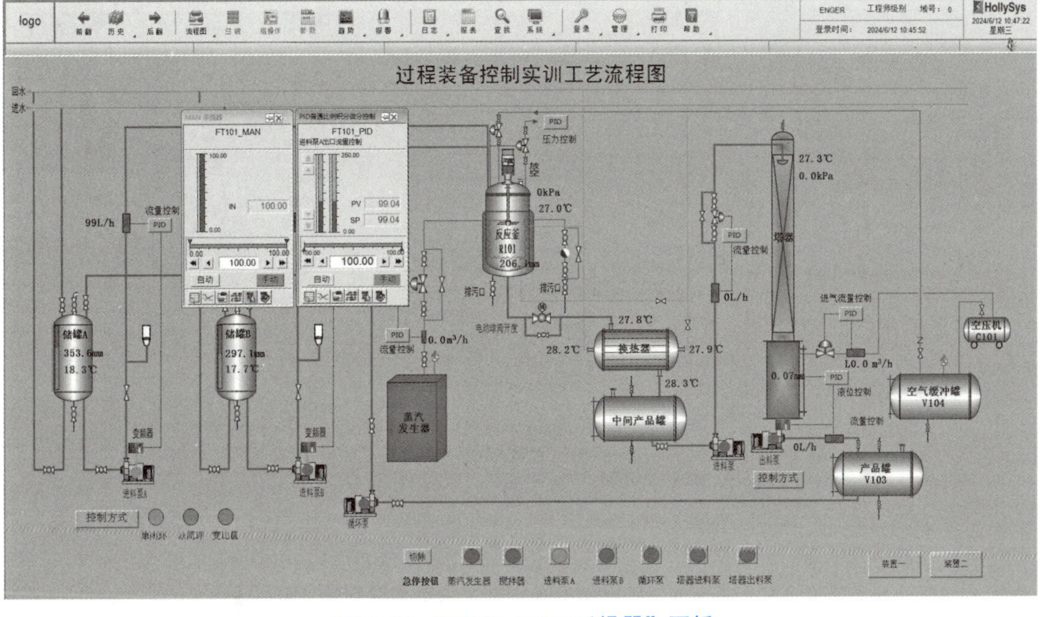

图 6.36 “FT101_MAN 手操器”面板

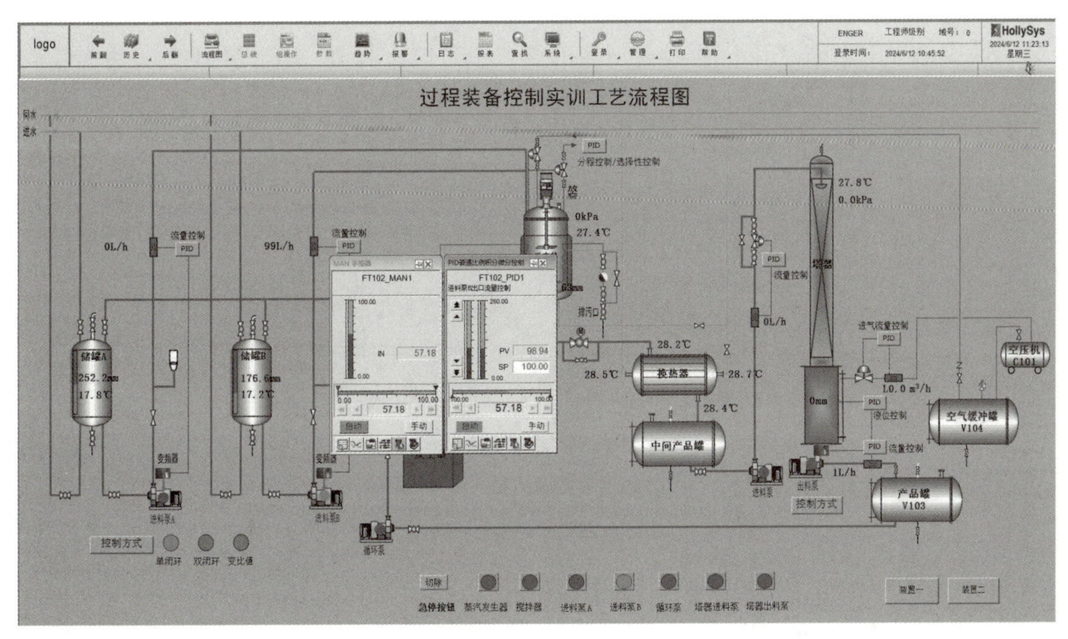

图 6.37 “FT102_PID1”面板

(6) 将“FT102_MAN 手操器”面板设置为自动模式，单击“进料泵 B”按钮，使进料泵 B 处于准备状态。单击操作台上进料泵 B 正上方变频器上的“RUN”按钮，即可自动控制出口流量 B。

(7) 单击“FT102_PID1”面板左下角的第一个“点详细”按钮，弹出“FT102_PID1 | PID | 点详细面板”对话框（图 6.38），可以适当调节 PID 参数，使流量控制在稳定状态。

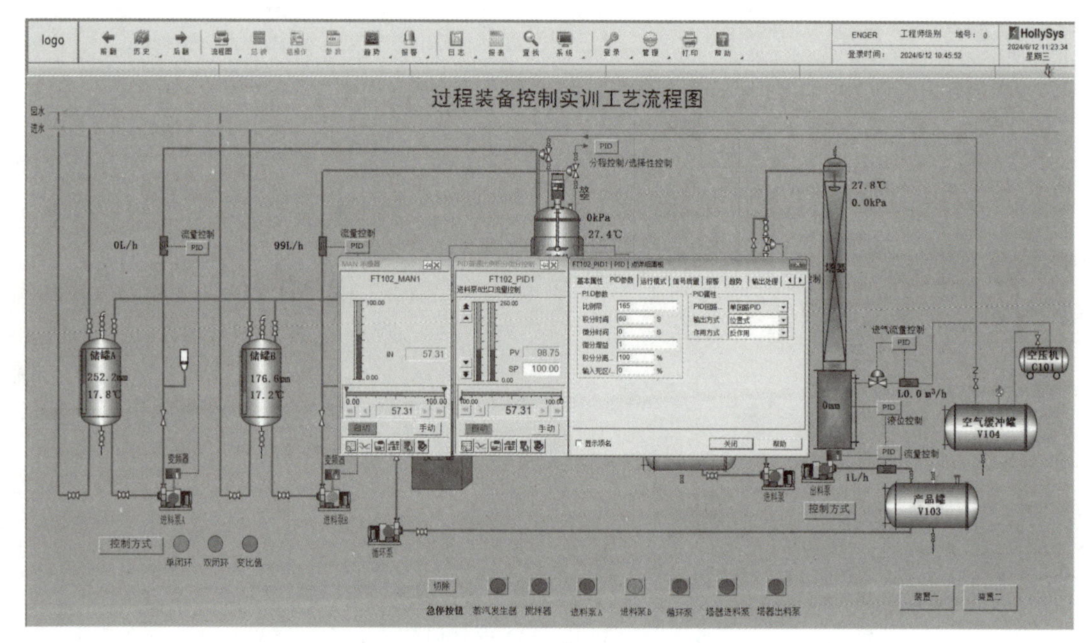

图 6.38 “FT102_PID1｜PID｜点详细面板”对话框

（8）单击“FT102_PID”面板左下角的第二个“面板趋势”按钮，弹出“曲线趋势”面板（图 6.39），可查看进料泵 B 出口流量的 PV 值与 SP 值及控制输出值的变化曲线。

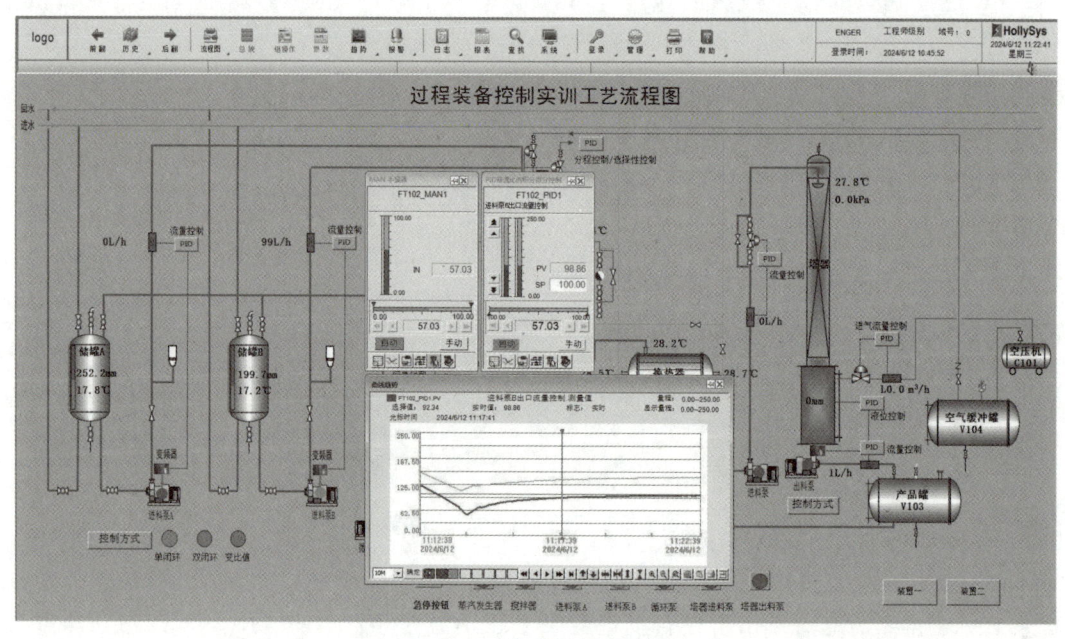

图 6.39 “曲线趋势”面板

（9）完成进料流量单闭环比值控制实验。关闭阀门 VA102 和 VA104，按下操作台上进料泵 A 正上方变频器和进料泵 B 正上方变频器的停止按钮“STOP”。当变频器不产生嗡鸣声时，在 DCS 操作员界面，关闭进料泵 A 和进料泵 B。

2. 进料流量双闭环比值控制

进料流量双闭环比值控制步骤如下。

(1) 检查阀门 VD101、VD104、VD106、VD109、VD112、VD113、VD114 是否处于打开状态，关闭阀门 VA101、VA102、VA103、VA104、VD103、VD108、VD102、VD107、VD119。

(2) 双击工控机桌面上的“操作员在线”图标，打开操作员界面，如图 6.34 所示。

(3) 选择“双闭环”控制方式，单击进料泵 A 上方的“变频器”图标，弹出“FT101_MAN 手操器”面板。单击进料泵 B 上方的“变频器”图标，弹出“FT102_MAN 手操器”面板。

(4) 单击储罐 A 对应出口上方的“PID”按钮，弹出“FT101_PID”面板；单击储罐 B 对应出口上方的“PID”按钮，弹出“FT102_PID”面板，如图 6.40 所示。PID 控制由手动模式自动切换至自动模式，进料泵 A 出口流量和进料泵 B 出口流量都是自动控制的。设置两个面板的 SP 值（一般设置为 100），DCS 会自动调节 PV 值并使其稳定在 100L/h。

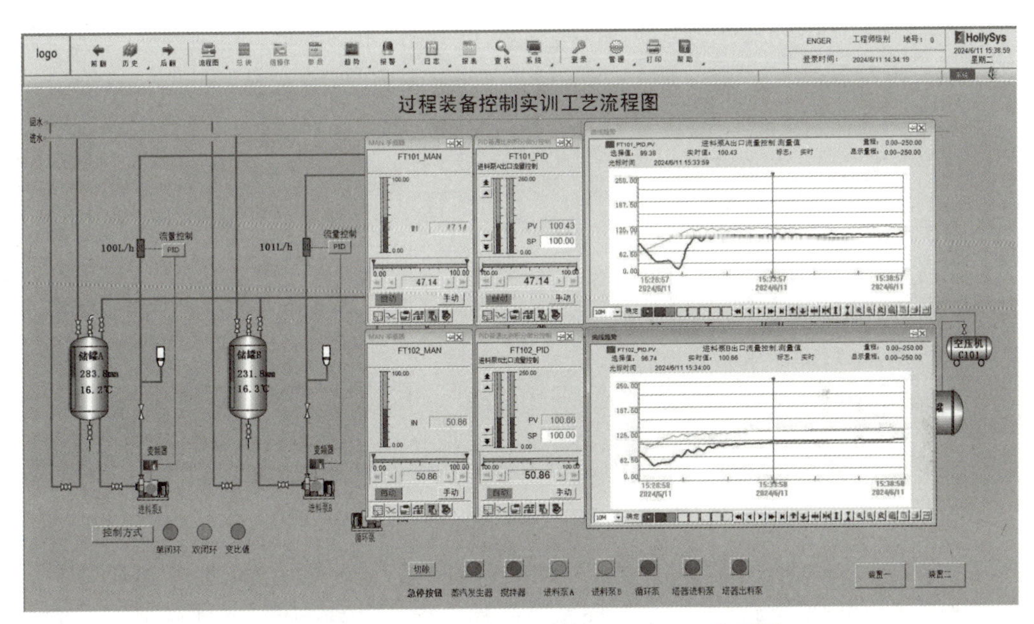

图 6.40 “FT101_PID”面板和“FT102_PID”面板

(5) 完成进料流量双闭环比值控制实验。关闭阀门 VA102 和 VA104，按下操作台上进料泵 A 正上方变频器和进料泵 B 正上方变频器的停止按钮“STOP”。当变频器不产生嗡鸣声时，在 DCS 的操作员界面，关闭进料泵 A 和进料泵 B。

3. 进料流量变比值控制

进料流量变比值控制操作步骤如下。

(1) 检查阀门 VD101、VD104、VD106、VD109、VD112、VD113、VD114 是否处于打开状态，关闭阀门 VA101、VA102、VA103、VA104、VD103、VD108、VD102、VD107、VD119。

(2) 双击工控机桌面上的“操作员在线”图标，打开操作员界面，如图 6.34 所示。

(3) 选择“变比值”控制方式，单击进料泵 A 上方的“变频器”图标，弹出“FT101_MAN 手操器”面板。单击进料泵 B 上方的“变频器”图标，弹出“FT102_MAN 手操器”面板。

(4) 单击储罐 A 对应出口上方的“PID”按钮，弹出“FT101_PID”面板；单击储罐 B 对应出口上方的“PID”按钮，弹出“FT102_PID”面板，如图 6.41 所示。选择“变比值”控制时，会弹出比值系数框，此时可填写比值系数 1.2（进料泵 B 出口流量 SP 值=比值系数×进料泵 A 出口流量的 PV 值），PID 控制由手动模式自动切换至自动模式，进料泵 A 出口流量和进料泵 B 出口流量都是自动控制的。设置两个 PID 参数面板的 SP 值（一般设置为 100），DCS 会自动调节 PV 值并使其稳定在 100L/h。

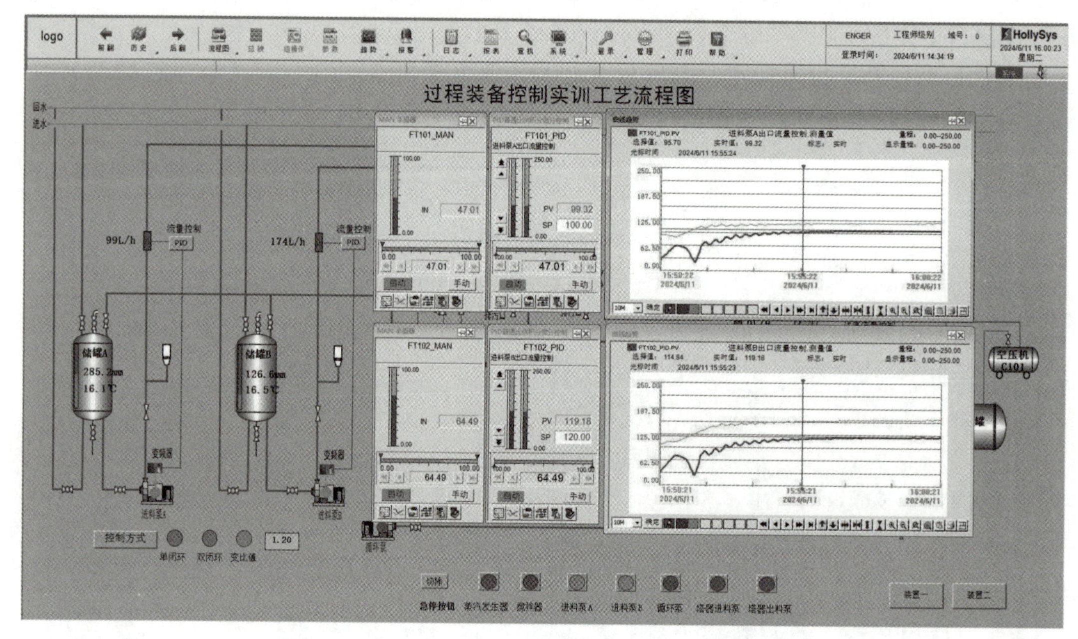

图 6.41 “FT101_PID”面板和“FT102_PID”面板

(5) 完成进料流量变比值控制实验。关闭阀门 VA102 和 VA104，按下操作台上进料泵 A 正上方变频器和进料泵 B 正上方变频器的停止按钮“STOP”。当变频器不产生嗡鸣声时，在 DCS 操作员界面，关闭进料泵 A 和进料泵 B。

6.6.4 蒸汽出口流量控制

蒸汽出口流量控制操作步骤如下。

(1) 双击工控机桌面上的“操作员在线”图标，打开操作员界面，如图 6.34 所示。

(2) 关闭反应釜出料旁路阀门 VD122，通过进料，反应釜液位保持在 50～450mm，关闭蒸汽发生器出口阀门 VD105。

(3) 检查阀门 VD141、VD142、VD120、VD121 是否处于打开状态，关闭阀门 VA106、VA109、VA119。

(4) 在 DCS 操作员界面，打开蒸汽发生器，当蒸汽发生器上压力表数值达到 0.4MPa

时，缓慢打开阀门 VA105。实验开始时，观察阀门 VD143 处是否有蒸汽喷出；若有，则关闭阀门 VD143。

(5) 蒸汽出口流量控制为气动阀 PID 单回路控制，蒸汽出口流量控制操作画面如图 6.42 所示。打开“FIC103_MAN 手操器”面板和“FIC103_PID”面板，且将其都设置为自动模式，蒸汽流量 SP 值一般为 $1m^3/h$。调节 PID 参数，查看蒸汽出口流量的实时曲线。

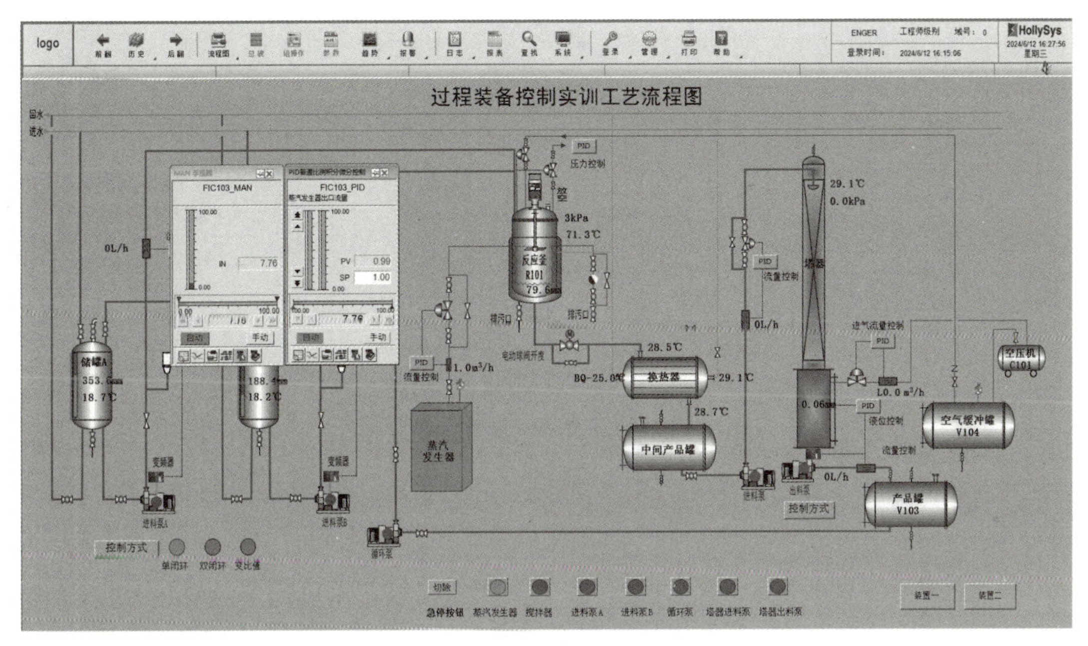

图 6.42 蒸汽出口流量控制操作画面

(6) 完成蒸汽出口流量控制实验后，通过蒸汽管道阀门 VA105 和 VD143，放空蒸汽发生器内的蒸汽，关闭蒸汽发生器。

6.6.5 反应釜压力分程控制

反应釜压力分程控制操作步骤如下。

(1) 双击工控机桌面上的“操作员在线”图标，打开操作员界面，如图 6.34 所示。

(2) 检查阀门 VA113、VD115、VD116、VD117、VD118 是否处于打开状态，关闭阀门 VA107、VA108、VD114，将空气缓冲罐 V104 上的减压阀数值调至 0.4MPa，打开气动调节阀的充气阀门。

(3) 蒸汽出口流量控制为进气阀与放空阀两台气动调节阀 PID 分程控制，单击反应釜进气调节阀“PIC106_MAN1 手操器”面板，同时打开反应釜放空调节阀“PIC106_MAN2 手操器”面板，再单击反应釜压力控制“PIC106_SPLITPID”面板，如图 6.43 所示。“PIC106_MAN1”和“PIC106_MAN2”两个手操器必须同时设置为自动模式，PID 控制自动调至自动模式。操作时，需要在反应釜压力控制“PIC106_SPLITPID”面板中输入 SP 值（一般为 20kPa）。还可以在分程控制参数面板中调节相关参数，进行实验对比。

(4) 完成反应釜压力分程控制后，关闭阀门 VA113。

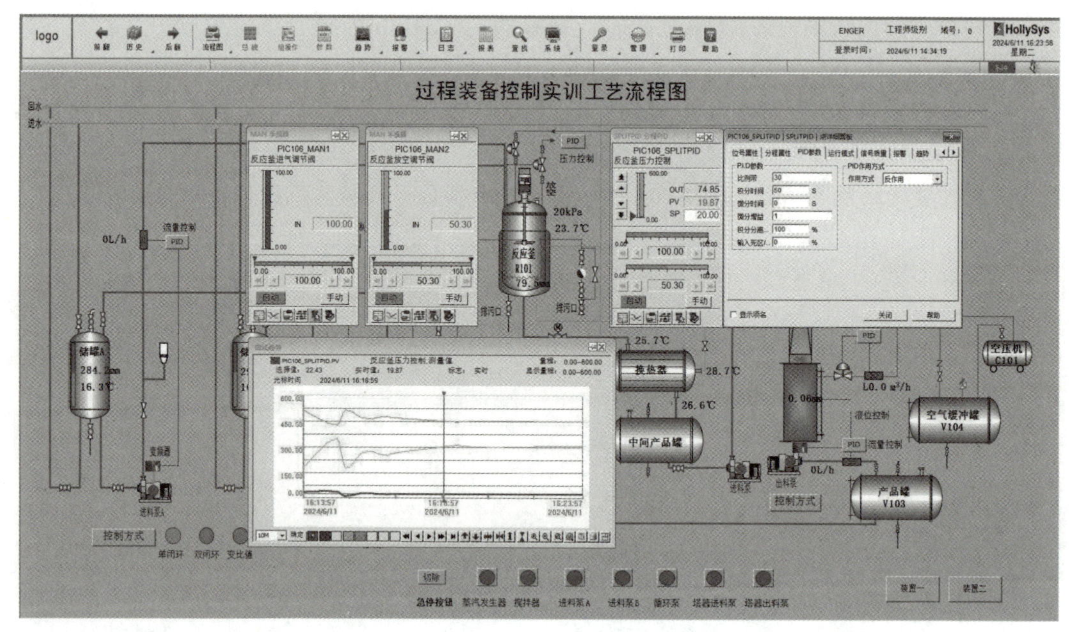

图 6.43　反应釜压力分程控制操作界面

6.6.6　塔器进料流量控制

塔器进料流量控制操作步骤如下。

(1) 双击工控机桌面上的“操作员在线”图标，打开操作员界面，如图 6.34 所示。

(2) 打开阀门 VD126、VD128、VD129、VD130、VD131、VD132、VD133、VD135、VD136、VD137，关闭阀门 VA110 和 VD134。

(3) 在 DCS 的操作员界面启动塔器进料泵，当操作台上的进料泵变频器停止闪烁时，按下进料泵变频器的启动按钮“RUN”。

(4) 塔器进料流量控制为气动调节阀 PID 单回路控制，单击塔器进料流量调节阀“FT104_MAN 手操器”面板和塔器进料泵进口流量控制“FT104_PID1”操作面板，如图 6.44 所示，将两者都设置为自动模式。进料流量 SP 值一般为 100L/h。调节塔器进料泵进口流量控制 PID 参数，可查看塔器进料流量的实时曲线。

(5) 完成塔器进料流量控制后，按下进料泵变频器的停止按钮“STOP”，当变频器不产生嗡鸣声时，在操作员界面关闭塔器进料泵。

6.6.7　塔器进气流量控制

(1) 双击工控机桌面上的“操作员在线”图标，打开操作员界面，如图 6.34 所示。

(2) 打开阀门 VD135 和 VD136，关闭阀门 VA111。

(3) 塔器进气流量控制为气动调节阀 PID 单回路控制，单击塔器进气流量调节阀“FT106_MAN1 手操器”面板和塔器进气流量控制“FT106_PID1”操作面板，如图 6.45 所示，将两者都设置为自动模式。进料流量 SP 值一般为 $5m^3/h$。调节塔器进气流量控制 PID 参数，可查看塔器进气流量的实时曲线。

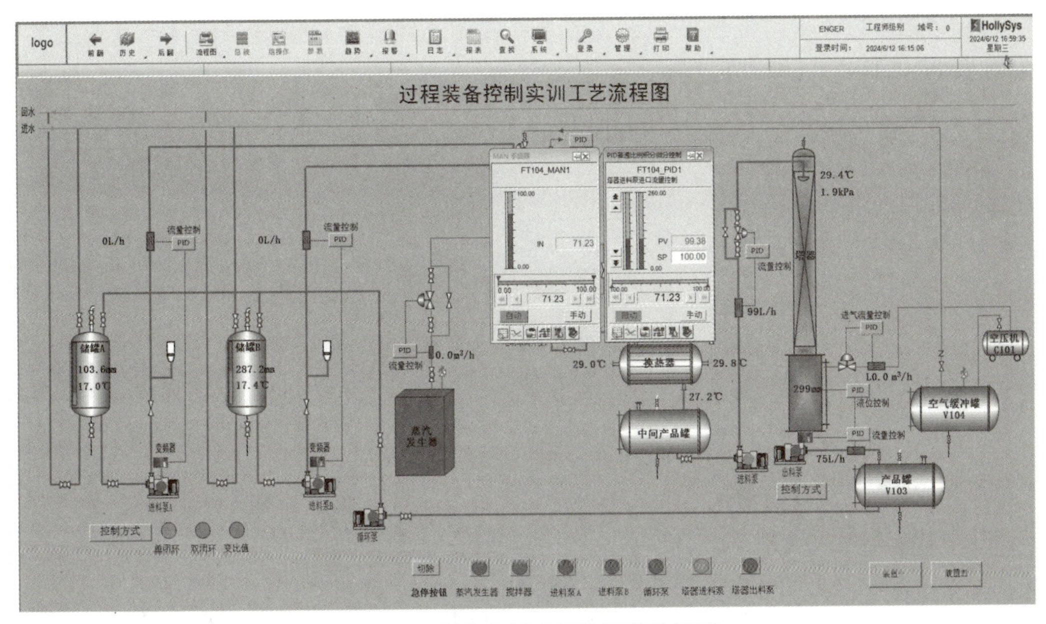

图 6.44 塔器进料流量控制操作界面

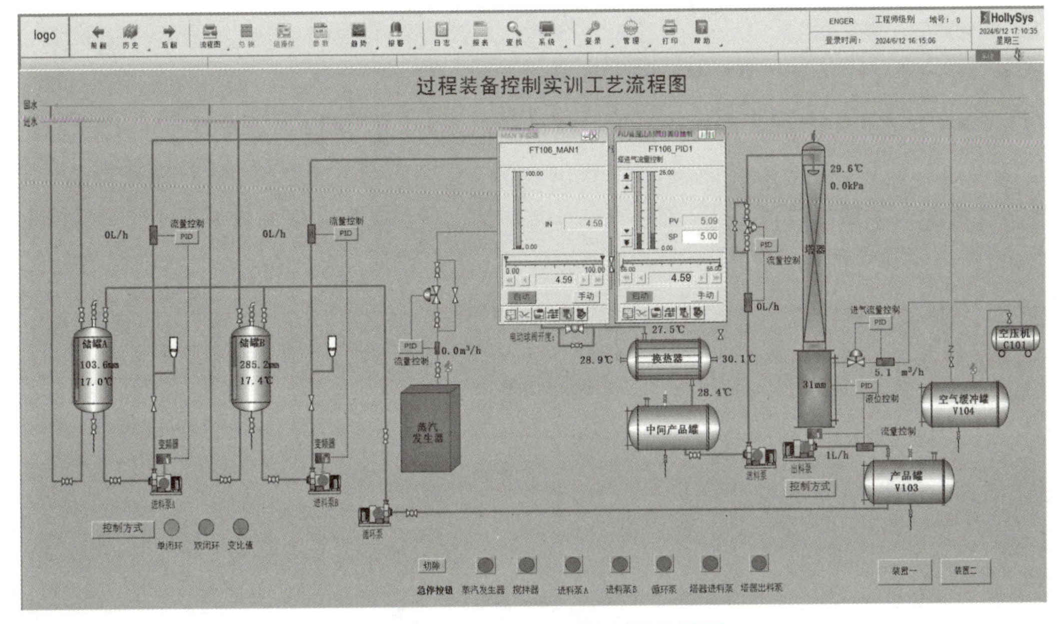

图 6.45 塔器进气流量控制操作界面

6.6.8 塔器出口流量与液位控制

塔器出口流量与液位控制操作步骤如下。

(1) 双击工控机桌面上的“操作员在线”图标，打开操作员界面，如图 6.34 所示。

(2) 打开阀门 VD133、VD135、VD136、VD137，关闭阀门 VA111。

(3) 在操作员界面启动塔器出料泵，当操作台上的出料泵变频器停止闪烁时，按下出料泵变频器的启动按钮“RUN”。

（4）塔器出口流量与液位控制设置为选择控制，即选择控制塔器出口流量或塔器液位，如图 6.46 所示。

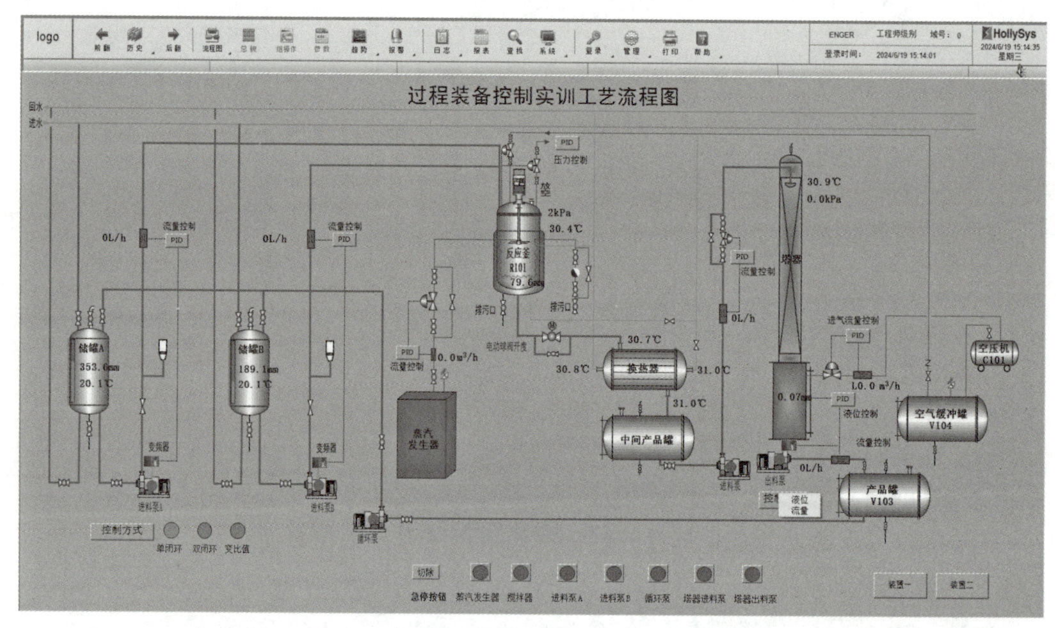

图 6.46　塔器出口流量与液位控制操作界面

（5）若选择流量控制，则操作员界面显示流量控制 PID 按钮，打开塔器出口流量调节阀“FIC105_MAN 手操器”面板和塔器出口流量控制“FIC105_PID1”操作面板，如图 6.47 所示。塔器出口流量 SP 值一般为 100L/h。调节塔器出口流量控制 PID 参数，可查看塔器出口流量的实时曲线。

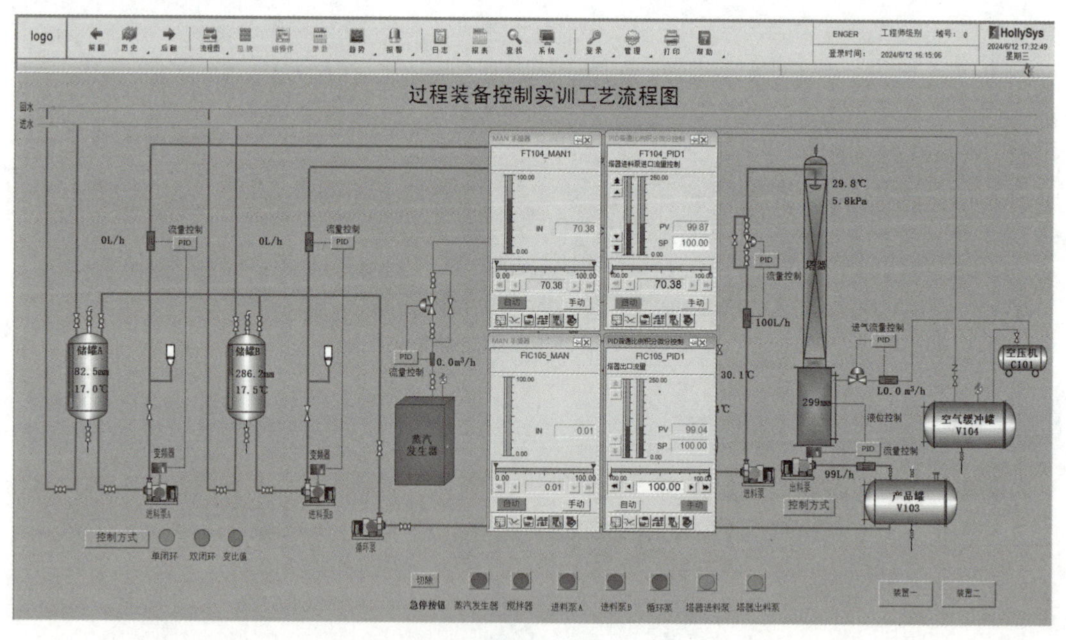

图 6.47　塔器出口流量控制面板

（6）若选择液位控制，则操作员界面显示液位控制 PID 按钮，打开塔器出口流量调节阀“FIC105_MAN 手操器”面板和塔器液位控制“LIC105_PID1”操作面板，如图 6.48 所示，塔器液位 SP 值一般为 300mm。调节塔器液位控制 PID 参数，可查看塔器液位实时曲线。

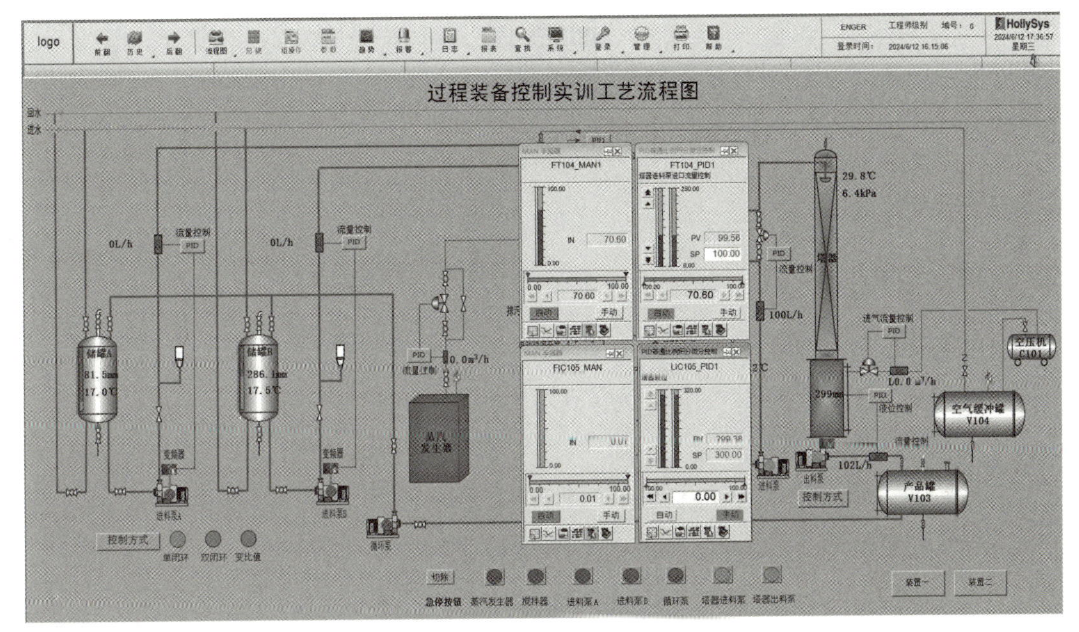

图 6.48 塔器液位控制面板

（7）观察产品罐 V103 的液位，当罐内液位快满时，打开阀门 VD111、VD144、VD107、VD102。在 DCS 的操作员界面启动循环泵，将产品罐 V103 内的液体抽入储罐 A 和储罐 B 中。当产品罐 V103 液位较低或储罐 A 和储罐 B 充满时，关闭循环泵。

6.6.9 实训停车

实训停车操作步骤如下。

（1）检查实验数据，实验数据合理后，结束实验。

（2）关闭进料泵 A、进料泵 B、塔器进料泵、循环泵、蒸汽发生器和空气压缩机。

（3）待塔釜温度冷却至室温后，放空塔釜内残液，关闭所有阀门和电源。

（4）擦拭设备并打扫卫生，保持洁净。

习题

1. 三种比值控制方式分别在什么工况下使用？各有什么优缺点？

2. 在蒸汽出口流量控制系统中，当蒸汽流量变化速率较小时，如何快速调节蒸汽流量使其达到设定值？

3. 在反应釜压力分程控制系统中，设置什么分程模式可以迅速控制反应釜的压力？

4. 塔器进料流量控制与塔器进气流量控制同为单回路 PID 控制，两者的控制参数设置有什么不同？通过实验，验证液体流量控制与气体流量控制哪个更易实现？

5. 塔器出口流量控制与液位控制是否可以采用串级控制？试采用 MACS V6.5 软件编写串级控制程序并完成实验。

【在线答题】

附录
AI伴学内容及提示词

序号	AI伴学内容	AI提示词
1	AI伴学工具	生成式人工智能(AI)工具,如DeepSeek、Kimi、豆包、通义千问、文心一言、ChatGPT等
2	第1章 西门子S7-1200 PLC基础	什么是PLC
3		PLC的工作原理
4		S7-1200 PLC的硬件组成
5		如何在TIA博途软件中创建项目
6		S7-1200 PLC的编程语言
7		S7-1200 PLC的基本指令
8		S7-1200 PLC的通信协议
9		S7-1200 PLC的故障诊断
10		S7-1200 PLC的应用领域
11	第2章 和利时K系列DCS基础	K系列DCS的系统架构
12		K系列DCS的主要功能
13		K系列DCS的硬件模块
14		K系列DCS的组态软件
15		K系列DCS的系统配置步骤
16		如何配置K系列DCS的网络
17		如何进行K系列DCS的故障诊断
18		K系列DCS的安全管理
19		K系列DCS的高级控制算法有哪些
20		K系列DCS的应用领域
21	第3章 组态王基础	组态王有哪些功能
22		如何进行组态王系统配置
23		组态王创建工程有哪些步骤
24		组态王的画面设计有哪些步骤
25		如何进行组态王的数据采集
26		如何使用组态王的报警管理功能
27		如何查询和分析组态王的历史数据
28		如何设置组态王的用户管理和权限设置
29		如何使用组态王的远程监控功能
30		组态王的应用场景

续表

序号	AI 伴学内容	AI 提示词
31		PID 控制器的工作原理
32		反馈控制和前馈控制的区别
33		PID 控制器的参数如何整定
34		串级控制系统的主要组成部分有哪些
35		串级控制系统中如何整定主控制器的参数
36		前馈控制系统如何工作
37	第 4 章　过程控制系统	比值控制系统的基本原理
38		如何使用 Matlab 进行比值控制系统仿真
39		如何设计选择性控制系统
40		均匀控制系统的主要特点是什么
41		如何判断均匀控制系统的稳定性
42		分程控制系统中常用的控制策略有哪些
43		过程控制系统的未来发展趋势是什么
44		S7－1200 PLC 硬件组态步骤
45		如何使用 TIA 博途软件进行 S7－1200 PLC 的硬件组态和软件组态
46		如何实现 S7－1200 PLC 与上位机和 HMI 等设备通信
47		编写反应釜进料流量比值 PLC 控制工艺流程图
48		如何调试反应釜进料流量比值控制系统
49		如何使用 PID 控制指令实现反应釜温度控制
50	第 5 章　基于 S7－1200 PLC 的过程装备控制实训项目开发	反应釜常用的加热和冷却方式有哪些
51		如何编写 S7－1200 PLC 程序，以实现反应釜压力分程控制
52		如何利用 S7－1200 PLC 的 PID 控制算法实现反应釜液位控制
53		塔器进料流量 PLC 控制的 PID 参数整定及优化
54		常见流量传感器(如涡街流量计、电磁流量计)的工作原理及选型
55		控制阀(如电动调节阀、气动调节阀)的工作原理及选型
56		如何实时采集塔器进料流量和进气压力数据
57		和利时 K 系列 DCS 硬件组态步骤
58		如何使用 MACS V6.5 软件进行 K 系列 DCS 的硬件组态和软件组态
59		DCS 组成
60		如何设定和调整进料流量比值
61		进料流量比值 DCS 中的常见问题及解决方案
62		如何提升蒸汽出口流量 DCS 的控制精度
63	第 6 章　基于和利时 K 系列 DCS 的过程装备控制实训项目开发	如何编写 DCS 程序，以实现反应釜压力分程控制
64		反应釜压力分程控制的安全保护措施
65		如何在 DCS 中监控和调整塔器进料流量
66		塔器进料流量波动可能由哪些因素引起
67		塔器进气流量对塔器操作有哪些影响
68		如何处理塔器出口流量和液位之间的耦合关系
69		如何设计塔器出口流量和液位 DCS 控制策略

参考文献

陈建明，白磊，2020. 电气控制与 PLC 原理及应用：西门子 S7－1200 PLC [M]. 北京：机械工业出版社.

方垒，2022. 和利时过程控制系统（DCS）从零基础到实战 [M]. 天津：天津大学出版社.

李红萍，2021. 工控组态技术及应用：组态王 [M]. 3 版. 西安：西安电子科技大学出版社.

李晶，2020. 过程装备控制技术及应用 [M]. 北京：电子工业出版社.

廖常初，2021. S7－1200 PLC 编程及应用 [M]. 4 版. 北京：机械工业出版社.

麻晓霞，王晓中，田永华，2019. 化工仪表及自动控制 [M]. 北京：化学工业出版社.

王明武，2022. 电气控制与 S7－1200 PLC 应用技术 [M]. 2 版. 北京：机械工业出版社.

殷群，吕建国，2017. 组态软件基础及应用：组态王 KingView [M]. 北京：机械工业出版社.

于海生，丁军航，潘松峰，等，2024. 微型计算机控制技术 [M]. 4 版. 北京：清华大学出版社.

张早校，王毅，2018. 过程装备控制技术及应用 [M]. 3 版. 北京：化学工业出版社.